파워 일렉트로닉스 도감

모리모토 마사유키 지음 | UNSUI WORKS + YTI 제작 | 송종오 감역 | 김혜숙 옮김

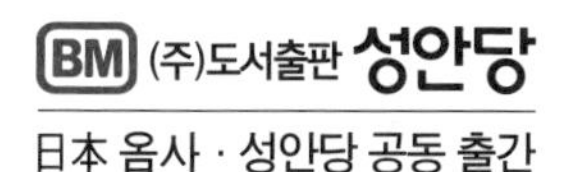

들어가며

일본은 2007년 'Cool Earth 50'라는 비전을 발표하고 지구온난화 문제 해결을 위한 21가지 혁신적 기술 개발을 제시했다. 이 중에는 태양광발전, 전기자동차와 같은 기술 외에도 '파워 일렉트로닉스' 자체가 하나의 기술로 언급됐다. 이는 파워 일렉트로닉스 시대의 도래를 예고하는 사건 중 하나라고 할 수 있을 것이다.

그로부터 15년이 경과한 지금 우리의 일상생활은 파워 일렉트로닉스로 가득 차 있다. 한편 세간에서는 인공지능(AI)과 사물인터넷(IoT) 등의 정보처리와 통신 관련 키워드가 앞으로의 사회를 움직이는 기술로 자리매김할 거라고들 한다. 여기서 소프트웨어를 빼놓을 수 없는데 소프트웨어만으로는 사물을 움직이지 못한다. 전력이 공급되어야 비로소 물건은 움직인다. 전력을 공급하려면 파워 일렉트로닉스가 필요하며 물건이 움직이려면 모터가 필요하다. 그리고 모터를 제대로 돌리려면 파워 일렉트로닉스가 반드시 필요하다. 다시 말해 현재 우리 생활에서 파워 일렉트로닉스는 빼놓을 수 없는 기술이라고 할 수 있다.

이렇게나 중요한 파워 일렉트로닉스이지만, 전기 전문가들 사이에서도 '파워 일렉트로닉스는 잘 모르겠다, 어렵다'는 말을 한다. 그 이유 중 하나는 파워 일렉트로닉스가 제대로 체계가 잡힌 기술이나 학문이 아니라 기술의 발전과 함께 점점 변혁해온 기술이기 때문이다. 전문서적이나 교과서로 공부해도 좀처럼 쉽게 이해하기 어려운 것이다.

이러한 배경 때문에 이 책은 전기 전문가가 아니어도 파워 일렉트로닉스를 이해하기 쉽도록 집필했다. 특히 '전기에 대해 잘 모르겠다', '전기는 보이지 않으니 흥미가 생기지 않는다'라고 생각하는 사람도 이해하기 쉽도록 전기의 기초부터 실제 응용까지를 최대한 쉽게 설명하려고 노력했다.

이 책을 통해 한 명이라도 더 많은 사람들이 파워 일렉트로닉스를 이해할 수 있다면 그리고 파워 일렉트로닉스의 팬이 되어 준다면 필자에게는 더할 나위 없는 기쁨이 될 것이다.

2020년 10월 **모리모토 마사유키**

목차

제0장

파워 일렉트로닉스란

제1장

직류와 교류, 전압과 전류(전기의 기초)

제2장

코일과 콘덴서(전기회로의 기본)

제3장

파워 일렉트로닉스의 기본

제4장

파워 디바이스의 구조

제7장

가정 속의 파워 일렉트로닉스

제8장

교통수단과 파워 일렉트로닉스

제9장

전력계통의 파워 일렉트로닉스

제10장

제조의 파워 일렉트로닉스

제11장

사회속의 파워 일렉트로닉스

【Power Up!】

Cool Technology !

제 0 장

파워 일렉트로닉스란?

0-1

파워 일렉트로닉스는 일렉트로닉스와 무엇이 다른가?

전력을 제어하는 것이 파워 일렉트로닉스

일렉트로닉스는 '전자공학', 파워는 '전력'을 뜻하므로 전력의 '전자공학'을 의미한다.

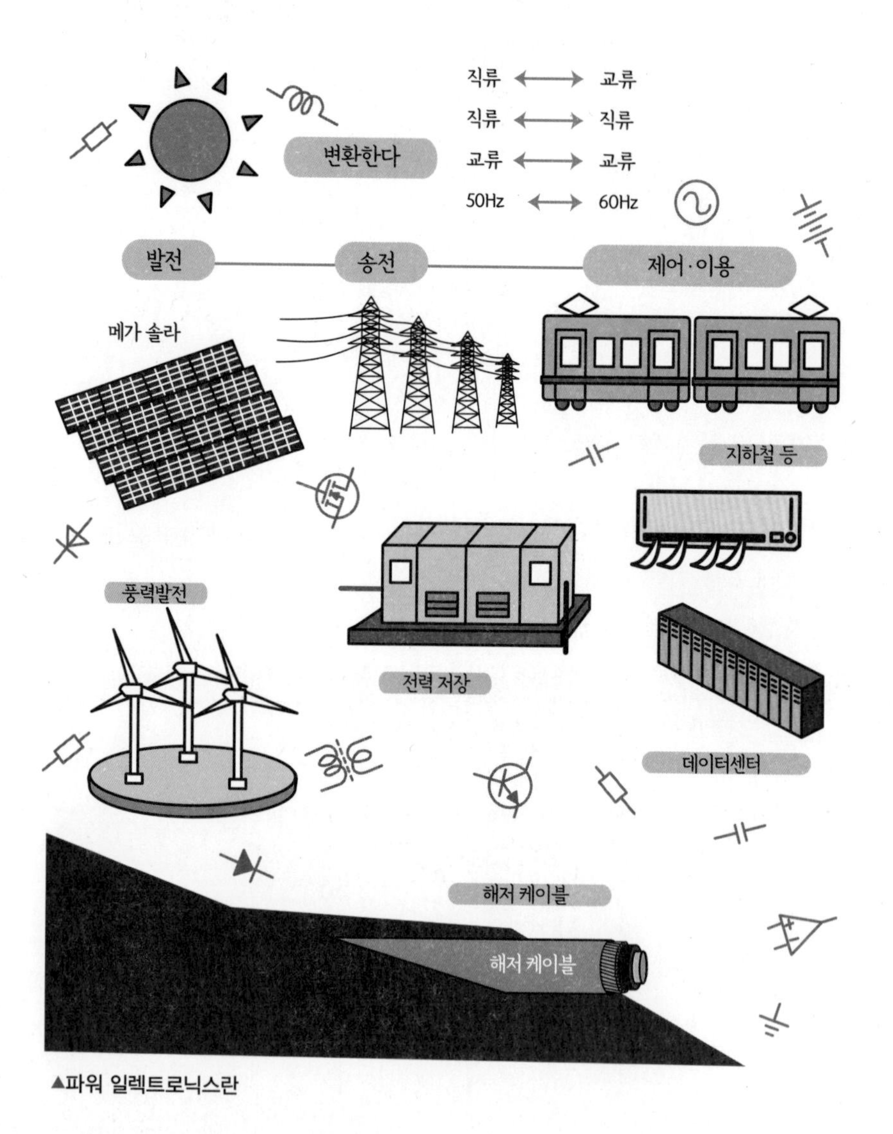

▲파워 일렉트로닉스란

전자공학(electronics): 전자를 이용해서 통신, 신호처리, 정보처리, 제어 등을 수행한다. 주로 정보를 다루는 분야.

파워 일렉트로닉스의 정의

- 파워 일렉트로닉스란 고전압, 대전류(강전)를 다루는 전력공학이다.
- 이를 다루기 위해 전력을 변환하고 제어한다.

파워 일렉트로닉스와 전자의 차이

	파워 일렉트로닉스 power electronics	일렉트로닉스 electronics
분야·분류	전기공학 *강전 전기에너지의 수송 다른 형태의 에너지를 이용하기 위해 전기에너지의 변환을 다루는 분야	전자공학 약전* 전기신호를 통신·제어·정보의 응용에 이용하는 분야
전압	고전압	저전압 (대략 30V 이하)
전류	대전류	미소전류 (mA 이하, 통상은 μA)
사용법	에너지 활용 기술	전기적 신호를 활용하는 기술

*강전, 약전은 속칭

▲파워 일렉트로닉스와 일렉트로닉스의 차이

전력 제어와 에너지 제어

전력을 열·화학·운동에너지로

파워 일렉트로닉스를 '전력 변환'이라고 이해하는 사람도 있다. 전력 변환이란 전력의 형태를 변경하는 것이고 파워 일렉트로닉스는 전력 변환을 이용해서 전력을 제어하고 있다(p.65 참조). 그리고 제어된 전력은 전기에너지에서 다른 형태의 에너지로 변환하여 이용한다.

전력에서 3가지 형태의 에너지로 변신!

전기에너지는 전류의 3대 작용에 의해 아래와 같이 3가지 형태로 바뀔 수 있다(3대 작용은 제1장에서 설명한다). 또한 전기에너지를 다른 에너지로 변환하기 위해 전기의 종류(교류, 직류 등)나 전류, 전압 등을 컨트롤하므로 '전기에너지를 제어하고 있다'고도 할 수 있다.

▲전기에너지에서 변환될 수 있는 3개의 에너지

전기에너지(electric energy) : 전자의 움직임 때문에 생기는 에너지 또는 전류, 전하가 가진 에너지를 말한다. 전력량이라고도 한다.
열에너지(thermal energy) : 원자와 분자의 열운동에 의한 물질 내부에 생기는 에너지

각종 에너지를 통제하는 파워 일렉트로닉스

팬이나 선풍기의 바람을 조절할 때를 예를 들면 파워 일렉트로닉스는 모터의 회전을 제어하지만 전체 시스템에서는 파워 일렉트로닉스가 전기에너지를 제어하는 것이기 때문에 이 경우에는 풍속, 다시 말해 '운동에너지를 제어'한다고 할 수 있다.

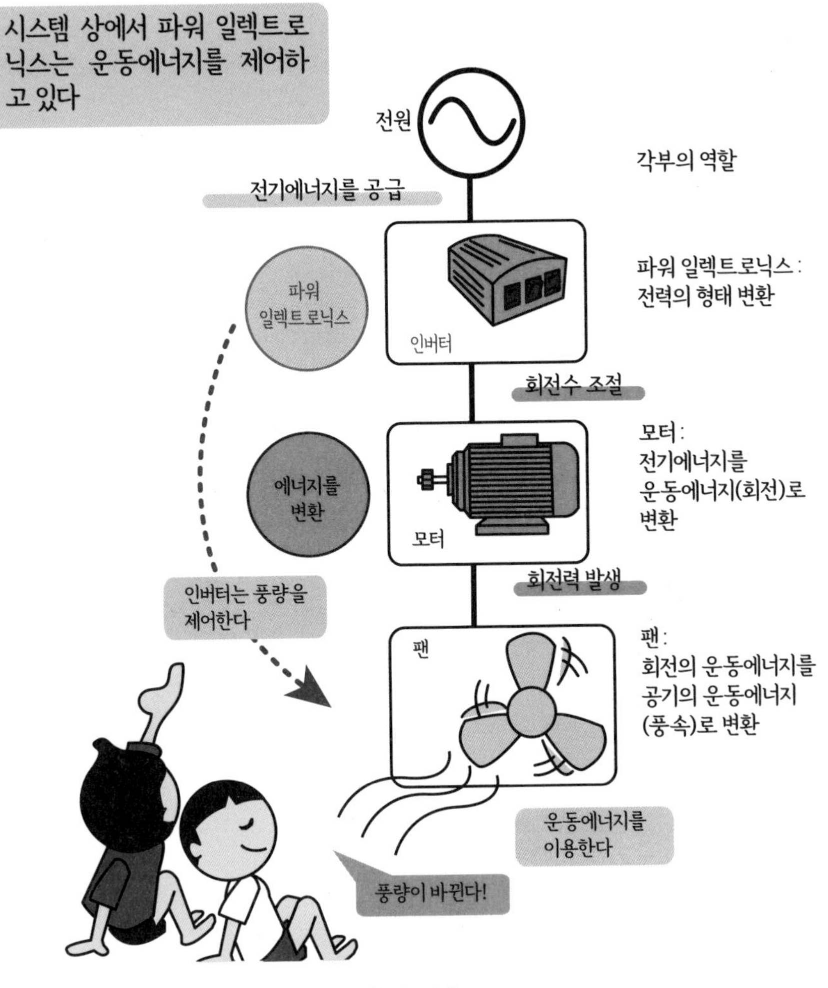

▲파워 일렉트로닉스로 풍량을 제어할 수 있다

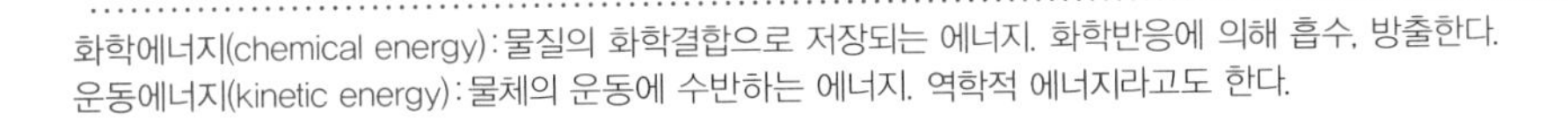

화학에너지(chemical energy): 물질의 화학결합으로 저장되는 에너지. 화학반응에 의해 흡수, 방출한다.
운동에너지(kinetic energy): 물체의 운동에 수반하는 에너지. 역학적 에너지라고도 한다.

파워 일렉트로닉스는 어디에 있는 걸까

생활 속의 파워 일렉트로닉스

파워 일렉트로닉스는 전기 에너지를 사용하는 모든 곳에서 이용하고 있다. 한 가지 예로 콘센트에 플러그를 꽂으면 전기를 사용할 수 있는데, 이것은 당연한 것이 아니다. 우리가 사용하고 있는 전기는 전력회사의 파워 일렉트로닉스 기기에 의해 안정적인 전력으로 공급받고 있는 것이다.
이와 같이 파워 일렉트로닉스는 기기에 내장되어 '아무도 모르게' 기능하고 있다.

전력을 사용하기 쉬운 형태로 변환!

- 전력회사의 시설이나 태양광발전, 나아가 전지 등을 이용한 축전에는 파워 일렉트로닉스가 반드시 필요하다.
- 공장의 기계설비와 로봇, 운반차 등도 파워 일렉트로닉스로 움직인다.
- 일상생활 속 가스나 수도 펌프를 비롯해 '인프라'라고 불리는 설비에도 파워 일렉트로닉스가 사용되고 있다. 지하철이나 엘리베이터, 전기자동차도 파워 일렉트로닉스로 움직인다.

▲모든 곳에 파워 일렉트로닉스가 있다

축전(storage) : 전기를 저장해 두는 것. 충전은 전기를 저장하는 것, 방전은 저장한 전기를 방출하는 것이다.
인프라(infrastructure) : 생활이나 산업을 영위하는 데 필요한 사회 기반을 말한다. 공공을 위해 정비 및 제공되는 시설.

가정에서는 조명, 에어컨, 세탁기, 컴퓨터… 등 전기를 사용하는 대다수의 기기에 파워 일렉트로닉스가 들어 있다. AC 어댑터나 스마트폰의 충전기도 파워 일렉트로닉스이다.

파워 일렉트로닉스 24시간

▲파워 일렉트로닉스 24시간

0-4

파워 일렉트로닉스와 관련된 사람

일반인부터 전문가까지

파워 일렉트로닉스와 관련된 사람은 매우 다양하다. 다시 말해 파워 일렉트로닉스는 매우 저변이 넓은 기술이다.

대부분의 사람들이 파워 일렉트로닉스와 관련되어 있다

- 전기를 당연하게 사용하는 곳에서는 '전기의 사용=파워 일렉트로닉스의 사용'이라고 해도 좋을 정도로 파워 일렉트로닉스가 생활 곳곳에 퍼져 있다.
- 파워 일렉트로닉스에 관련된 사람들 중 대부분은 파워 일렉트로닉스를 간접으로 이용하는 사람들이다. 그들은 의식하지 못한 상태에서도 파워 일렉트로닉스 제품을 매일 사용하고 있다.

파워 일렉트로닉스를 이용하는 사람

- 파워 일렉트로닉스 기기를 직접 조작하는 사람은 파워 일렉트로닉스와 가장 가까운 이용자라고 할 수 있다.
- 전동 낚싯대의 릴 조작이나 전기자동차의 액셀 조작도 파워 일렉트로닉스 기기로 조작한다.
- 이런 사람들은 '파워 일렉트로닉스를 이용하고 있다'고 의식하지 않고 '기기를 조작하고 있다'고 생각한다.

이용하는 사람 (간접적 또는 직접적)

▲파워 일렉트로닉스를 이용하는 사람

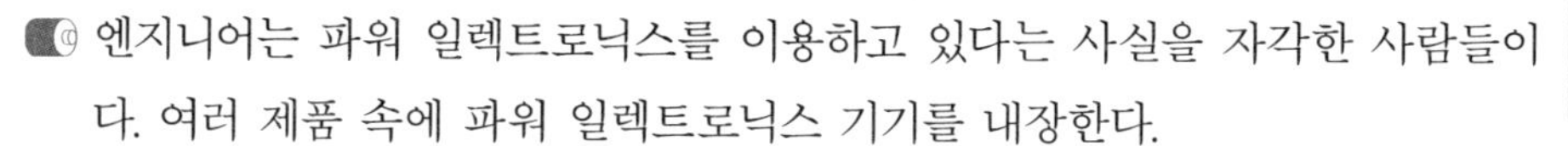

파워 일렉트로닉스 자체를 이용하는 사람

- 엔지니어는 파워 일렉트로닉스를 이용하고 있다는 사실을 자각한 사람들이다. 여러 제품 속에 파워 일렉트로닉스 기기를 내장한다.
- 예를 들어 공장의 설비를 만들 때는 여러 파워 일렉트로닉스 제품을 구입해서 설치한다.
- 일반 엔지니어는 파워 일렉트로닉스 기기의 구조를 이해하지 못해도 무엇이 가능한지'는 알고 있다.
- 파워 일렉트로닉스 기기가 내장되어 있는 시스템 속 소프트웨어를 만드는 엔지니어도 파워 일렉트로닉스 이용자이다.

제조 현장의 엔지니어

- 제조업에 종사하는 대부분의 엔지니어가 파워 일렉트로닉스 제조에 간접적으로 관련되어 있다. 즉, 파워 일렉트로닉스 엔지니어가 아니더라도 파워 일렉트로닉스에 관련될 수 있다.
- 파워 일렉트로닉스 제품은 반도체가 없으면 움직이지 않는다.
- 반도체 분야에서는 **파워 디바이스**라는 이름으로 '파워 일렉트로닉스 전용 반도체'가 제조되고 있다.
- 반도체 외에도 코일 등의 전자부품이나 많은 기계부품과 소재가 집약되어 파워 일렉트로닉스 기기가 제조된다.

파워 일렉트로닉스 전문가

- 파워 일렉트로닉스 기기의 개발, 설계, 제조, 품질 보증 등 다양한 분야에서 직접 종사하는 사람들은 '파워 일렉트로닉스 전문가'라고 해도 좋다.

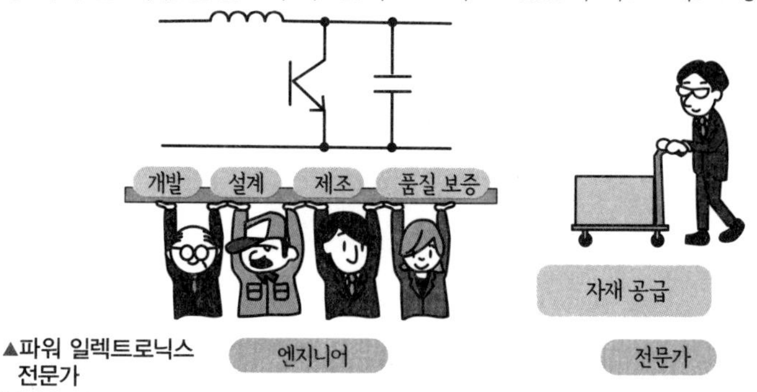

▲파워 일렉트로닉스 전문가

파워 디바이스(Power device): 고전압 대전류를 취급하는 전력용 반도체 소자.

Free and Radical.

제 1 장

직류와 교류 전압과 전류

(전기의 기초)

전류

전자가 이동하면 전류가 된다

전자란

- 전류에 대해 알려면 우선 전자에 대해 알아야 한다.
- 모든 물질은 원자의 집합체이다. 그리고 원자의 내부에서는 원자핵을 중심으로 주위에 전자가 돌고 있다. 이것을 주회(周回)라고 한다.
- 원자핵은 플러스 전하를 갖고 전자는 마이너스 전하를 갖는다.
- 원자핵의 전자 수는 원자의 종류에 따라 다르며, 이에 따라 주회하는 전자의 수도 다르다.

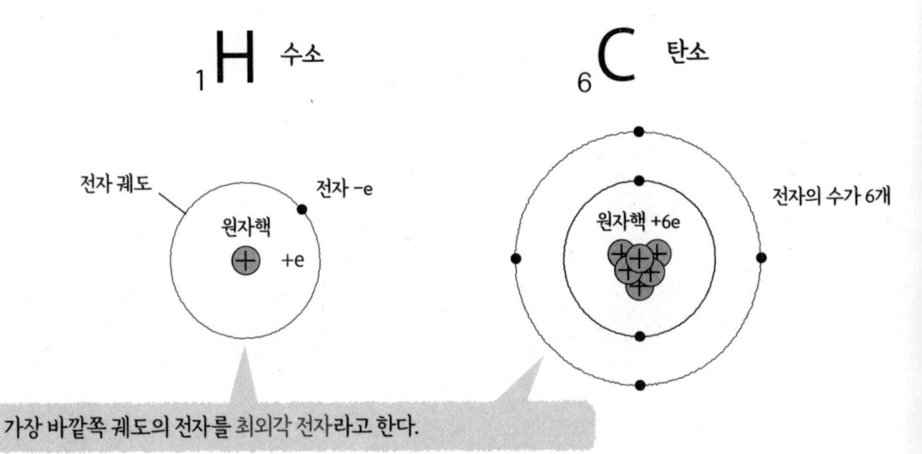

▲원자핵과 전자

원자핵(atomic nucleus) : 전자의 중심에 있고 플러스 전기를 띤다. 양자와 중성자로 되어 있다.
전자(electron) : 소립자(물질을 이루는 가장 작은 단위의 물질)이고 전기를 띠고 있다. 전자가 가진 전기의 양(전하)이 전기의 최소 단위이며, 전기소량(elementary electric charge) e로 나타낸다. $e=1.602\times10^{-19}$(C).

금속 결정 안의 자유전자

- 가장 바깥쪽을 주회하는 전자(최외각 전자)는 원자핵에서 끌어당기는 힘이 매우 약해진다.
- 따라서 최외각 전자는 작은 에너지(열, 빛)에 의해 전자 궤도를 벗어나고 금속 결정 안을 자유롭게 이동한다. 이것을 **자유전자**라고 한다.

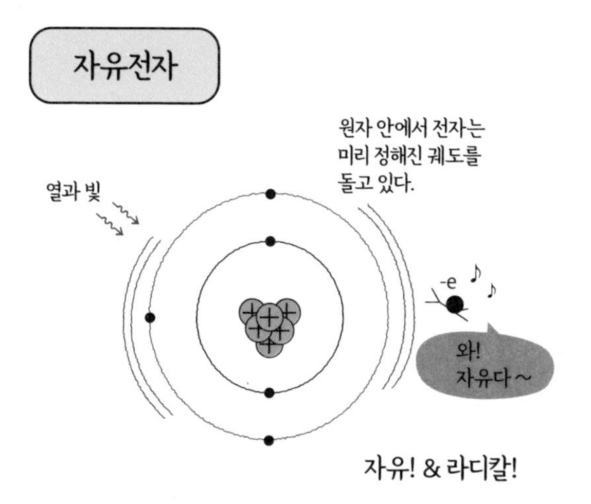

자유! & 라디칼!

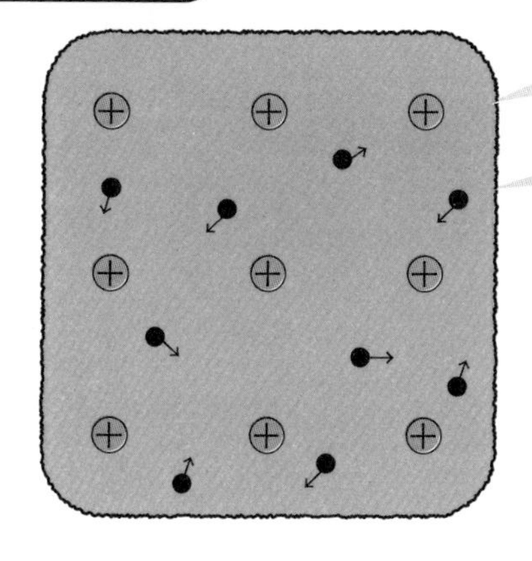

금속 결정 속에서 원자핵은 격자상으로 규칙적으로 나열되어 있다

금속 결정 속에서 최외각의 전자는 궤도를 벗어나 자유롭게 돌고 있다

이 예에서는,

⊕ · · · 9

● · · · 9

자유전자가 있어도 금속 전체는 전기적으로 중성이다.

▲자유전자와 금속 결정

금속 결정(metal crystal) : 자유전자와 양이온의 결합을 금속 결합이라고 하며, 금속 결합으로 되어 있는 물질을 말한다.

최외각 전자(outermost electron) : 원자핵에서 가장 먼 궤도를 주회하는 전자를 말한다. 원자핵 주위에 전자가 주회하는 궤도가 정해져 있다. 이것을 각(殼)이라고 한다.

스위치가 오프 상태에서도 자유전자는 멋대로 돌아다닐까?

- 금속 내부에는 자유전자가 있다.
- 접속용 도선(동이나 알루미늄 등)은 금속이므로 내부를 자유전자가 돌아다니고 있다.
- 또 전구 내부의 필라멘트(빛나는 부분)도 텅스텐 등의 금속이므로 내부를 자유전자가 돌아다닌다.
- 따라서 스위치가 오프 상태로 회로가 연결되어 있지 않아도 도선이나 필라멘트의 내부에서는 각각의 자유전자가 '멋대로' 돌아다닌다.

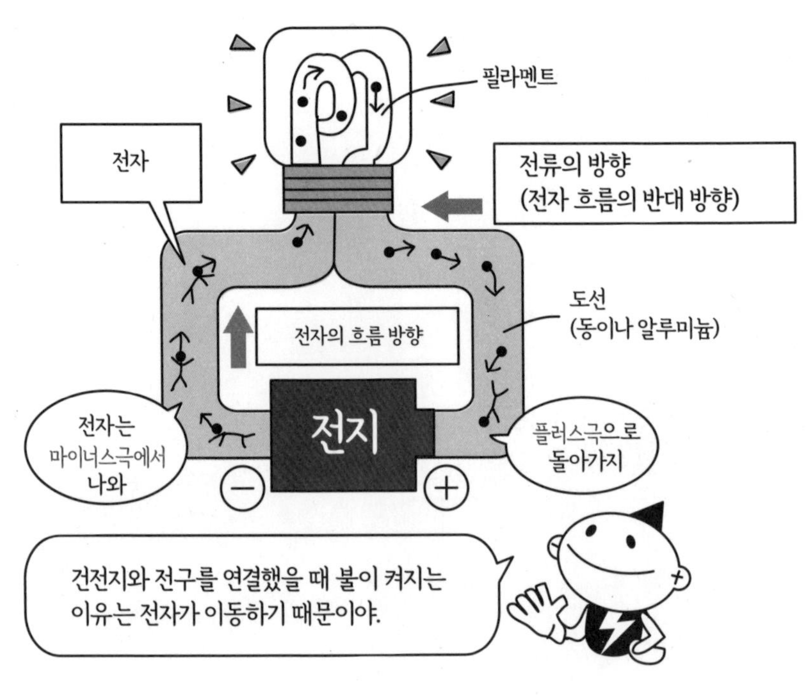

▲전구를 흐르는 자유전자

도선(conducting wire): 단자 간을 연결해서 전류를 통과시키는 금속 등의 도체 선. 전선.
필라멘트(filament): 금속 등의 가는 선으로 만든 것. 전구의 필라멘트에 전류가 흐르면 빛이 방출된다.

'전류가 흐른다'는 것은?

- 도선이나 필라멘트 내부에 돌아다니는 자유전자는 마이너스 전하를 갖기 때문에 스위치가 온 상태가 된(회로가 연결된) 순간 플러스극으로 당겨진다.
- 이렇게 되면 멋대로 돌아다니던 자유전자는 모두 플러스극을 향해 이동하기 시작한다.
- 또 전지의 마이너스극에서는 도선으로 전자가 공급되고 이로써 원래 도선에 있던 자유전자는 전구로 밀려난다.
- 전자를 마이너스극에서 도선으로 보내고 전선에서는 플러스극으로 밀려나는 전자의 이동이 **전류**이다.

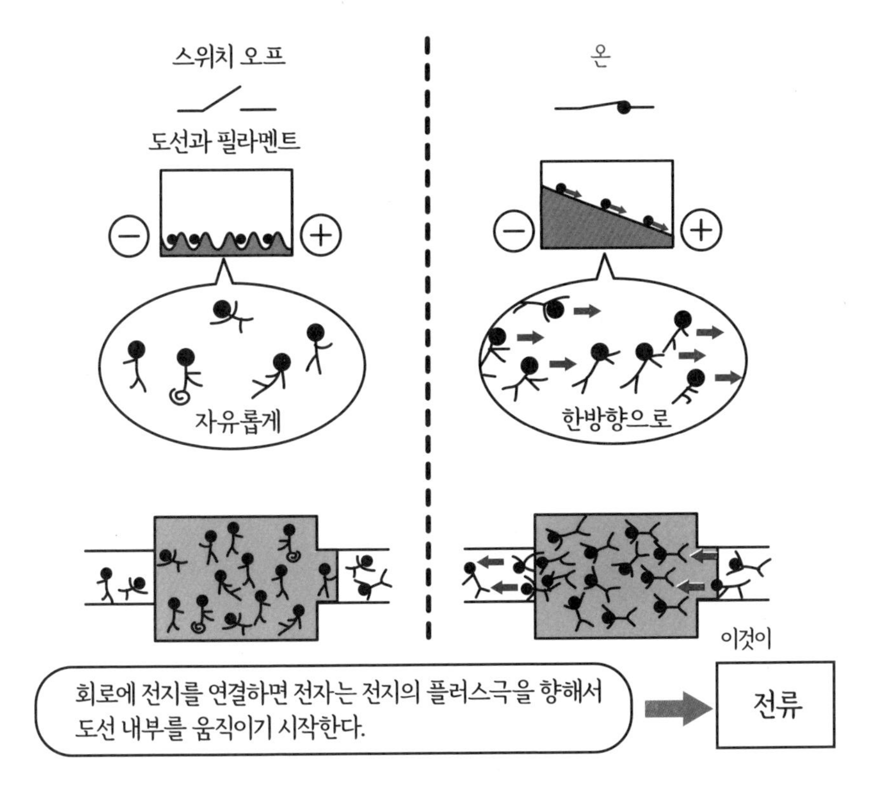

▲자유전자의 움직임

회로(electrical circuit): 전기를 이용할 때 회로 소자(전원, 부하 등)를 도체에 접속한 것. 전류의 통로를 말한다.

전류란

- 전지에서 나온 전자는 도선과 전구를 통해서 전지로 되돌아 온다. 즉 전자는 회로를 일주한다.
- 이와 같이 '전자가 같은 방향으로 이동하는 상태'를 '전류가 흐르고 있다'고 말한다(다만 전류는 전자의 흐름과 반대 방향으로 흐른다).
- 스위치가 오프 상태일 때와 같이 '자유전자가 멋대로 돌아다니는 상태에서는 '전류가 흐르지 않는다'고 말한다.
- 전류의 기호는 I, 단위는 암페어[A]이다.

전류의 정의

1초당 어떤 단면을 통과하는 전하의 양

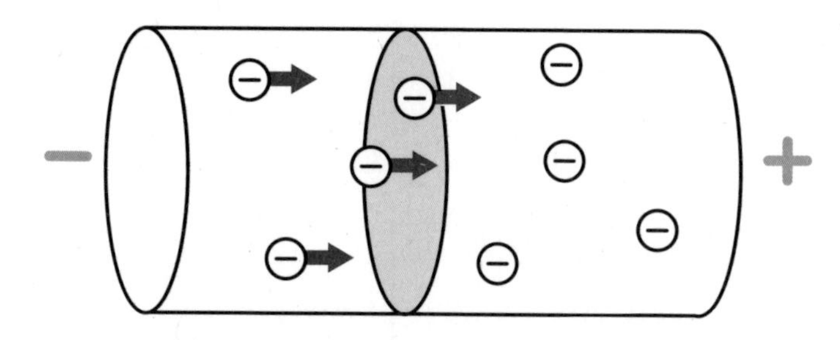

기호는 I, 단위는 암페어를 사용한다

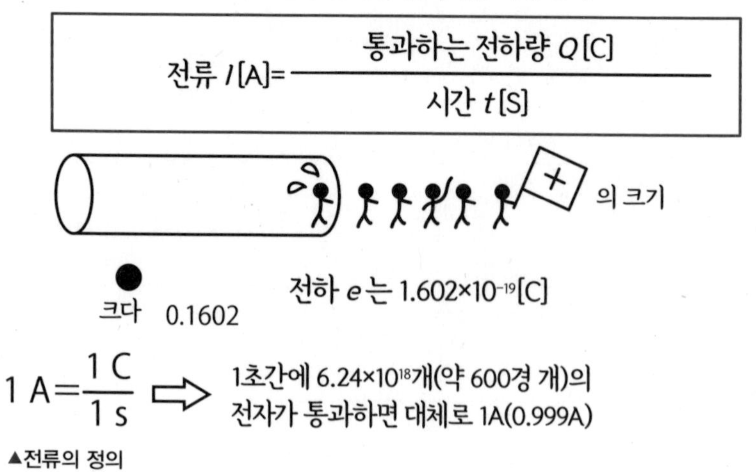

▲전류의 정의

전하(electric charge) : 전자와 양자 등의 전기를 가진 입자 또는 입자가 가진 전기량을 말한다.

암페어(ampere) : 전류의 단위인 암페어는 앙페르의 법칙으로 잘 알려진 프랑스인 앙페르(Andre-Marie Ampere, 1775~1836년)의 이름에서 유래하였다.

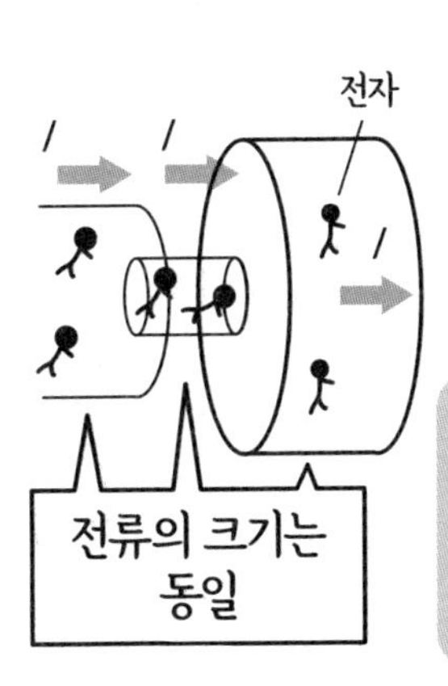

- 전류는 일주할 수 있는 경로가 없으면 흐르지 않는다
- 전류의 크기는 연속되는 회로 어디에서나 동일
- 가령 전선의 굵기가 바뀌어도 흐르는 전류는 동일
- 전류는 끊임없이 솟아나거나 비축되지 않는다

▲전류의 기본적인 성질

전류의 방향이 전자의 흐름과 반대인 이유는

전자가 발견되기 전에 먼저 전지가 발명되었고, 이때 전류의 플러스와 마이너스 방향을 정해 버렸기 때문이다.

이후에 전자를 조사해 보니, 전류와 반대 방향으로 움직이는 것을 알게 됐다. 때문에 전자는 마이너스 전하를 갖도록 한 것이다.

▲전류와 전자 방향의 오류

기전력과 전압

전류는 기전력에 의해서 만들어진다

전기회로는 수로(水路)에 자주 비유된다. 이때 전지는 물을 퍼올리는 펌프, 그리고 기전력**은 펌프의 물을 퍼올리는 힘에 해당한다. 아래에 '기전력', '전위', '전압' 각각의 용어가 가리키는 내용을 정리한다.**

기전력, 전위, 전압

- 전류가 전기회로를 흐르는 모양은 물의 흐름에 비유하면 이해하기 쉬운데, 이때 전지는 펌프, 전구는 물레방아에 해당하며 모두 에너지를 변환하고 있다.
- 수류가 수로를 계속 돌고 있을 때 펌프로 물을 퍼올려 방아가 계속 돌아가도록 하듯이, 전류가 회로를 계속 흐를 때 전지는 전기를 퍼올려 전류를 공급하므로 전구는 점등 상태를 유지한다.

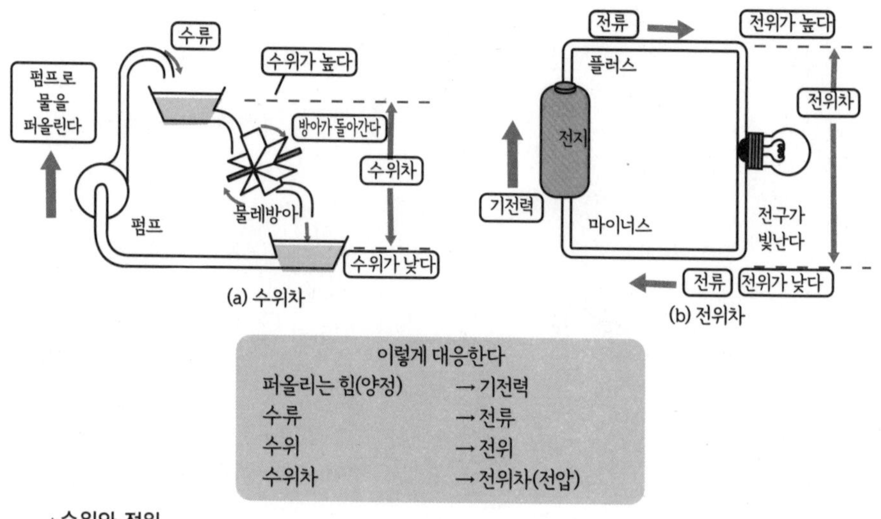

▲수위와 전위

기전력(electromotive force): 본문 참조.

전위를 높이는 것이 전지

- 수위에 따라 전위를 사용한다.
- 전지의 기전력으로 전자의 플러스극은 마이너스극보다 높은 전위에 올린다.
- 전지가 전위를 높이는 힘을 **기전력**이라고 한다.

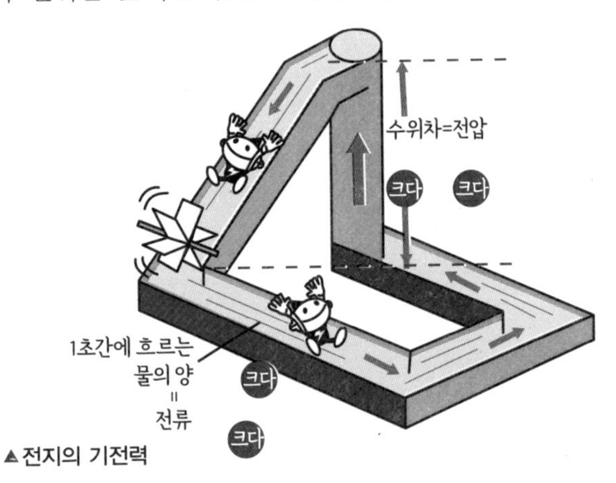

▲전지의 기전력

전지의 외부 회로

- 전위차를 **전압**이라고 한다.
- 전위차(전압)가 있으면, 그 사이로 전류가 흐른다.
- 전지의 외부 회로에서는 전지의 +극은 전위가 높고 −극은 전위가 낮다.
- 전지에 회로를 접속하면, 플러스극과 마이너스극에 전위차가 있으므로 회로에 전류가 흐른다.
- 전압의 기호는 *V*이고 단위는 볼트[V]이다.

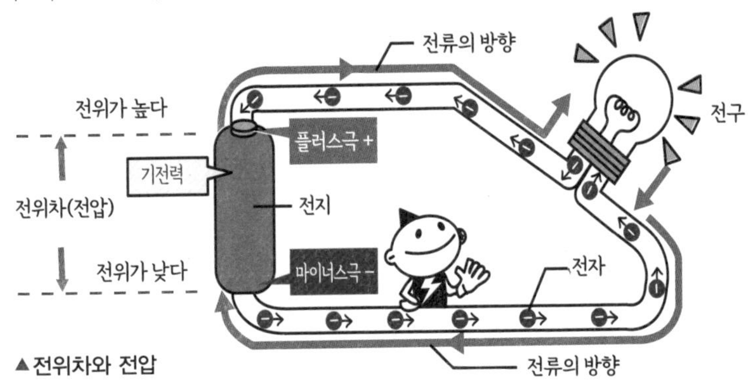

▲전위차와 전압

전위(electric potential) : 본문 참조.
전압(voltage) : 본문 참조.

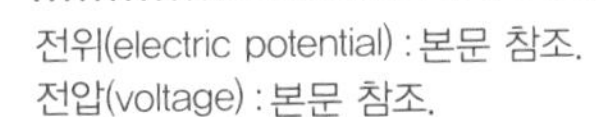

전류와 전압의 관계

옴의 법칙은 이렇게나 멋지다

전기회로를 흐르는 전류와 전압은 정비례 관계이다. 이것을 옴의 법칙이라고 한다. 옴의 법칙은 직류/교류에 상관없이 모든 전기 현상의 기본 중의 기본이 되는 중요한 법칙이다.

전류와 전압은 비례한다

- 전류가 클수록 전압은 높아진다.
- 전압이 높을수록 전류는 커진다.

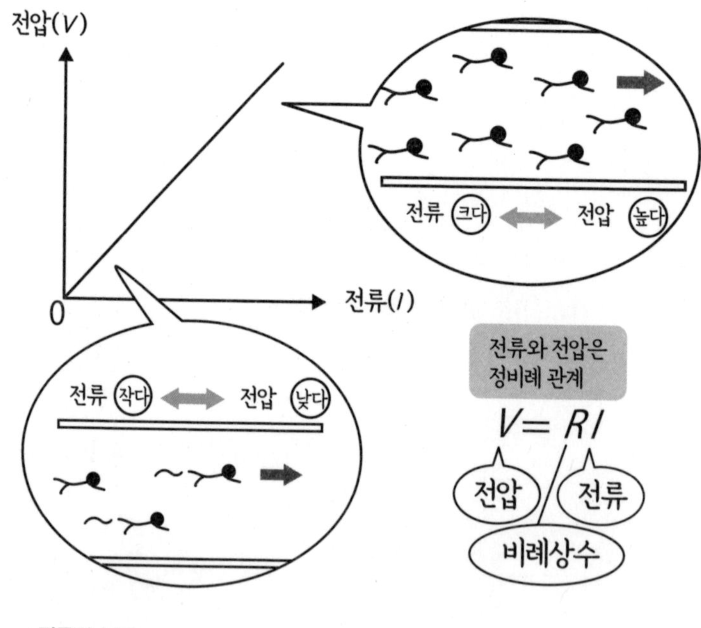

▲전류와 전압

옴의 법칙(Ohm's law): 전기에서 가장 중요한 법칙으로, 전기회로의 두 점 간의 전위차가 두 점 간에 흐르는 전류에 비례한다는 것.

옴의 법칙

- '회로를 흐르는 전류와 전압은 비례한다', 이것을 **옴의 법칙**이라고 한다.
- 전압과 전류 간의 비례상수를 **저항**이라고 한다.
  저항의 기호는 R이고 단위는 옴(Ω)이다.

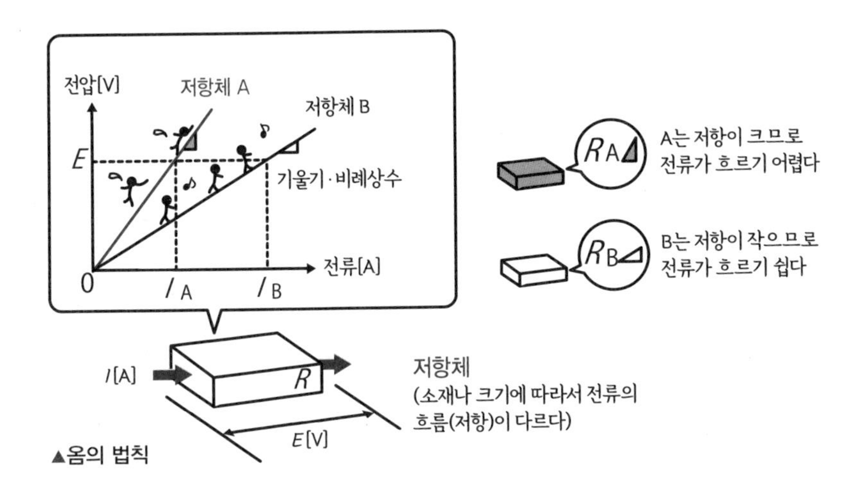

▲옴의 법칙

저항과 전압은 비례한다

- **저항**은 물체에 전류가 '통과하기 어려운 정도'를 나타내는 수치이다.
- 같은 전류가 흐르고 있을 때, 저항이 큰 쪽이 전압이 더 높다.

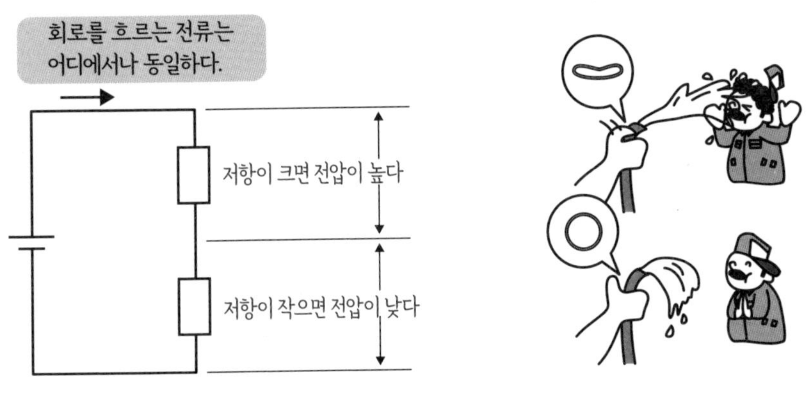

▲저항과 전압

옴(ohm): 옴의 법칙을 발견한 독일의 물리학자 게오르크 시몬 옴(Georg S. Ohm, 1789~1854)에서 유래했다. 단위 기호는 [Ω].
저항체(resistor): 어떤 전기 저항값을 얻을 목적으로 사용되는 전자부품. 저항기. 그냥 저항이라고도 한다.

1-4

저항과 저항률

저항은 전류의 흐름을 방해하는 정도를 말한다!

저항의 '전류가 흐르기 어려운 정도'를 수치화한 것이 저항의 크기(저항값) *R*이다. 그리고 저항을 구성하는 소재가 물성값으로 갖는, '전류가 흐르기 어려운 정도'가 저항률 ρ이다.

저항이 생기는 원인

- 자유전자는 금속 내부를 진행할 때 원자핵과 충돌하는 것을 피할 수 없기 때문에 진행하기 어렵다.
- 이처럼 전자가 진행하기 어려운 정도(=전류가 흐르기 어려운 정도)가 **저항**이다.
- 전자가 진행하기 어려운 정도는 물질에 따라 따르며, 그 물성값(물질이 각각 고유하게 갖고 있는 값)을 **저항률**이라고 한다.
- 저항률의 기호는 ρ이고 단위는 [Ω·m]이다.

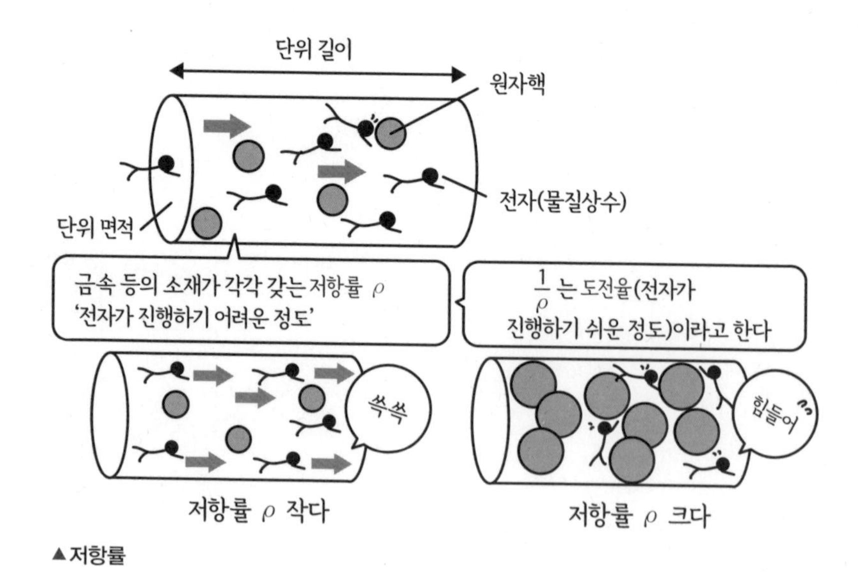

▲저항률

저항률(electrical resistivity) : 단면적 1m², 길이 1m인 물질의 저항값을 나타내는 물성값. 단위는 [Ω·m]. 비저항이라고도 한다.
도전율(electrical conductivity) : 저항률의 역수. 전기 도전율이라고 한다. 기호는 σ, 단위는 [S/m].

저항체의 저항값

- 저항체란 전류를 약간 통과하기 어렵게 하는 물체를 가리킨다.
- 저항체의 저항값 R은 저항률과 물체의 형상에 따라 결정된다.
- 저항값은 저항률에 비례한다. 또한 저항값은 물체의 길이 ℓ에 비례하고, 단면적 S에 반비례한다.

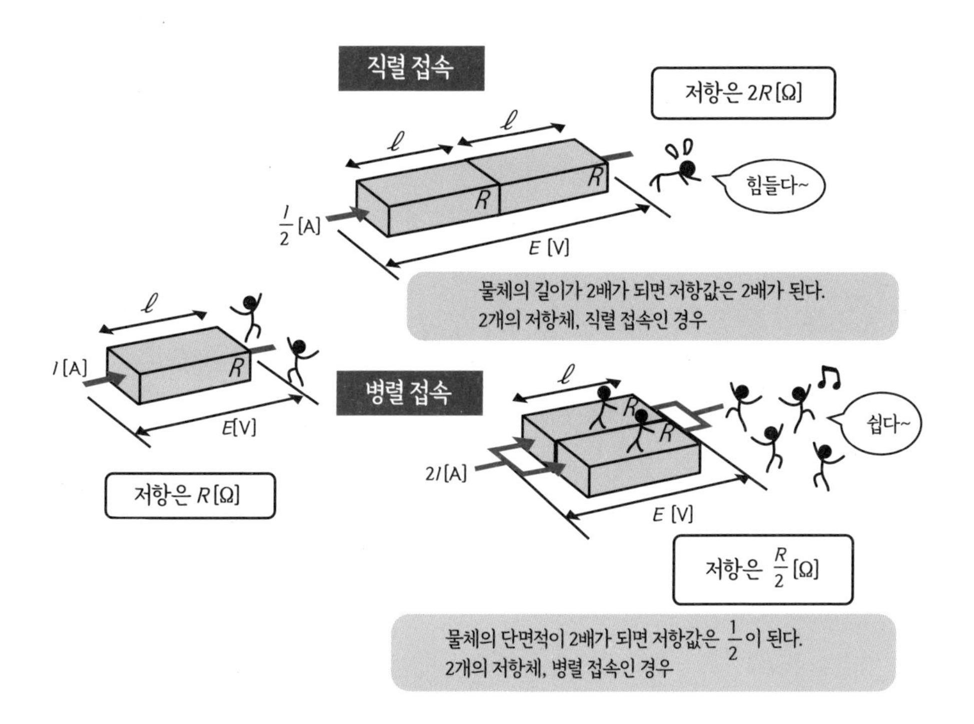

▲저항값

분자 자석(molecular magnet) : 자석은 아무리 작게 분할해도 자석의 성질을 갖고 있기 때문에 자성체는 분자 크기의 영구자석으로 만들어져 있다는 개념

1-5

전류의 3대 작용

전기에너지를 이용하는 기본

전류를 열로 변환하는 것을 열작용, 전류를 자기로 변환하는 것을 자기작용, 전류로 물질이 변화하는 것을 화학작용이라고 한다.

이 세 종류의 작용(전류의 3대 작용)으로 전기에너지를 다른 에너지로 변환해서 이용할 수 있다.

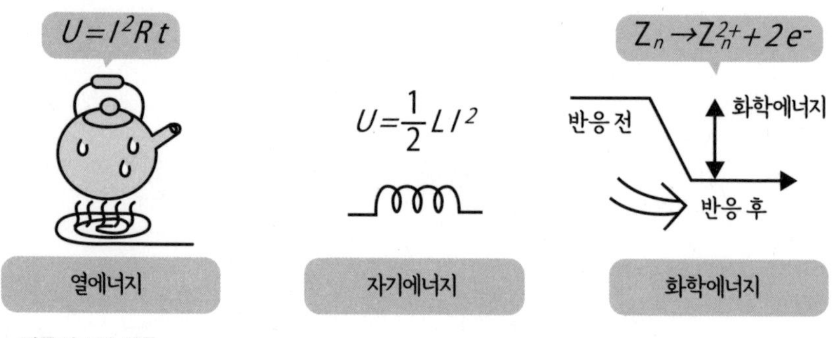

▲전류의 3대 작용

전류의 열작용

- 전류의 열작용이란 전류를 열로 변환하는 것을 말한다.
- 전류가 흐르고 있는 물질은 흐르지 않을 때와 비교하면 온도가 높아진다.
- 금속 중의 원자핵은 열에 의해 진동한다. 또한 온도가 높아지면 진동은 심해진다.
- 금속 중의 원자핵에 자유전자가 충돌하면, 원자핵의 진동이 심해지므로 원자의 온도가 상승, 금속이 발열한다.
- 이와 같이 전류에 의해 발생하는 열을 **줄열**이라고 한다.

줄열(Joule's heat): 전류의 열작용에 의한 발열. 줄의 법칙 또는 줄의 제1법칙으로 알려져 있다.
자계(magnetic field): 자기(磁氣)의 작용이 미치는 공간을 말한다. 자장이라고도 한다.

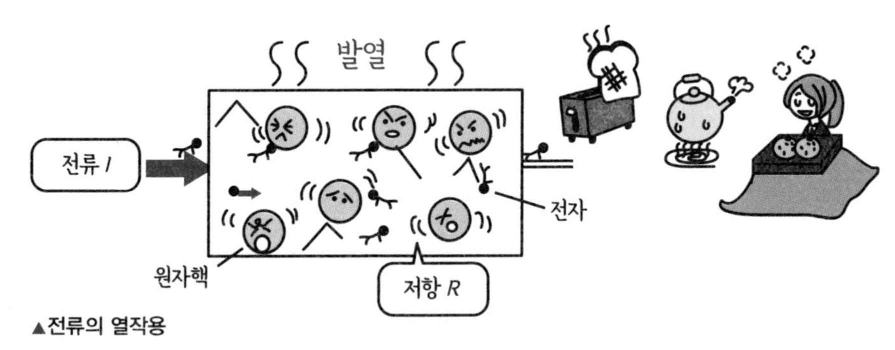

▲전류의 열작용

전류의 자기작용

- 전류의 자기작용이란 전류를 자기로 변환하는 것을 말한다.
- 전류가 흐르면 주위에 자계가 생긴다.
- 이때 생기는 자계의 방향은 오른나사 법칙이라고 이해하면 된다.

전류의 화학작용

- 전류의 화학작용이란 전류로 물질이 변화하는 것을 말한다.
- 전류를 흘리면 화학 변화하는 물질이 있다.
- 전해질은 물에 용해하면, 양이온과 음이온으로 전리(電離)한다. 이온이란 원자가 전기를 띤 것으로 양이온(플러스 이온)은 전자가 부족하고, 음이온(마이너스 이온)은 전자를 여분으로 갖는다.
- 전자가 공급되면 양이온과 음이온이 역방향으로 이동한다. 이온이 이동하면 전해질에는 전류가 흐른다.

오른나사의 법칙

사용법 ①

전류가 직선으로 흐르면 동심원상으로 자계가 발생한다.

전류의 방향

자계의 방향

사용법 ②

전류가 코일에 흐르면 직선상으로 자계가 발생한다.

전류의 방향

자계의 방향

▲전류의 자기작용

이온(ion): 전자를 잃거나 얻어서 전하를 띤 원자 또는 원자의 집단.
전해질(electrolyte): 용매에 용해했을 때 양이온과 음이온으로 분리되는 물질. 이온으로 분리하는 것을 전리라고 한다.

1-6

자기의 신비

자계, 자속, 영구자석의 기본을 살펴본다

자계란 자력이 일하고 있는 공간을 말하며, 자장(磁場)이라고도 한다.
눈에는 보이지 않지만 자연계와 우리들 생활 속에도 자계가 존재하며, 다양한 물질에 영향을 미치고 있다.

자력선

- 자력선이란 자계의 상태를 나타낸 '가상의 선'이다.
- 자력선은 자석의 N극에서 나와 외부를 통과해 S극으로 되돌아간다.
- 자력선의 수(밀도)는 자력의 세기를 나타낸다.

전류에 의한 자력선

- 전류가 있으면 주위에 자계가 발생한다.
- 이 전류에 의한 자계도 자력선으로 나타낼 수 있다.

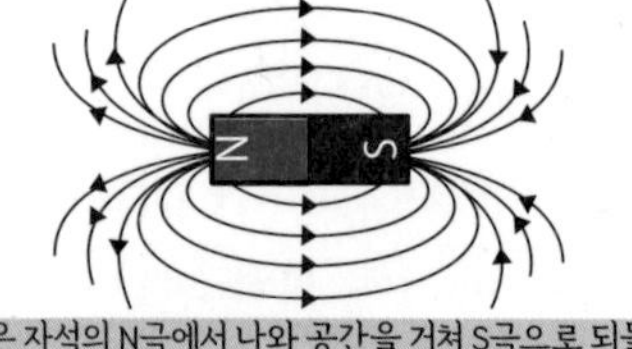

자력선은 자석의 N극에서 나와 공간을 거쳐 S극으로 되돌아간다.

▲자력선

- 전류에 의한 자계의 자력선은 영구자석이 만드는 자력선과 같은 형태이다.

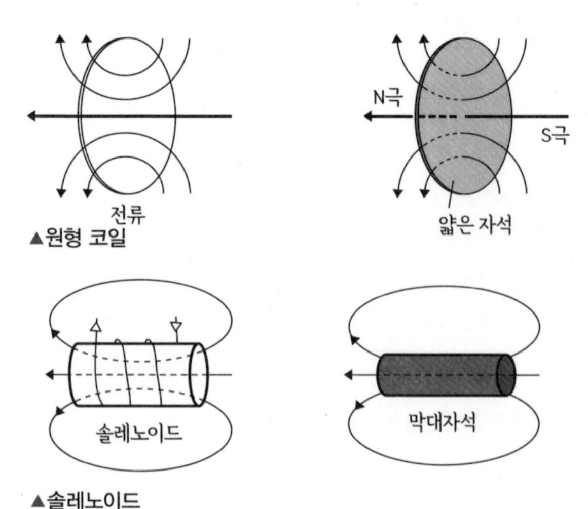

▲원형 코일

▲솔레노이드

원형 코일(circular coil) : 원형의 도선.
솔레노이드(solenoid coil) : 도선을 꼼꼼하게 감은 원통형 코일.

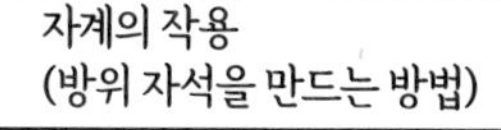

▲자계의 작용

자기력

- 자석의 자극 사이에서 작용하는 힘을 **자기력**이라고 한다.
- 이 자기력에 의해서 N극과 S극, 다른 극끼리는 흡인력이 발생하고, 같은 극끼리는 반발력이 발생한다.

철은 왜 자석에 이끌리는가 (자기유도)

- 철 등의 자성체에 자기가 다가가면 자성체의 표면에 반대의 자극이 발생한다. 이것을 **자기유도**라고 한다.
- 자기유도에 의해 생긴 자성체의 자극과 원래 자석의 자극 간에는 흡인력이 발생한다.
- 자기가 멀어지면 자기유도에 의한 자극은 소멸한다.

자화의 개념

- 자성체의 내부에는 분자 자석이 있다고 볼 수 있다.
- 외부 자계에 의해 내부의 분자 자석이 배향함으로써 자기유도가 일어난다.
- 외부의 자계를 제거해도(자기유도가 종료해도) 배향이 남아 있는 것을 **자화**(磁化)라고 한다.

자성체(magnetic material): 자성을 띠는 것이 가능한 물질. 강자성체, 상자성체, 반자성체로 분류된다.
비자성체(non-magnetic material): 강자성체가 아닌 물질.

자력선과 자속의 차이

- 자속은 자계의 모습을 나타내기 위한 양을 가리킨다.
- 물질의 경계를 표현할 때는 자력선으로는 제대로 설명하는 것이 어렵기 때문에 자속을 이용한다.
- 예를 들면 아래의 오른쪽 그림과 같이 철과 공기 사이를 자기가 통과할 때, 철이 자화되어 있기 때문에 그 사이의 공기를 걸쳐 N극과 S극의 자극이 생긴다.
- 이때 원래의 자력선 외에 자극의 자력선이 경계에서 더해져서 자력선의 수가 불연속이 된다. 따라서 자속을 사용하지 않으면 제대로 설명할 수 없다.

자속의 수는 연속된다

- 자속을 이용하면 경계의 자계 모습을 연속되는 양으로 표현할 수 있다.
- 자기가 통과하기 쉬운 정도가 다른 물질을 자기가 통과할 때, 자력선의 수는 변화하지만 자속의 수는 물질의 경계가 있어도 변화하지 않고 연속된다.
- 즉, 물질이 변화해도 자속의 수는 변하지 않는다. 자속은 자계 자체의 양이다.

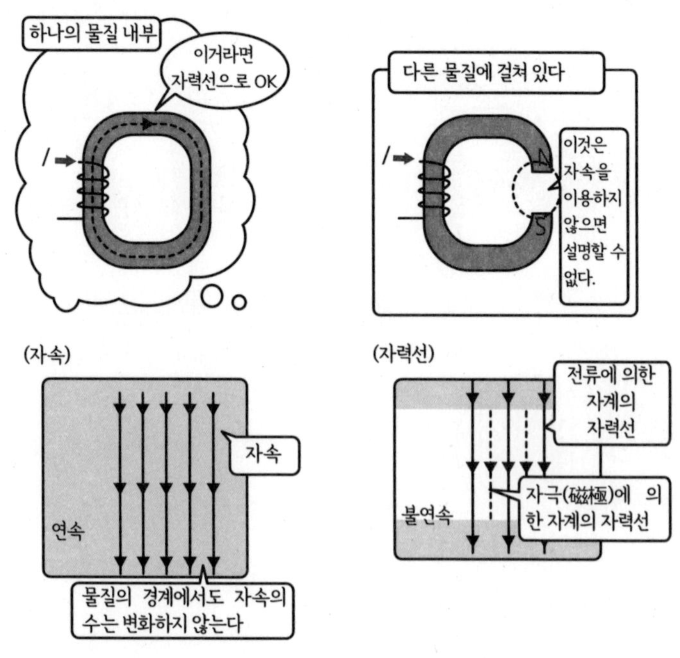

▲자력선과 자속

배향(orientation) : 분자나 결정 등이 일정 방향으로 배열하는 것.
자속(magnetic flux) : 어느 장소의 자계 세기와 방향을, 1Wb를 하나의 선 다발로 나타낸 것. 자속 수가 자계의 세기를 나타낸다.

자속밀도

- **자속밀도**는 자계의 세기를 나타내는 양이다.
- 자속밀도는 면적당 자속 수를 말하며, 기호는 B이고 단위는 [T](테슬라)이다.
- 자속밀도 B는 자계의 세기 H에 비례한다.

$$B = \mu H$$

투자율 μ (비례상수) : 물질에 자기가 통과하기 위운 정도

자성체

- 철 등 투자율이 큰 물질은 자기가 통과하기 쉬운 **자성체**라고 한다.
- 알루미늄과 구리는 전기가 통과하지만, 투자율은 공기와 거의 같아 자기가 통과하기 어렵기 때문에 **비자성체**라고 한다.

높은 자속밀도를 얻기 위해서는 공기보다 현저히 투자율이 높은 자성체를 심으로 해서 코일을 감는다. 이렇게 감는 심을 철심이라고 한다.

비자성체의 감는 심을 보빈이라고 한다.

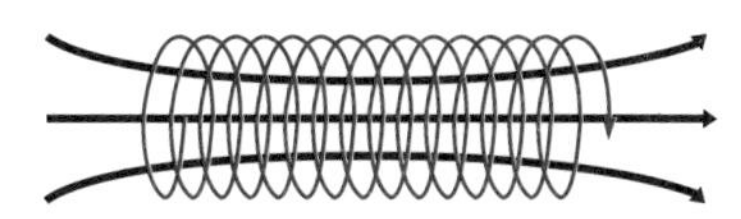

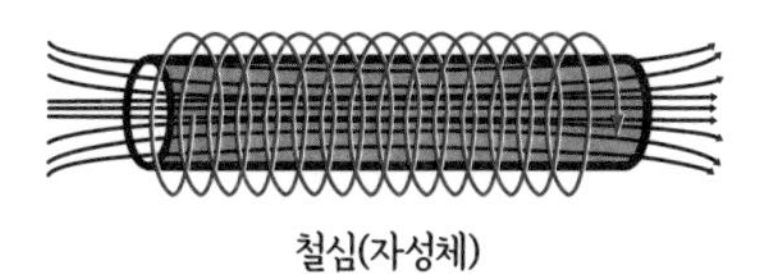

철심(자성체)

▲철심으로 자속밀도를 높인다

자속밀도(magnetic density) : 어느 장소의 자계 세기를 표현하기 위해 면적당 자속 수를 나타낸 것.
투자율(magnetic permeability) : 자계의 세기 H와 자속밀도 B의 관계를 $B=\mu H$로 나타냈을 때의 비례상수 μ이다. 단위는 [H/m]. 진공의 투자율 μ_0와의 비율을 비투자율이라고 한다.

직류와 교류의 차이

두 개의 다른 전류의 흐름

전류에는 직류와 교류가 있다. 직류는 항상 플러스에서 마이너스로 전류가 흐른다(전지). 이에 대해 교류는 전류의 방향이 일정 주기로 바뀐다(상용전원, 송전선, p.211 참조).

직류

- 직류(DC)는 전류가 항상 한 방향으로 흐른다.
- 차량용 배터리와 전지 등의 휴대기기에는 직류가 사용된다.

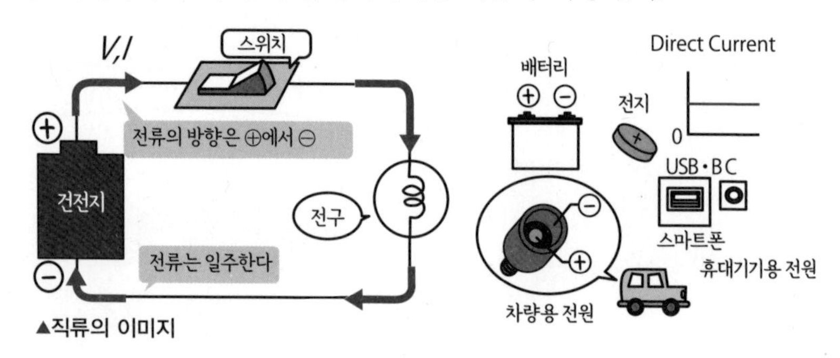

▲직류의 이미지

교류

- 교류(AC)는 전류의 방향이 항상 일정한 주기로 바뀐다.
- 상용전원(가정, 공장의 콘센트에서 꺼낼 수 있는 전류), 송전선에는 이 교류가 사용된다.

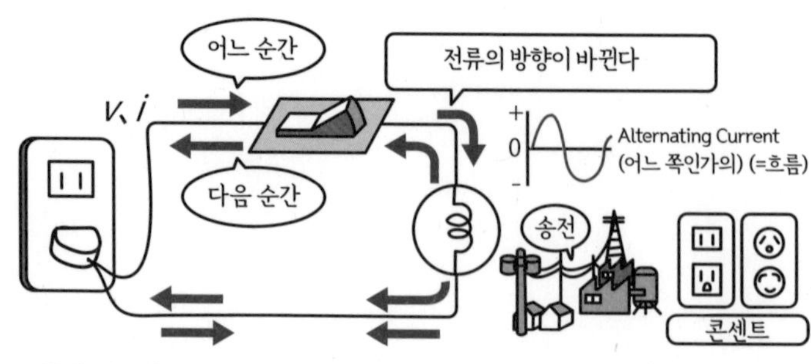

▲교류의 이미지

직류(Direct Current, DC) : 본문 참조.
교류(Alternating Current, AC) : 본문 참조.
정현파(sinusoidal wave) : 파형이 정현 파형으로 표현되는 파동. 여현파(cosine wave)를 포함하는 경우가 많다

직류에서도 교류에서도 전류는 '흐른다'

- 상용전원의 교류는 정현파(sin 커브)로 나타난다. 정현파의 플러스와 마이너스의 변화가 전류의 방향 전환을 나타낸다.
- 교류의 정현파 진폭은 **최댓값**이라고 한다.
- 정현파에서 볼 수 있듯 전류의 크기도 항상 변화하기 때문에 일정하지 않다(순시값).
- 전압도 마찬가지로 정현파로 나타내고 플러스/마이너스가 변화한다.
- 그러나 순간마다 보면, 직류와 동일하게 보인다.

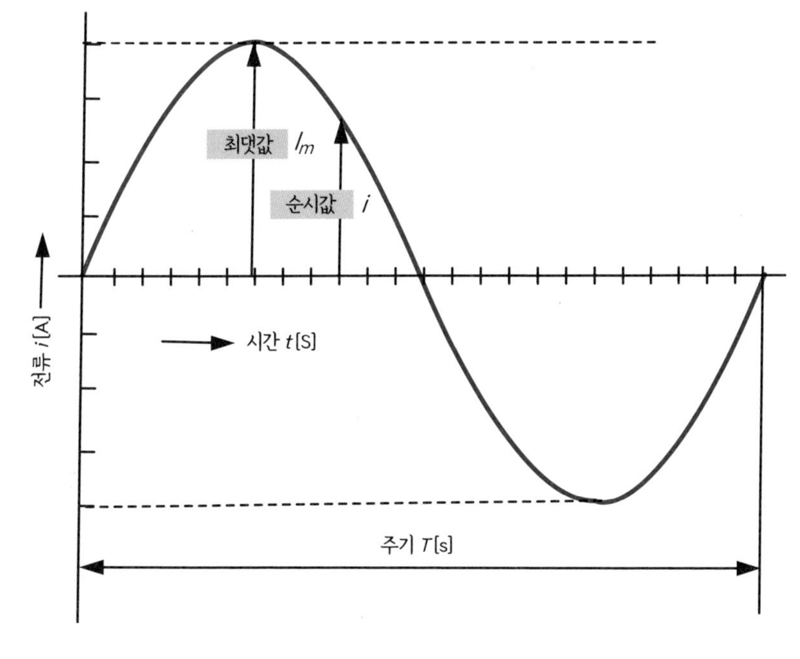

▲교류 전류

실효값

- 교류의 전압과 전류는 정현파상으로 크기가 변화하고 순간마다 값이 달라진다. 이 한 순간을 파악한 값을 **순시값**이라고 한다. 순시값은 항상 변화한다.
- 따라서 교류의 전압이나 전류의 크기를 하나의 수치로 나타내려면 최댓값이 아니라 실효값을 사용한다.
- **실효값**은 '전류와 같은 작용을 하는 교류의 전압, 전류의 크기'라고 이해하기 바란다.
- 실효값은 저항에 전류가 흘렀을 때의 발열량으로 결정된다. 다시 말해, 교류 10A라고 실효값으로 표시되어 있는 전류를 흘렸을 때와 직류 10A를 흘렸을 때의 발열량은 같다.

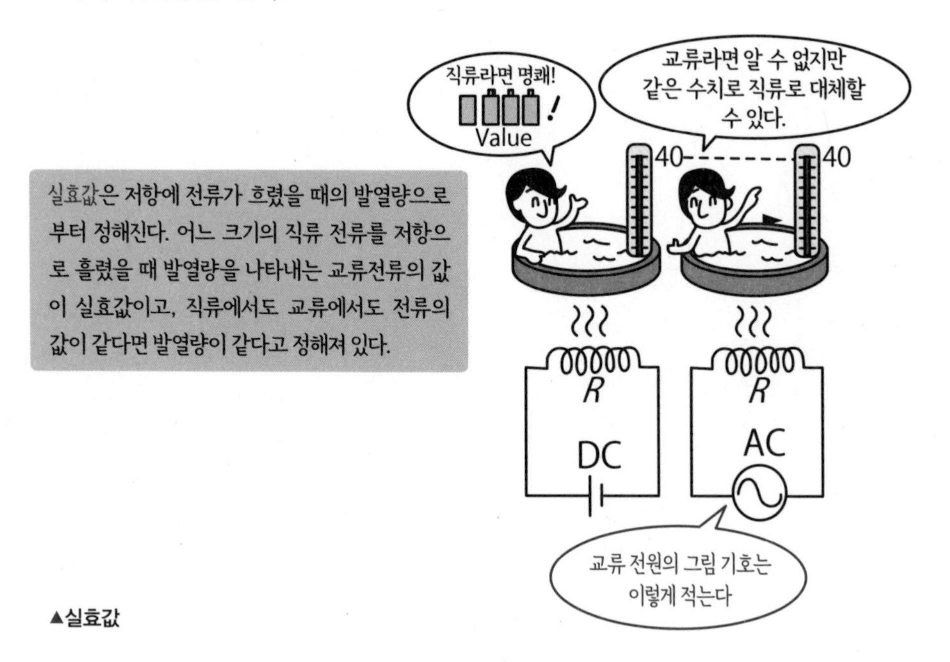

▲실효값

실효값(effective value) : root mean square value, RMS라고도 한다. 본문 참조
발열량(heating value) : 열에너지. 발열하는 에너지[J]는 소비하는 전기에너지[Ws]와 같다.

주파수 : 전류의 방향이 바뀌는 횟수

- 교류 전류가 흐르는 방향은 항상 바뀐다. 1초간당 바뀌는 횟수를 주파수라고 한다.
- 주파수는 일반적으로 기호 f로 나타내며 단위는 [Hz](헤르츠)를 사용한다.
- 주파수 60Hz란 1초간에 플러스/마이너스의 정현파가 60회 출현하는 것을 나타낸다. 즉, $\frac{1}{2\times60}$초(=1초÷2×60회)마다 전류의 방향이 바뀐다는 것이다.

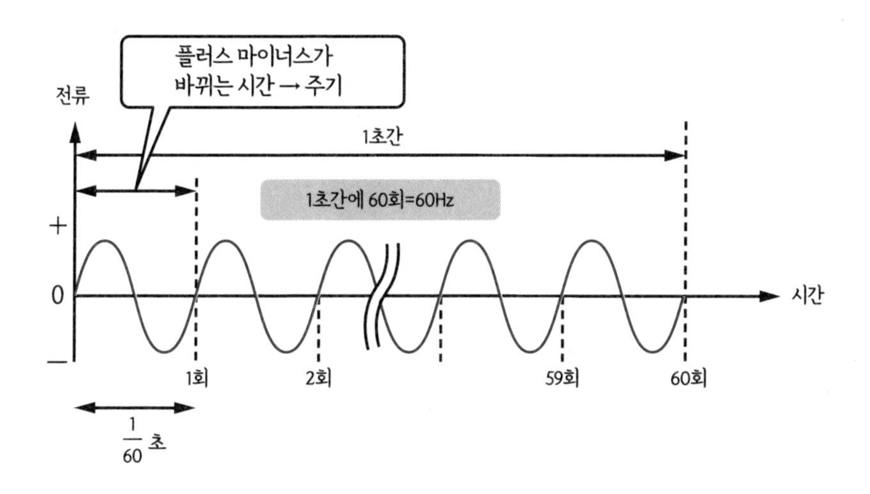

▲교류의 주파수

Change and Charge.

제 2 장

코일과 콘덴서

(전기회로의 기본)

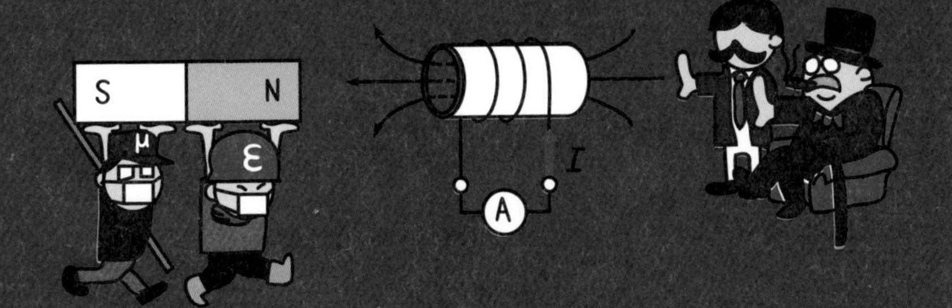

코일을 흐르는 전류

에너지를 축적한다

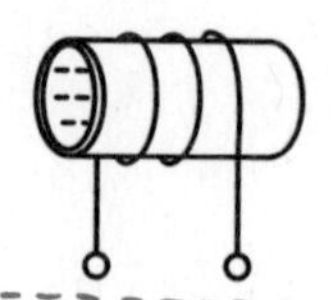

철사나 끈 모양의 금속을 나선상이나 소용돌이상으로 감싼 것을 코일이라고 한다. 그리고 도선을 스프링과 같은 형상으로 연속해서 감은 코일을 솔레노이드라고 한다. 앞 장에서 설명한 대로 전류를 흘리면 자계가 발생한다. 스프링에 힘이 가해졌을 때 스프링이 천천히 변형하여 탄성에너지를 축적하듯, 코일도 전압이 가해지면 코일의 전류가 천천히 증가하면서 자기에너지를 축적한다.

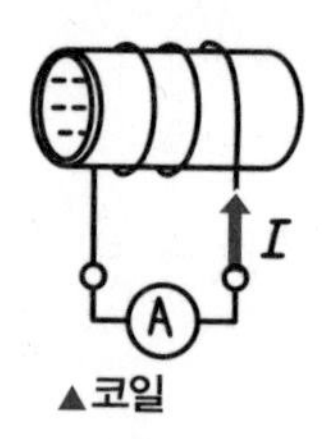

▲코일

코일에 전류를 흘린다

- 코일이란 도선을 감은 전기부품을 말한다.
- 도선이 감겨 있으면 코일이 된다. 여러 가지 방법으로 감은 코일이 있다.

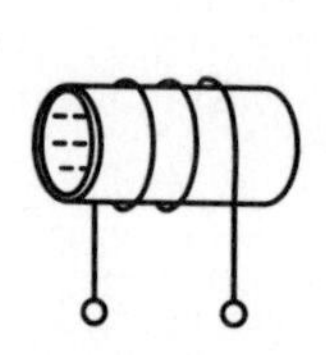

솔레노이드

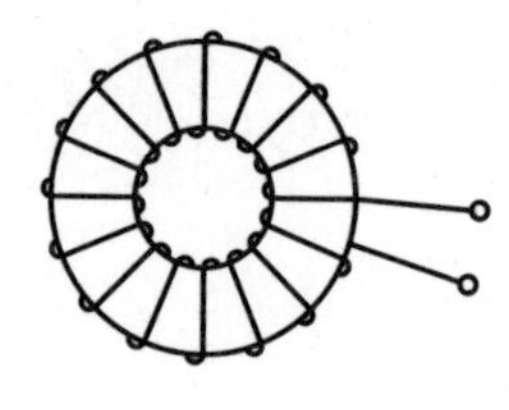

토로이달

스파이럴

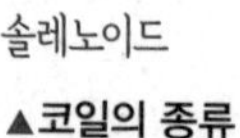

▲코일의 종류

코일(coil) : 본문 참조. 전자회로의 부품으로 다룰 때는 인덕터, 초크(코일)라고 불리기도 한다.

- 아래 그림은 코일과 저항에 의한 회로도이다. 이 회로에서 스위치를 온으로 바꾸고 직류 전원(전지)을 접속하면 전류는 천천히 증가한다.
- 한편, 만약 저항만 연결한 회로라면 옴의 법칙으로 정해지는 크기의 전류가 갑자기 흐를 것이다.
- 전류가 갑자기 흐르지 않고 천천히 증가하는 것은 그 사이에 코일에 자기에너지가 축적되기 때문이다(코일에 축적되는 에너지의 크기에 대해서는 다시 2-3항에서 설명하기로 한다).
- 이처럼 코일에는 전류를 천천히 증가시키는 특징이 있기 때문에 파워 일렉트로닉스에서는 코일을 자주 사용한다.

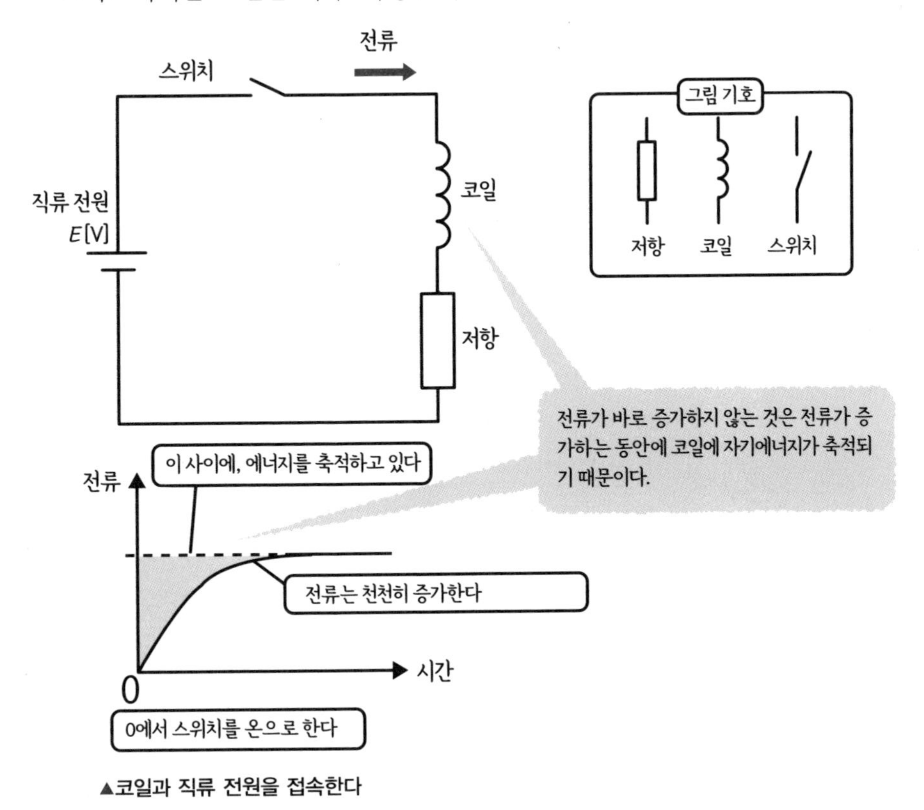

▲코일과 직류 전원을 접속한다

전원(power supply, power source) : 전력의 공급원. 특정 기기의 전력을 공급하는 것뿐 아니라 발전소, 배터리 등도 전원이라고 불린다.

2-2

전자 유도

자기에 의해 유도되는 전기

영구자석의 자속이 코일 내부에 들어가려고 하면 이를 취소하는 반대 방향의 자속이 코일에 생긴다. 이로써 반대 방향의 자속이 생기는 방향의 전류가 흐르는 기전력이 유도된다. 이것을 전자 유도라고 한다. 전자 유도는 그때까지의 상태를 유지하는 물리 현상이다.

코일에 전류가 흐르게 되다

- 아래 그림과 같이 코일에 영구자석을 가까이 갖다 대면 영구자석이 움직이고 있는 동안에만 코일에 전류가 흐른다. 이것을 **전자 유도**라고 한다.
- 자계가 가까이에 있어도 그것이 변화하지 않으면 전자 유도는 일어나지 않는다. 전자 유도는 자계의 변화에 의해 생긴다.
- 영구자석이 정지해 있고 코일이 움직여도 같은 일이 일어난다.
- 바꾸어 말하면 전류가 흐른다는 것은 코일에 기전력이 생긴다는 얘기이다. 이 기전력은 전자 유도에 의해 생기므로 **유도기전력**이라고 한다.

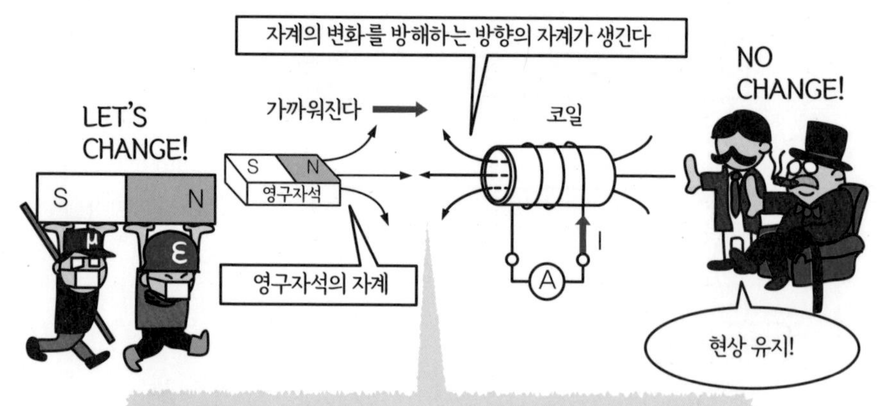

▲전자유도

전자유도(electromagnetic induction) : 본문 참조
영구자석(permanent magnet) : 외부에서 에너지를 가하지 않고 외부에 자계를 주는 물체. 전자석은 전류를 흘렸을 때만 자석이 된다.

오른나사의 법칙

- **오른나사의 법칙**은 전자 유도에 의한 유도기전력의 방향을 오른손으로 알기 쉽게 설명한 법칙이다.
- 자계 안을 도체가 이동할 때 도체에 생기는 유도기전력의 방향은 아래 그림과 같이 오른손 손가락의 방향으로 나타난다.

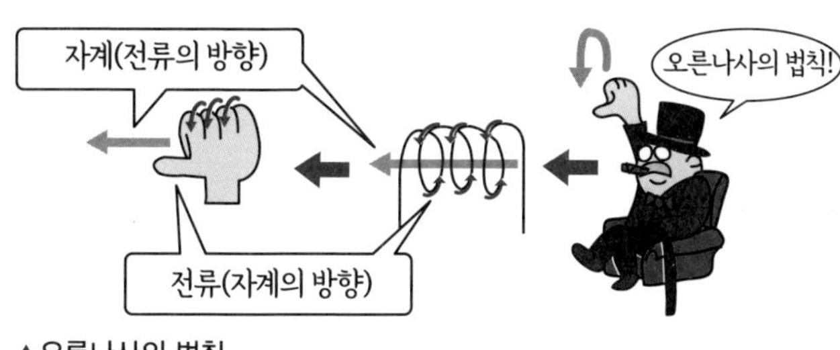

▲오른나사의 법칙

많이 감으면 기전력 UP(쇄교 자속수)

- 전자 유도가 생길 때 코일과 자계는 **쇄교**한다고 말한다.
- 자계의 변화가 빠를수록 또한 자계가 강할수록, 그리고 코일의 감은 수가 많을수록 전자 유도에 의한 유도기전력은 커진다.
- 운동에 의한 자계의 변화뿐 아니라 시간적으로 자계가 변화해도 유도기전력이 생긴다.
- 교류 전류는 항상 전류의 방향이 변하기 때문에 항상 전자 유도가 생긴다.
- 권수 N과 자속 Φ를 곱한 $N\Phi$를 **쇄교 자속수**라고 한다.
- 유도기전력 e는 코일의 권수와 자속의 시간적인 변화의 비율에 비례한다. 이때 **패러데이의 법칙**에 따라서 아래의 식이 성립된다.

$$e = -N\frac{d\Phi}{dt}$$

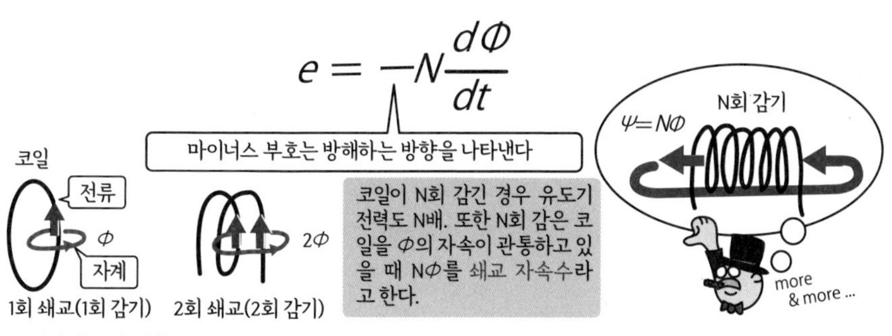

▲패러데이의 법칙

유도기전력(induced electromotive force) : 전자유도에 의해 생기는 기전력

2-3

인덕턴스

유도기전력의 크기를 나타내는 양

상호 인덕턴스

전원에 연결된 코일 A와 전원이 연결되지 않은 코일 B를 아래의 그림과 같이 나열한다고 하자.

① 스위치를 넣고 코일 A에 전류를 흘리면 코일 A의 전원이 제로에서 증가한다. 다시 코일 A가 만드는 자계도 전류의 증가와 마찬가지로 증가한다.

② 그러면 코일 A의 자계 안에 있는 코일 B에 변화를 방해하는 자계가 발생한다.

③ 다음으로, 발생한 자계에 의해서 코일 B에 유도기전력이 생긴다(**전자유도**).

이때, 코일 A의 전류가 일정값에 달하면 코일 A의 자계도 일정해지기 때문에 코일 B의 전자유도는 종료한다. 따라서 코일 B에 생기는 유도기전력의 크기는 전류의 변화율에 비례한다. 이것을 **상호유도**라고 부른다.

▲상호유도

이때, 코일 B에 생기는 유도기전력의 크기 e_B는 전류 변화율 $\frac{dI_A}{dt}$(1초간의 전류 변화)이며, 상호 인덕턴스 M에 의해 다음과 같이 나타낸다. M의 단위는 [H](헨리)이다.

상호 인덕턴스(mutual inductance) : 코일의 전류 변화에 의해 다른 코일에 생기는 유도기전력의 크기를 나타내는 상수. 1초간에 1V의 유도기전력이 발생했을 때 1H이다.

$$e_B = - M \frac{dI_A}{dt}$$

$$= - \text{상호 인덕턴스 } M \times \text{코일 A의 전류 변화율 } \frac{dI_A}{dt}$$

코일 B 측의 전류가 변화했을 때
코일 A에 생기는 유도기전력도 M은 동일

▲상호유도기전력

자기 인덕턴스

또한 코일이 하나여도 코일 자체에 흐르는 전류의 변화로 전자유도가 생긴다.

① 코일에 전류가 흐르면 스위치를 켠 순간에 코일 전류가 제로에서 증가한다. 또 코일 자계도 전류 증가와 마찬가지로 증가한다.

② 그러면 코일에 생기는 자계에 대해, 변화를 방해하는 자속이 발생한다.

③ 다음으로, 자속이 발생하도록 전류와 역방향의 유도기전력이 생긴다.

코일의 전류가 일정값에 달하면 코일의 자계도 일정해지므로 코일의 전자유도는 종료한다. 따라서 코일 자체에 생기는 유도기전력의 크기는 전류 변화율에 비례한다. 이것을 **자기유도**라고 한다.

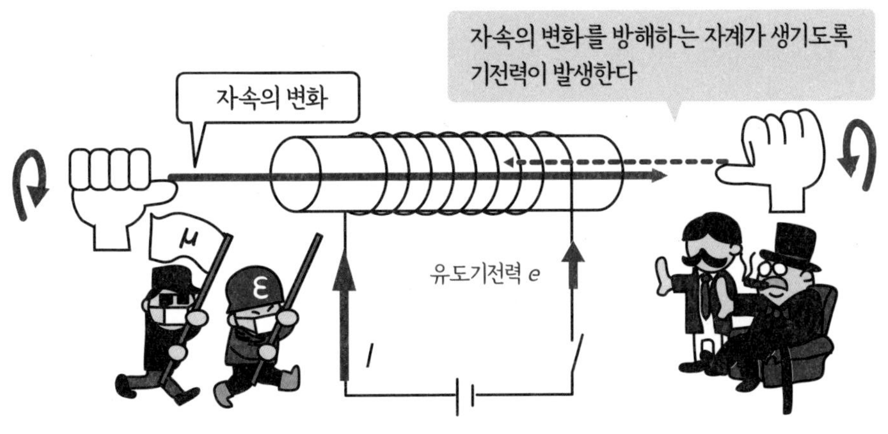

▲자기유도

자기 인덕턴스(self-inductance) : 코일의 전류 변화에 의해 그 코일 자체에 생기는 유도기전력의 크기를 나타내는 상수. 1초간에 1V의 유도기전력이 발생할 때 1H이다.

- 코일에 전류가 흐르면, 그 결과 코일 자체에 전자유도에 의한 기전력이 생긴다. 이때 '전류'×'유도기전력'='전력'이므로 코일에는 전기에너지가 저장된다.
- 자기 유도기전력의 크기 e를 **자기 인덕턴스**에 L에 의해 아래와 같이 나타낸다. L의 단위는 M과 같은 [H](헨리)이다.

$$e = -L\frac{dI}{dt}$$

$$= -\ \text{자기 인덕턴스} \times \text{전류 변화율}\ \frac{dI}{dt}$$

[자기 인덕턴스]×[전류]는 코일의 쇄교 자속수 Ψ를 나타낸다

$$\Psi = LI$$

▲자기 유도기전력

- 회로 부품의 명칭으로는 코일을 인덕터라고 한다. 인덕턴스는 크기를 나타내는 양이다.

코일에 저장되는 에너지

- 코일에 전류를 흘리면 코일에 자기에너지가 축적된다.
- 이때, 코일에 축적되는 에너지의 크기는 자기 인덕턴스 L에 비례한다. 또 코일에 축적되는 에너지는 전류의 제곱에 비례한다. 이들을 식으로 나타내면 다음과 같이 된다.

$$U = \frac{1}{2}LI^2$$

U : 에너지[J]
L : 자기 인덕턴스[H]
I : 전류[A]

- 즉, 코일에 전류가 흐르는 동안에는 코일에 에너지가 축적되어 있다(최대로 축적되면 그 상태가 유지된다). 그런데 전류가 흐르지 않으면 코일의 에너지는 제로로 바뀐다(축적한 에너지는 회로를 통해서 전류로 흐른다).

Φ와 Ψ : 일반적으로 Φ(파이)는 자속을 나타낸다. Ψ(프사이)는 쇄교 자속수를 나타낸다. 혼동하기 쉽지만, 이 기호가 관습적으로 사용되고 있다.

코일에 흐르는 전류가 변화하는 동안에만 전압이 나타난다

코일에 직류 전원을 접속하면 '전자유도'로 단시간 전류가 흐르고 전류가 흐르는 동안에 자기에너지가 축적된다.

따라서 전원을 꺼도 코일에는 자기에너지가 축적되어 있으므로 에너지를 내보내지 않으면 전류는 제로가 되지 않는다. 어딘가로 전류를 흘려 보내지 않으면 에너지가 불꽃이나 고전압이 되어 무리하게 탈출하려고 한다.

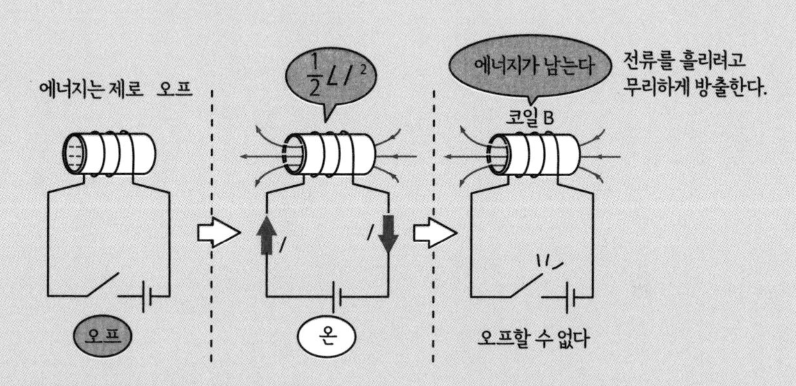

이때, 코일은 에너지를 축적함으로써 전류의 변화를 억제하는 작용을 한다.

예를 들면 코일에 축적된 에너지는 스프링을 압축했을 때의 에너지와 비슷하다.

이때, 수축한 스프링은 에너지를 방출할 때까지 늘어나지 않는다. 그리고 에너지를 내보내려고 늘어나는 방향으로 힘을 발생한다.

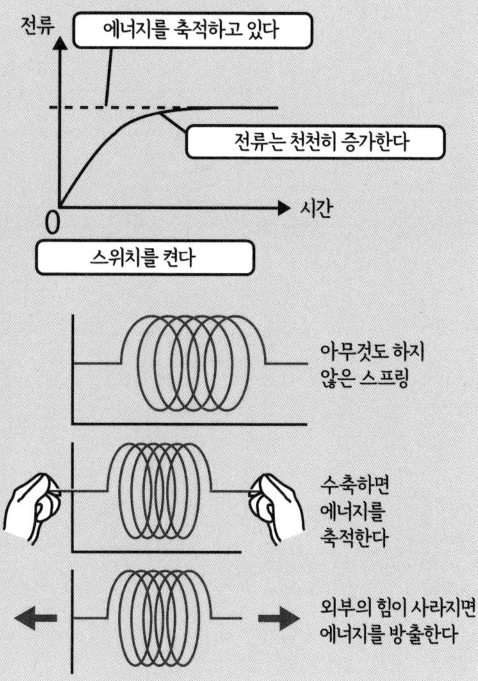

2-4

코일의 에너지를 조정한다

온 오프로 축적, 방출되는 에너지

코일은 에너지를 축적하거나 방출함으로써 전류를 천천히 증감시켜 전류의 변화를 억제하는 작용을 한다. 한편 코일이 축적하는 에너지는 자기 인덕턴스와 전류의 제곱에 비례한다.

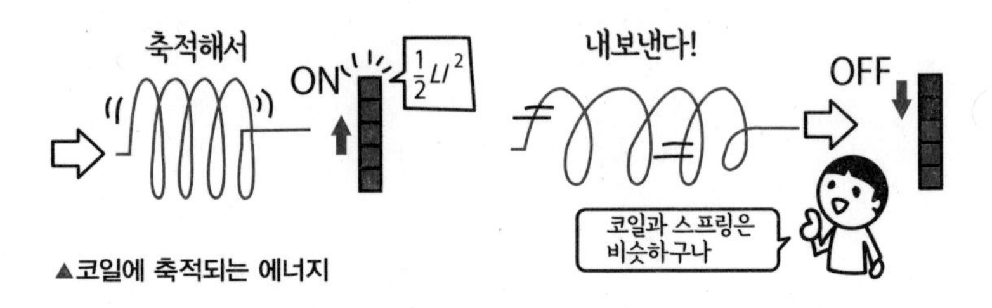

▲코일에 축적되는 에너지

코일에 에너지를 축적한다(전원 온)

- 코일에 직류 전원을 접속하면 코일을 흐르는 전류는 천천히 증가한다.
- 이때 코일에 축적되는 자기에너지에 따른 전류가 흐른다.
- 코일에 전류가 흐르는 동안은 코일에 에너지가 축적된다.

코일에서 에너지를 방출한다(전원 오프)

- 코일이 연결된 회로에서 스위치를 끄고 전류를 제로로 만들기 위해서는 우선 코일 에너지를 제로로 만들 필요가 있다.
- 코일에 전류가 흐르는 동안에 일부러 스위치를 끄면 코일의 에너지에 불꽃이 생겨 방출될 수 있기 때문이다.
- 즉, 코일에 축적된 에너지가 모두 방출되기 전까지 전류는 사라지지 않는다(에너지 보전의 법칙이 성립하기 때문이다).
- 이러한 코일의 에너지를 이용해서 스위치가 꺼져 있을 동안에도 전류가 흐르도록 할 수 있다.

에너지 보전의 법칙(law of the conservation of energy) : 에너지는 어떤 형태에서 다른 형태로 변환해도 그 전후에 에너지의 총량은 일정하다는 법칙.

RL 직렬회로의 과도현상

RL 직렬회로에 직류 전압을 인가했을 때 전류의 변화는 다음 식으로 나타낸다.

$$i(t)=\frac{E}{R}(1-e^{-\frac{R}{L}t})$$

스위치를 켠 순간($t=0$)의 전류 기울기는 $\frac{R}{L}$에 비례한다.
그리고 충분히 시간이 지났을 때($t=\infty$), 전류는 일정값 $\frac{E}{R}$이 된다.
즉, 전류가 서서히 증가하는 동안에 L에 자기에너지가 축적되어 간다.
이것이 RL 직렬회로의 **과도현상**의 엄밀한 설명이다.

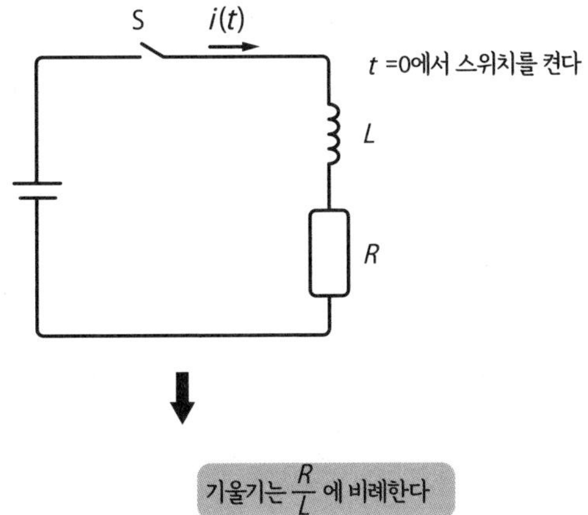

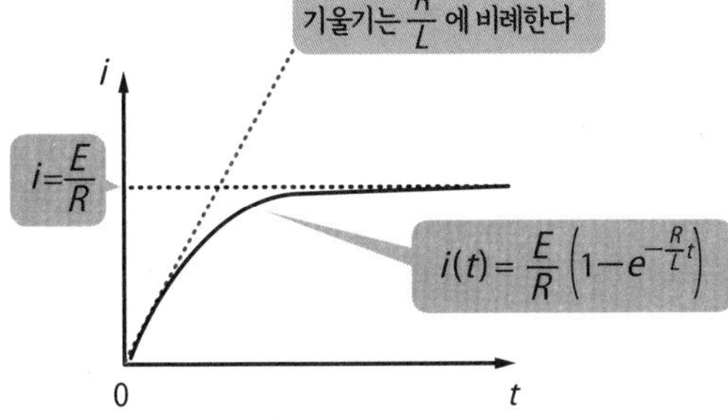

▲RL 직렬회로의 과도현상

2-5

콘덴서

절연체를 사용한 교묘한 트릭

콘덴서는 정전기의 성질을 이용한 기기이다. 전류가 흐르지 않는 절연체가 갖는 정전유도라는 상반된 성질을 잘 이용하고 있다.

콘덴서도 코일과 마찬가지로 에너지를 축적할 수 있다. 다만 콘덴서는 전류가 흐르지 않는 상태에서도 에너지를 축적할 수 있다는 점에서 코일과 차이가 난다.

정전기(정지한 전하)

- 도체 내부나 절연체 표면에서 전하의 전위차가 일어나면 정전기가 발생한다. 이 정전기를 띤 상태의 물체를 **대전체**(帶電體)라고 한다.
- **정전기**는 글자 그대로 움직이지 않는 전기를 말한다. 플러스와 마이너스의 정전기가 있다.

정전유도

- 정전기를 띤 대전체가 전기가 흐르는 도체에 가까워지면 반대 극성의 전하가 유도되고, 대전체가 멀어지면 원래 상태로 돌아간다. 이것을 **정전유도**라고 한다.
- 정전유도로 발생하는 양의 전하와 음의 전하의 양은 항상 같으므로 대전체의 전기량이 클수록 보다 많은 전하가 유도된다.

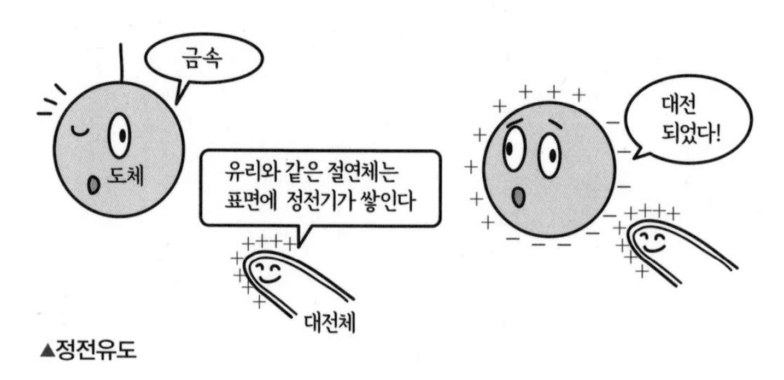

▲정전유도

정전기(static electricity) : 한 곳에 머물며 정지해 있는 전하. 움직이지 않으므로 전류가 되지는 않는다. 플러스와 마이너스의 정전기가 있다.
정전유도(electrostatic induction) : 본문 참조.

정전력

- 정전기에 의해서 다른 전하로 대전한 물체의 사이에는 흡인력이, 같은 전하로 대전한 물체 사이에는 반발력이 작용한다. 이것을 **정전력**이라고 한다. 정전력은 이와 같이 플러스/마이너스에 의해서 흡인력, 반발력이 나타나는 부분이 자기력과 매우 흡사하다.

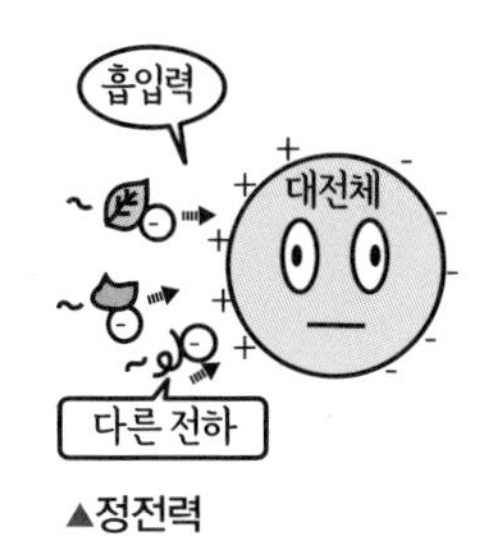

▲정전력

콘덴서

- **콘덴서**의 구조는 2장의 금속판 사이에 절연체가 끼어 있는 것이다.
- 이들 2장의 금속판에 직류 전압을 가하면 금속판에는 플러스/마이너스 전하가 나타나므로 이들 사이에 끼인 절연체의 내부에서는 정전유도가 일어난다.
- 그 결과, 절연체의 내부에서 플러스와 마이너스의 전하가 금속판 근처로 모여든다.
- 모여든 전하는 정전기이지만, 절연체 안이므로 그대로 이동하지 않는다.

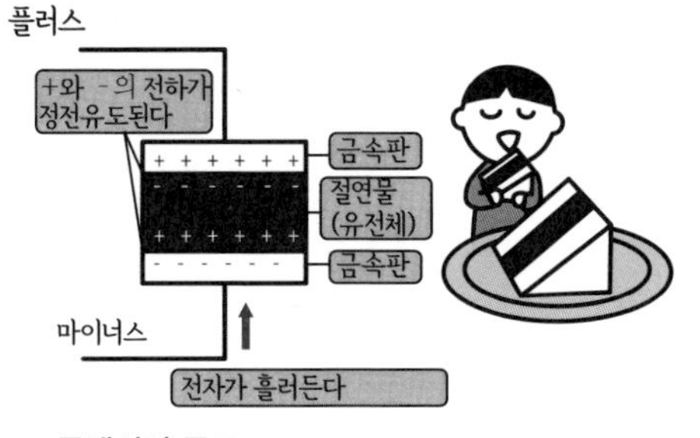

▲콘덴서의 구조

콘덴서의 성질

- 콘덴서에 전압을 가하면 내부에 전하가 축적된다.
- 축적되는 전하의 양 Q은 콘덴서에 가해진 전압 V에 비례한다. 이때의 비례상수를 **정전용량(커패시턴스)** C라고 한다. C의 단위는 [F](패럿)이다.

콘덴서(capacitor) : 전하를 축적하거나 방출하는 전자부품. 전자회로의 기본적인 부품으로 커패시터라고 부르기도 한다.
절연체(insulator) : 저항률이 큰 물질. 직류 전류는 흐르지 않는다.

$$Q = CV$$

- 콘덴서에 사용하는 절연체는 유전체라고 불린다. **유전체**란 **유전율**(전하가 축적되기 쉬운 정도를 나타내는 계수)이 큰 절연체를 말한다.
- 각종 콘덴서의 정전용량 크기는 다음의 관계로 정해진다.

사용하는 유전체의 유전율 : ε

유전체의 두께 : d

사용하는 금속판(전극)의 면적 : S

$$C = \varepsilon \frac{S}{d}$$

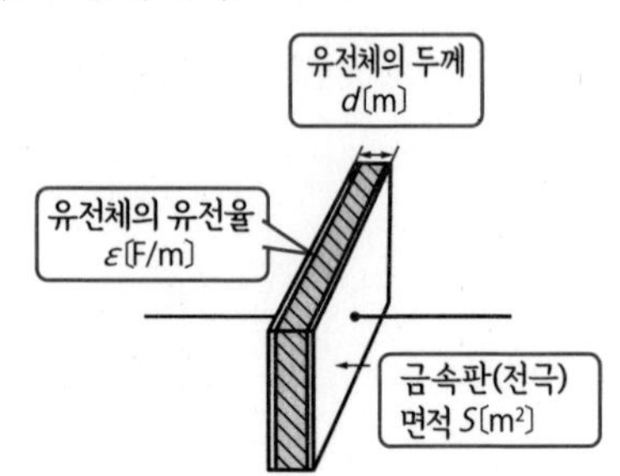

- 콘덴서의 정전용량은 일반적으로는 매우 작은 값이다. 때문에 [μF](**마이크로 패럿**)(=10^{-6}F)이나 [pF](**피코 패럿**)(=10^{-12}F)이 사용된다.

콘덴서에 축적되는 에너지

- 콘덴서에 전압을 가하면 내부에 전하가 축적된다. 즉, 전압을 가하면 콘덴서에는 정전에너지가 축적된다.
- 단, 콘덴서에 전압을 가해도 콘덴서의 전압은 바로 증가하지 않는다. 이 사이에, 콘덴서에 에너지가 축적되므로 전류가 흐른다(다음 페이지의 칼럼을 참조하기 바란다).
- 콘덴서에 축적되는 에너지는 콘덴서의 정전용량 크기에 비례하여 다음과 같이 된다.

$$U = \frac{1}{2} CV^2$$

- 한편 콘덴서에 축적되는 정전에너지는 코일에 축적되는 자기에너지와 달리 전압을 제거해도 그대로 남아 있다. 이것은 콘덴서의 내부에 전하가 남기 때문이다. 즉, 전압이 남으므로 전지와 같이 기능하게 할 수 있다.
- 콘덴서의 전압은 콘덴서에 축적된 에너지가 방출됨에 따라 내려간다.
- 이러한 콘덴서의 성질을 이용해서 축전에 사용하기 위해 개발된 대용량 콘덴서를 특히 **커패시터**라고 부르는 경우가 많다.

유전율(permittivity) : 절연체 내부의 전하가 움직이는 정도를 나타내는 물질상수
커패시턴스(capacitance) : 콘덴서의 정전용량. 1V의 전압으로 1C의 전하가 축적되면 1F이다.

콘덴서 내부는 '절연체이므로 전압을 가해도 전류는 흐르지 않는다'

…여야 하는데, 그런데!

직류 전원을 접속하면 '정전유도'하기 위해 한 순간만 전류가 흐르고, 전류가 흐르는 사이에 전하가 축적된다.

전원을 끄면 전압(전위차)이 있는데도 콘덴서 내부가 '절연체이므로 전압이 있어도 전류는 흐르지 않으므로' 전하는 방출되지 않고 전압은 그대로 남는다. 회로가 연결되어 있지 않으므로 에너지가 축적된 상태가 된다.

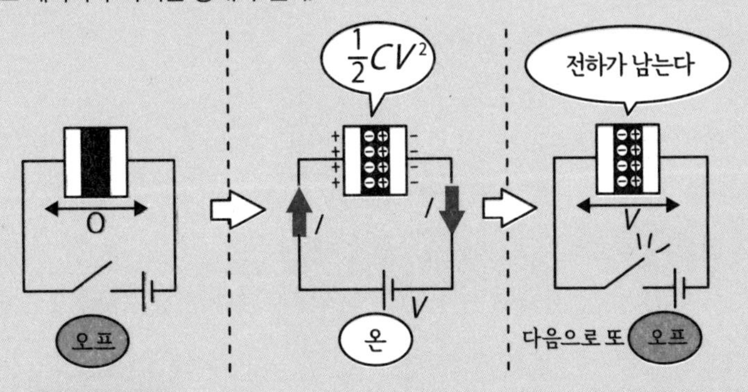

▲콘덴서의 성질

콘덴서는 에너지를 축적함으로써 전압의 변화를 억제하는 기능을 한다.

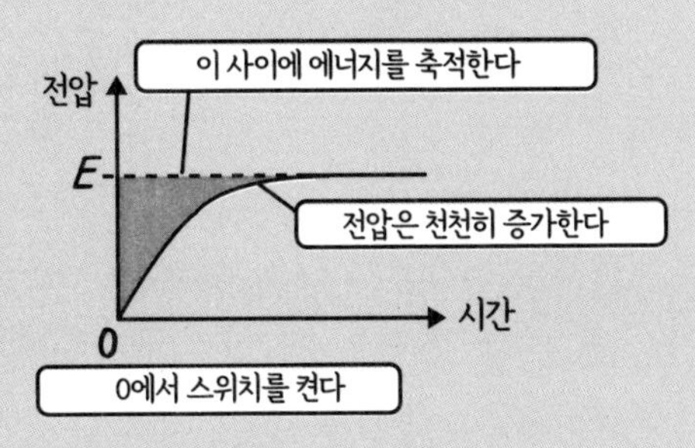

▲콘덴서의 전압과 시간의 관계

전하 $Q = CV$
예를 들면 전압은 물의 깊이, 전하는 물의 양
커패시턴스 C는 욕조의 면적

▲콘덴서와 욕조

커패시터(capacitor) : 전기이중층 현상을 사용한 콘덴서는 1F와 2F이라는 큰 정전용량을 실현할 수 있으므로 축전 디바이스로 사용된다. 정확히는 EDLC(Electric Double-Layer Capacitor)라는 명칭이므로 커패시터라고 부르는 경우가 많다.

2-6

코일과 콘덴서에 교류 전압을 가한다

전압과 전류의 방향 차이가 포인트

코일도 콘덴서도 모두 교류 전압을 가하면 교류 전류가 흐른다. 단, 교류 전압은 플러스/마이너스로 변화하기 때문에 플러스/마이너스의 변화에 따라 동작한다.
아래에서 코일과 콘덴서의 전류 거동의 차이를 살펴본다.

코일에 교류 전압을 가한다

코일에는 다음과 같은 원리로 교류 전류가 흐른다.

① 코일의 전압이 증가하면 전자유도에 의해 코일에 유도기전력이 발생한다.
② 단, 교류 전압의 최댓값에서는 가해진 전압과 역방향으로 같은 크기의 유도기전력이 발생하므로 전류는 흐르지 않는다.
③ 다음으로 전압이 감소하면 유도기전력도 저하하므로 플러스 방향으로 전류가 흐르기 시작한다.
④ 전압이 제로일 때 전류가 최대가 되어 코일에 축적되는 에너지가 최대가 된다.
⑤ 그 후, 전압이 마이너스가 되면 코일은 에너지를 방출하기 시작한다.

콘덴서에 교류 전압을 가한다

콘덴서에는 다음과 같은 원리로 교류 전류가 흐른다.

① 콘덴서의 전압이 증가하면 정전유도에 의해 내부에 전하가 천천히 축적되어 전류가 흐른다.
② 교류 전압이 최댓값이 되면 정전유도가 종료되므로 콘덴서에는 전류가 흐르지 않는다.
③ 다음으로 전압이 감소하기 시작하면 콘덴서에서 전하가 천천히 방출되어 마이너스 전류가 흐르기 시작한다.
④ 그 후, 전압이 마이너스로 변하면 콘덴서의 전하는 상쇄되어 소실된다.
⑤ 전압이 마이너스일 때 콘덴서는 마이너스의 전하를 축적하고 전압이 플러스일 때는 역방향의 전류로 축적한다.

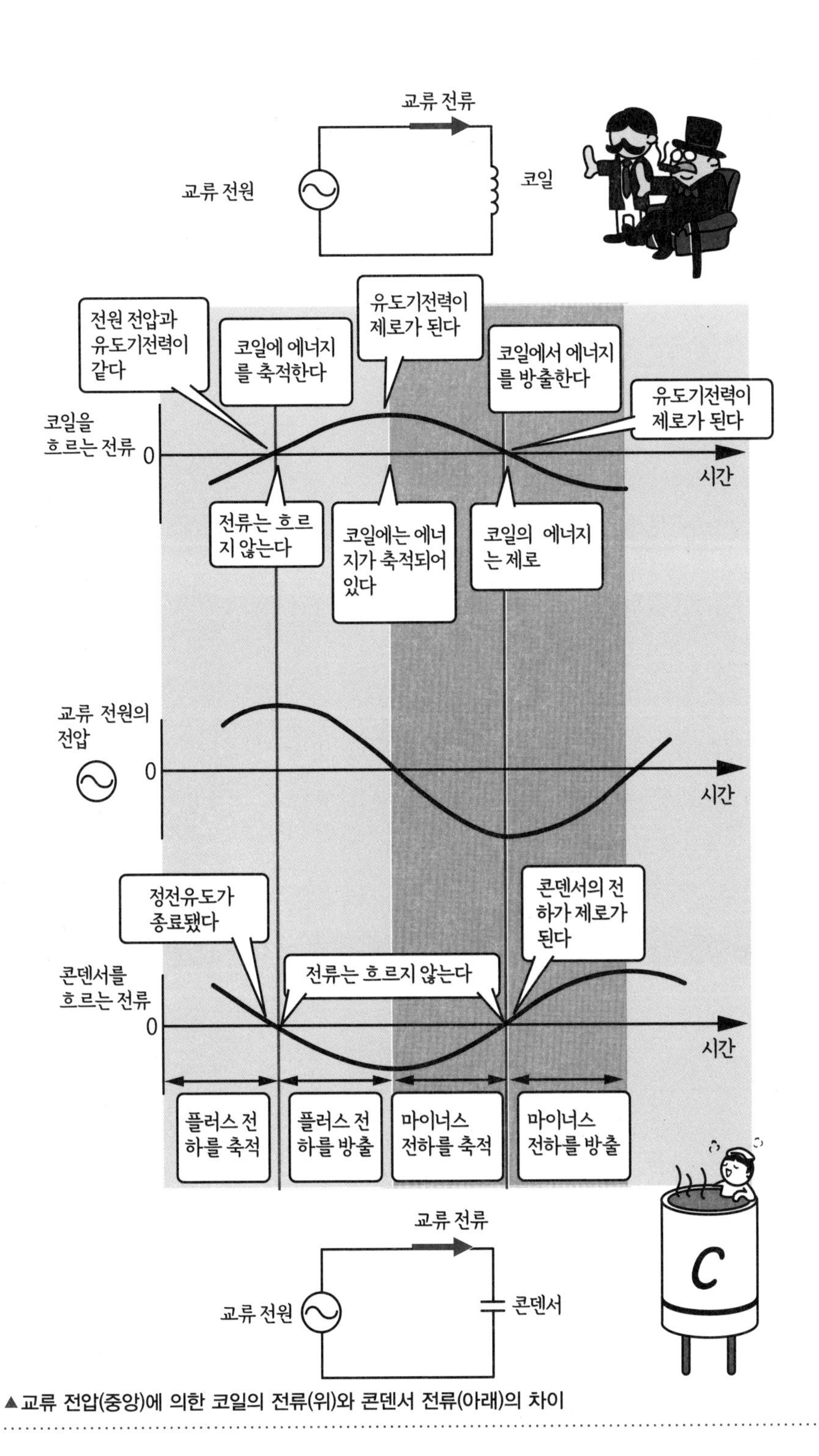

▲교류 전압(중앙)에 의한 코일의 전류(위)와 콘덴서 전류(아래)의 차이

리액턴스와 임피던스

전류의 흐름 정도가 주파수로 변화된다

임피던스는 교류 전압과 교류 전류의 관계를 나타내는 값으로 단위는 [Ω]이다. 또한 임피던스는 '저항'과 '리액턴스'를 조합한 양이다. 리액턴스란 코일과 콘덴서의 교류 전류의 흐름 정도를 나타내는 양이다.

저항

- 저항은 교류 전류의 흐름도 방해하는 작용이 있다.
- 교류 전압과 교류 전류의 경우도 저항의 크기는 옴의 법칙에 따른 비례상수이다.
- 한편 저항의 크기는 교류의 주파수가 변해도 값이 동일하다.

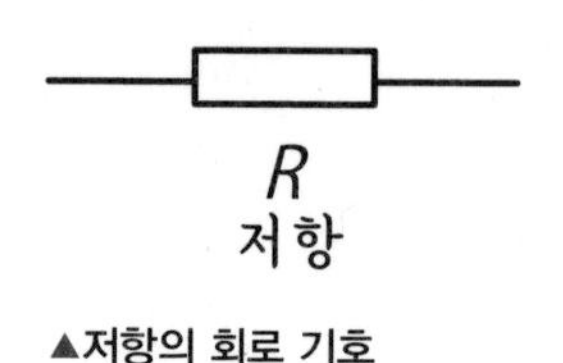

▲저항의 회로 기호

리액턴스

- 코일이나 콘덴서에 교류 전압을 가하면 교류 전류가 흐른다. 이들은 저항과 마찬가지로 전류의 흐름을 방해한다.
- 코일이나 콘덴서의 경우, 교류 전압과 교류 전류의 비례상수(저항에 해당하는 것)를 **리액턴스**라고 부른다. 리액턴스는 교류의 주파수에 따라 변화한다.
- 리액턴스의 기호는 X, 단위는 [Ω]이다.

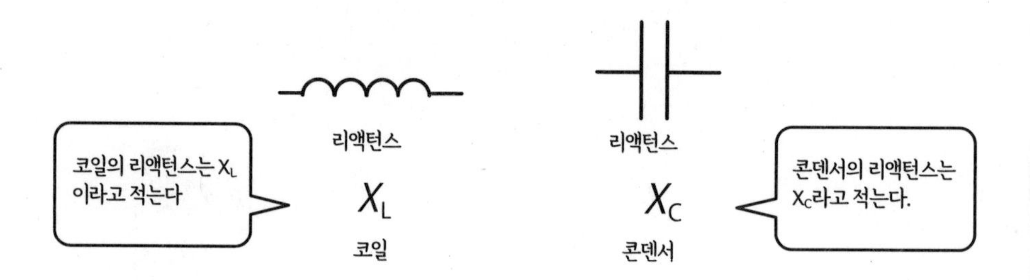

▲코일과 콘덴서의 회로 기호

리액턴스(reactance) : 코일, 콘덴서의 교류에서의 전압과 전류의 비. 리액턴스의 단위는 [Ω]. 단, 리액턴스는 저항과 달리 전력을 소비하지 않는다.

임피던스

- 앞 페이지에서 설명한 바와 같이 저항 값은 주파수에 따라 변화하지 않지만 리액턴스는 주파수에 따라 변화한다. 그래서 저항과 리액턴스를 조합한 임피던스라는 양을 생각한다.
- 즉, 교류 전압과 교류 전류의 비례상수 Z[Ω]를 임피던스로 한다.
- 임피던스의 기호는 Z, 단위는 [Ω]이다.
- 임피던스를 사용하면 아래의 교류에서도 옴의 법칙과 같이 나타낼 수 있다.

$$V=ZI$$

임피던스란

위의 식에서는

Z(임피던스)$=R$(저항)$+X$(리액턴스)

이지만, 임피던스는 복소수라고 생각하므로(다음 항 참조) 임피던스의 크기는 '저항의 값'과 '리액턴스의 값'의 단순한 덧셈은 아니다.

임피던스의 크기는 절댓값 $|Z|$로 나타내며 다음과 같이 계산한다.

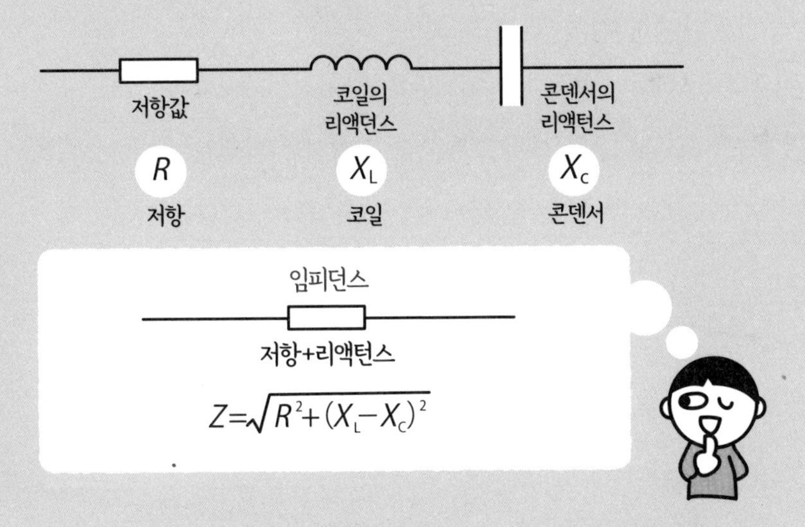

$$Z=\sqrt{R^2+(X_L-X_C)^2}$$

임피던스는 복소수 표시(다음 항 참조)했을 때의 교류 전압과 교류 전류의 관계를 나타낸다.

임피던스(impedance) : 교류에서의 전류의 흐름 정도를 나타낸다. 교류는 위상이 있기 때문에 복소수이다. 임피던스의 크기를 나타내는 경우 단위는 [Ω]이다.

임피던스로 교류 회로를 나타낸다

허수를 사용하면 편리할지도!

임피던스는 전원의 주파수에 의해서 코일과 콘덴서의 리액턴스가 계속 변화하므로 실수만으로 나타낼 수 없다. 하지만 허수를 사용하면 제대로 나타낼 수 있다.

기호법

- 임피던스는 교류 전압과 교류 전류의 관계를 나타내는 비례상수이다.
- 교류 회로에서는 전압과 전류 모두 크기뿐 아니라 위상이 관계한다(위상에 대해서는 5-3항 (p.122)을 참조할 것).

  '전압과 위상', '전류와 위상'이라는 두 가지의 다른 단위의 수치를 가진 양을 제대로 표현하기 위해 복소수를 사용해서 표시한다. 이것을 **기호법**이라고 한다.
- 복소수 표시를 할 때 허수 단위로 j를 사용한다.

> 복소수
> (실수부+허수부)
> ○+j△
> 허수 단위 $j^2=-1$
> 전류의 i와 혼동하지 않기 위해 j를 사용한다.

기호법에 의한 허수부의 취급

- 기호법은 코일과 콘덴서에 의한 위상의 변화를 나타낼 수 있다.
- 위상이 $\frac{\pi}{2}$ (180°) 진행한 상태는 j를 붙여서 나타낸다.
- 위상이 $\frac{\pi}{2}$ (180°) 지연된 상태는 $-j$를 붙여서 나타낸다.

저항의 임피던스는 그대로(직류에서도 교류에서도 같은 값)	콘덴서의 임피던스	코일의 임피던스
$\dot{Z}_R=R$	$\dot{Z}_C=\frac{1}{jwc}$	$\dot{Z}_L=jwL$

여기에서, $\omega=2\pi f$.
ω는 각주파수이고, 단위는 [rad/s]이다.

▲저항, 콘덴서, 코일의 임피던스

허수(imaginary number) : 제곱하면 마이너스가 되는 상상의 수. 실수와 같이 수직선으로 나열할 수는 없다. 전기의 세계에서는 전류에서 i를 사용하므로 허수 단위에는 j를 사용한다. $j^2=-1$이다.

복소수 표시라는 것을 나타내는 도트

- 기호법을 사용해서 정현파의 교류 전압을 다음과 같이 나타낸다.

$$\dot{v}=\sqrt{2}V\sin\omega t=Ve^{-j\omega t}$$

여기에서 복소수 표시되어 있는 것을 나타내기 위해 $\dot{V}$, $\dot{Z}_L$, $\dot{I}$ 와 같이 위에 도트를 붙인다.

- RLC 직렬회로(저항, 코일, 콘덴서가 직렬로 연결된 교류 회로)의 임피던스

$$\dot{V}=\dot{V}_R+\dot{V}_L+\dot{V}_C=R\dot{I}+j\omega L\dot{I}+\frac{1}{j\omega C}\dot{I}$$

$$=R\dot{I}+j\left(\omega L-\frac{1}{\omega C}\right)\dot{I}$$

- 이때 회로의 임피던스

$$\dot{Z}=R+j\left(\omega L-\frac{1}{\omega C}\right)$$

- 임피던스의 크기

$$|\dot{Z}|=\sqrt{R^2+\left(\omega L-\frac{1}{\omega C}\right)^2}$$

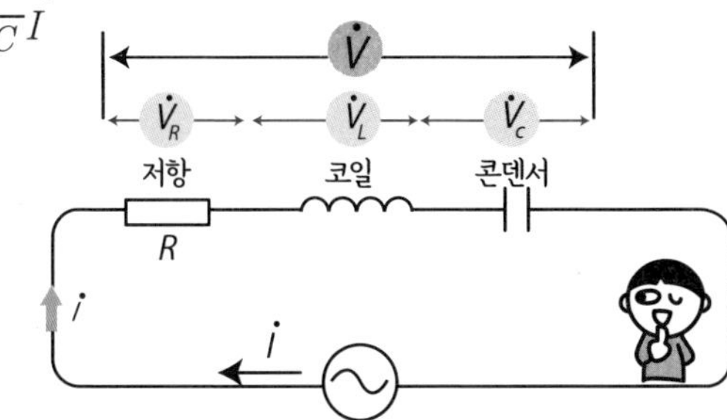

▲RLC 직렬회로의 임피던스

IH 히터

IH 쿠킹 히터의 IH는 Induction Heating (유도가열)의 머리글자를 딴 것으로, 전자유도를 이용해서 금속 냄비 등을 가열하는 장치이다(7–6항, p.172 참조).

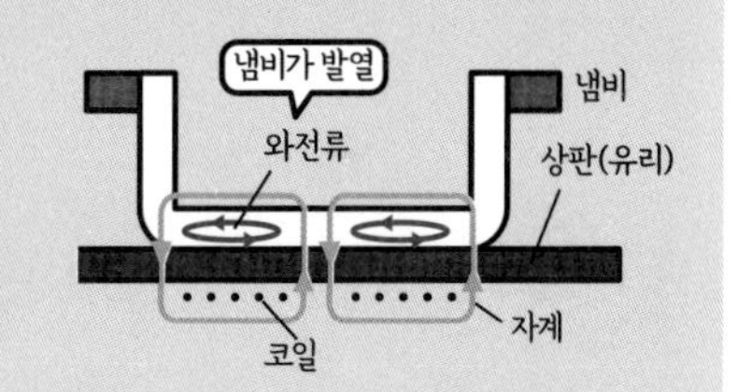

① 코일에 교류 전류를 흘리면 교류 주파수에 맞춰서 전류에 의해 생기는 자계의 방향이 변화한다(N과 S극이 바뀐다).

② 이때, 철 등의 자성체 냄비를 그 코일 위에 올리면 자력선이 냄비의 금속 부분에 흘러 들어간다.

③ 그러면 냄비의 금속 내부에서 전자유도가 생겨 유도기전력이 발생한다.

④ 금속 냄비는 전기를 통과시키므로 유도기전력에 의해서 냄비의 내부에 전류가 흐른다(전류는 냄비 내부를 일주해서 흐르므로 와전류라고 한다).

⑤ 와전류에 의해 줄열이 발생하여 냄비의 온도가 올라간다.

전자유도에 의해 생기는 유도기전력은 전류 변화의 속도기에 비례한다.

예를 들어 10kHz의 고주파 전류는 1초간에 1만 회 플러스와 마이너스로 변화하고 그 횟수만큼 자계의 방향도 바뀐다. 다시 말해, 전류의 주파수가 높을수록 유도기전력이 커지고 발열이 커진다. 이상과 같은 원리에서 자기가 쉽게 통과하여 전류의 흐름이 좋은(철제) 냄비가 IH 쿠킹 히터에 적합한 것으로 알려져 있다.

복소수(complex number) : 실수와 허수를 합쳐 나타내는 수. $A+jB$로 한다. 여기서 A를 실부, B를 허부, j 는 허수 단위.

2-9

교류 전력

순전력을 알고 싶을 때

직류의 경우, 전압의 크기[V]와 전류의 크기[A]를 곱하면 전력[W]을 구할 수 있었다. 또한 교류의 실효값은 직류와 같은 기능을 하는 교류의 크기였다.
그러나 교류 전압의 실효값과 전류의 실효값을 곱해도 교류의 전력이 되지는 않는다. 사실 콘덴서와 코일의 작용에 의해 전압과 전류에 위상차가 생기므로 위상차를 고려하지 않으면 전력이 결정되지 않는다.

순시전력

- 교류 전압과 교류 전류에 위상차 θ가 있을 때 정현파의 교류 전압과 교류 전류 각각의 순간 크기를 직접 곱한 것을 **순시전력**이라고 한다. 순시전력은 일정값이 아니라 항상 변화한다.
- 교류에서 전압이 플러스이고 전류가 마이너스인 기간에는 순시전력이 마이너스로 되어 있다. 순시전력이 마이너스가 된다는 것은 순시전력이 현재의 전력을 빼는 작용을 하게 되므로 뺀 결과가 교류의 실효적인 전력이라고 생각할 수 있다.

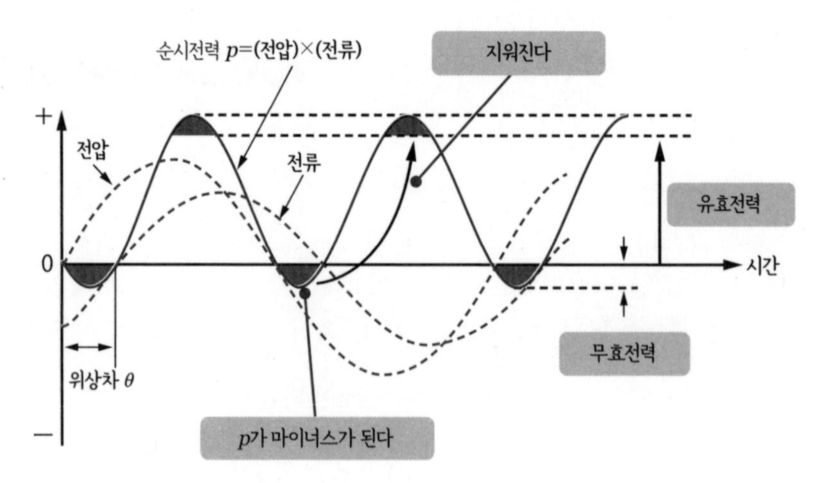

유효전력(active power) : 본문 참조.
무효전력(reactive power) : 본문 참조.

유효전력과 무효전력, 피상전력

- 뺀 결과의 실효적인 전력을 **유효전력**이라고 한다. 이것이 이른바 **소비전력**이다.
- 마이너스 전력으로 뺀 전력은 **무효전력**이라고 한다.
- 이외에 전압과 전류 각각의 실효값 곱은 **피상전력**이라고 한다.
- 각각의 기호, 단위, 단위의 읽는 법은 다음과 같다.

유효전력 : 기호 P, 단위 [W], 읽는 법 '와트'
무효전력 : 기호 Q, 단위 [var], 읽는 법 '바'
피상전력 : 기호 S, 단위 [VA], 읽는 법 '브이에이'

교류의 세 종류의 전력 관계(역률)

- 전압과 전류의 위상차가 무효전력을 만들어내기 때문에 위상차가 크면 유효전력은 작아진다. 한편 피상전력은 실효값만으로 정해지므로 위상차가 바뀌어도 변화는 없다.
- 이와 같은 전력끼리의 관계를 **역률**로 나타낸다. 역률 PF는 피상전력 S에 대한 유효전력 P의 비율이다.

$$PF = \frac{P}{S} \times 100[\%]$$

- 전압, 전류가 정현파일 때는 세 종류의 전력은 실효값 V와 I를 사용해서 다음과 같이 나타낸다.

무효전력 : $Q = VI\sin\theta$
유효전력 : $P = VI\cos\theta$
피상전력 : $S = VI$

- 정현파의 경우, 역률은 $\cos\theta$가 된다. 때문에 $\cos\theta$를 역률이라고 부르는 경우가 있다. 때문에 θ를 역률각이라고 한다.

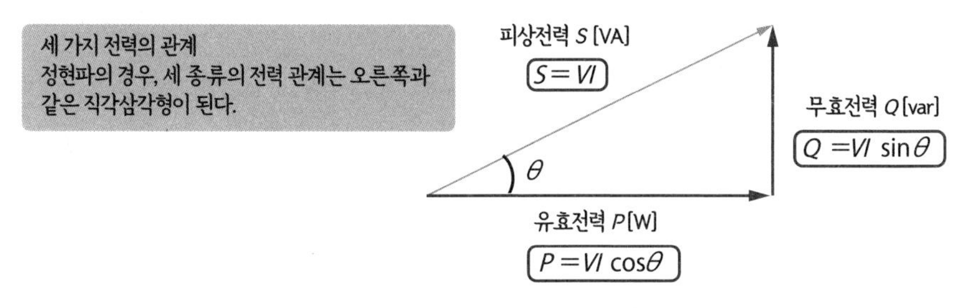

피상전력(apparent power) : 본문 참조.
역률(power factor) : 본문 참조.

Switching.

제 3 장

파워 일렉트로닉스의 기본

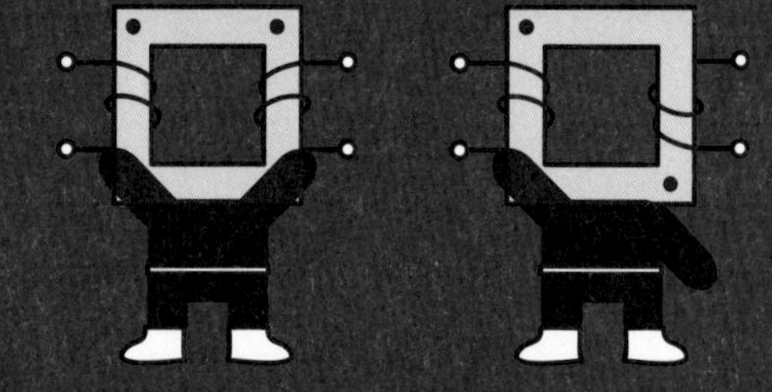

스위칭

전압을 조정한다

파워 일렉트로닉스는 스위치를 전환하여 전력을 바꾼다. 일반적으로 스위치는 '전류를 바꾸기 위해 온 또는 오프로 바꾸는 것'이라고 여기겠지만, 파워 일렉트로닉스의 세계에서는 다른 이유에서 스위치를 사용한다. 파워 전자에서는 스위치의 온 또는 오프를 고속으로 반복한다. 이것을 스위칭이라고 한다.

평균전압

- 직류 전원과 저항 사이에 스위치가 있는 회로를 생각해보자. 아래 그림과 같이 저항의 양 끝에 직류 전원의 전압 E[V]가 더해져서 오프로 하면 제로로 한다.
- 온/오프를 몇 번이고 반복하는 사이에 저항에는 E와 0 사이에서 변화하는 전압의 평균전압이 가해진다고 볼 수 있다.
- **평균전압**은 전압이 일정하면 온 시간과 오프 시간의 비율에 비례한다.

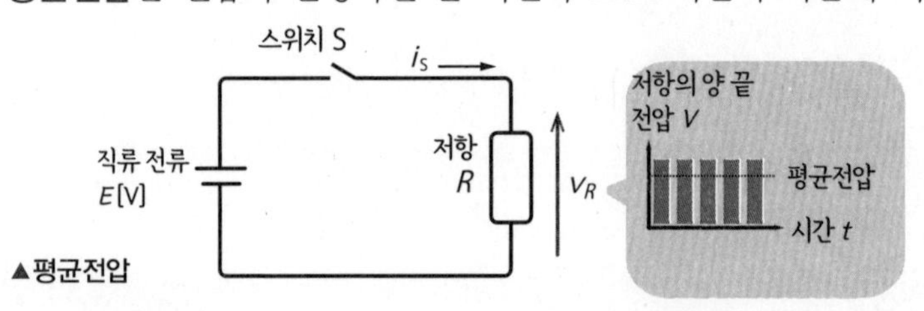

▲평균전압

듀티 팩터

- 스위치가 일정한 주기로 온/오프를 반복할 때 전압이 온 상태인 시간의 비율을 **듀티 팩터**라고 한다.
- 듀티 팩터를 조절하면 원하는 평균전압을 얻을 수 있다.

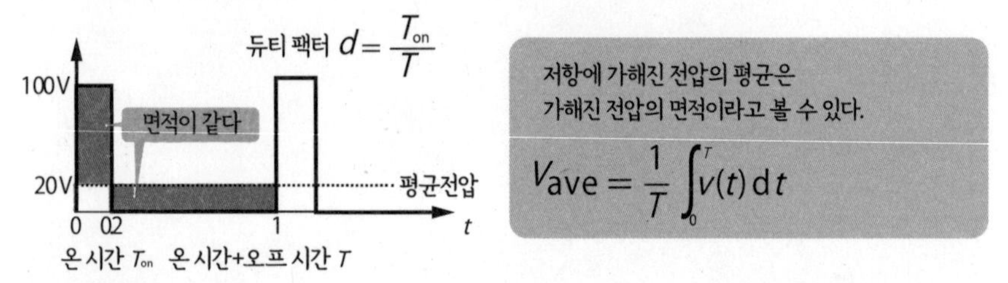

▲듀티 팩터

평균전압(average voltage) : 평균전압은 가로축을 시간으로 했을 때의 면적이다. 평균전류도 같다.
듀티 팩터(duty factor) : 1주기 중 온 상태의 비율. 듀티비, 듀티 레이쇼, 통류율이라고도 한다

스위칭에 의한 평균전압의 계산

- 예를 들면 직류 전원의 전압을 100V라고 하면 저항에는 스위치가 온인 시간에만 100V가 가해진다. 한편 스위치가 오프일 때는 저항의 전압은 제로이다.
- 이때, 10Ω의 저항에 20V의 평균전압을 가하려면 듀티 팩터를 얼마로 하면 되는지를 계산해 보자.

듀티 팩터는 $d=\frac{T_{on}}{T}$ 이다.

평균전압 Vave는 $V_{ave}=dE$이므로, 필요한 듀티 팩터는

$$d=\frac{(\text{평균전압})}{(\text{전원 전압})}=\frac{20\text{ V}}{100\text{ V}}=0.2$$

20V의 평균전압을 얻기 위해서는 듀티 팩터가 0.2가 되도록 스위칭하면 되는 것을 알 수 있다.

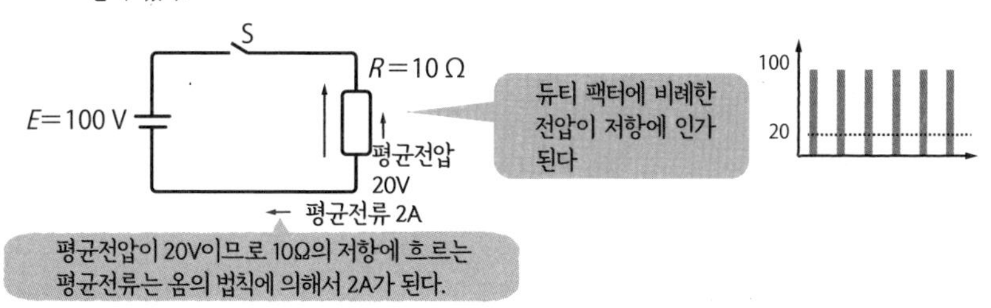

스위칭 주파수

- 단위 시간(1초)당 스위치가 온이 되는 횟수를 **스위칭 주파수**라고 한다. 스위칭 주파수의 단위는 [Hz]를 사용한다.
- 보통은 1초간에 1000회 이상(1000Hz=1kHz)의 스위칭을 해서 전압을 제어한다.
- 여기에서 설명한 전압을 개폐하는 회로나 제어법을 **초퍼**라고 한다.

▲초퍼

스위칭 주파수(switching frequency) : 스위칭의 온 시간과 오프 시간의 합(스위칭 주기)의 역수. 1초간의 온 횟수
초퍼(chopper) : 전압을 단속(斷續)한다고 해서 초퍼라고 부른다.

코일의 역할

전류가 단속되지 않도록 평활회로를 만든다

스위칭으로 평균전압을 조절할 수 있지만, 그 결과 전압도 전류도 중간중간 끊어진다(단속). 이에 대한 대책으로 파워 전자 회로에서 출력하는 전류를 단속시키지 않게 하는 것을 평활화라고 하고, 평활화에 사용하는 것이 평활회로이다.

평활회로

- 평활회로에는 인덕터 *L*, 다이오드 D 및 콘덴서 *C*를 이용한다.
- 스위치로만 된 회로에는 인덕터 *L*과 다이오드 D를 설치한 오른쪽 그림의 회로가 있다고 하자.
- 이때 각 부의 전압, 전류를 다음 그림과 같다고 하자.

평활회로
S
L
스위치
인덕터
E
직류
전원
D
다이오드
R
저항

▲평활회로(인덕터와 다이오드)

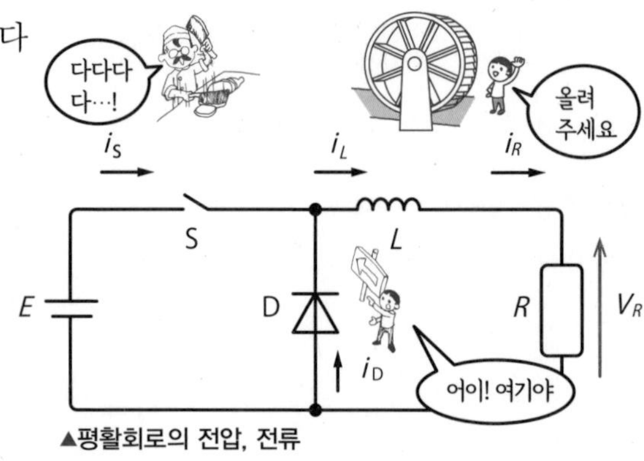

▲평활회로의 전압, 전류

스위치가 온일 때

- 스위치를 흐르는 전류 i_S는 다음 그림의 경로와 같이 [전원의 플러스극]→[인덕터 *L*]→[저항 *R*]→[전원의 마이너스극]이 된다.
- 다이오드 D에 인가되는 전압은 역극성이므로 다이오드(제4장 참조)는 도통하지 않는다(다이오드에 전류가 흐르지 않는다).
- 따라서 각부를 흐르는 전류는 같은 전류가 되어 $i_S=i_L=i_R$이다.

인덕터(inductor) : 코일을 전자부품으로 사용할 때 이렇게 부르는 경우가 많다.
다이오드(diode) : 파워 디바이스의 일종. 각부의 전압 극성으로 온/오프한다. 제4장 참조.

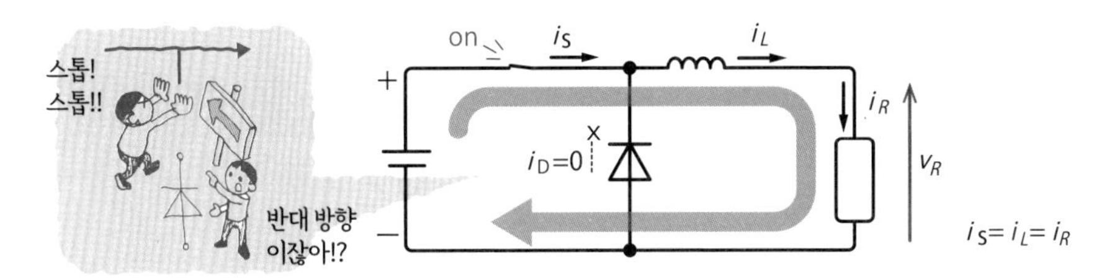

▲평활회로 스위치 온(다이오드쪽으로 전류가 흐르지 않는다)

- 스위치 S를 온했을 때 인덕터 L과 부하저항 R의 RL 직렬회로의 **과도현상**에 의해 각 부를 흐르는 전류는 천천히 상승한다.
- 스위치 S가 온일 때는 인덕터 L에 전류가 흐르고 있으므로 인덕터에 축적되는 에너지의 크기는 인덕턴스에 비례하고 다음의 식으로 나타낸다.

$$U_{\mathrm{m}} = \frac{1}{2} L i_L^{\ 2}$$

스위치가 오프일 때 ①인덕터의 에너지 방출

- 스위치 S를 오프로 하면 전원에서 인덕터에 전류가 공급되지 않게 된다.
- 그러나 인덕터에는 자기에너지가 축적되어 있기 때문에 전류는 곧바로 제로가 되지 않고 아래 그림과 같이 인덕터에 축적된 자기에너지가 기전력이 되어 전류가 흐른다.
- 이와 같이 인덕터는 '전류의 변화가 적어지도록' 하는 역할을 한다. 다시 말해 직전까지 흐르던 전류와 동일한 방향으로 전류가 계속 흐르도록 기능한다.

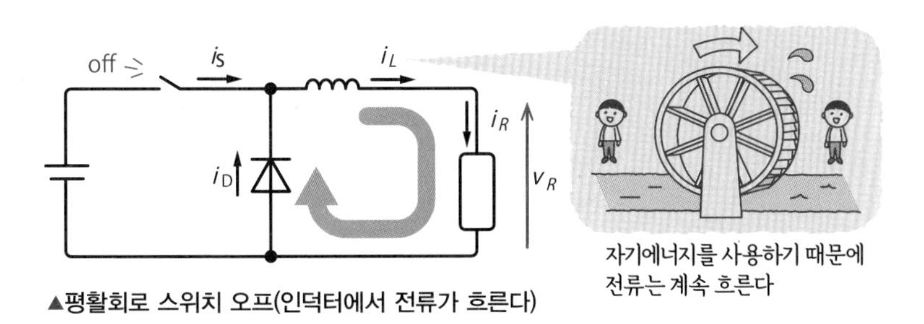

▲평활회로 스위치 오프(인덕터에서 전류가 흐른다)

평활회로(smoothing circuit) : 본문 참조.
과도현상(transient phenomenon) : 어떤 정상 상태에서 다른 정상 상태로 옮겨갈 때까지 일어나는 전압이나 전류 등이 시간적으로 변화하는 현상. 과도현상이 일어나는 기간을 과도 상태라고 한다.

스위치가 오프일 때 ②다이오드에 의한 환류

- 앞 페이지와 같이 인덕터에 축적된 자기에너지가 기전력이 되어 전류의 기원이 된다. 이 전류는 저항 R로 흐르고, 이번에는 다이오드 D쪽으로 전류가 흐른다. 이것을 **환류**라고 한다.
- 즉, 스위치가 오프일 때 전류 i_D가 흐른다. 여기에서 $i_D=i_L=i_R$이며 $i_S=0$이다.
- 이때 흐르는 전류의 경로는
  [인덕터 L] → [저항 R] → [다이오드 D] → [인덕터 L]이 된다.
- 그러나 인덕터에 축적된 자기에너지가 방출됨에 따라서 환류 전류는 감소한다.

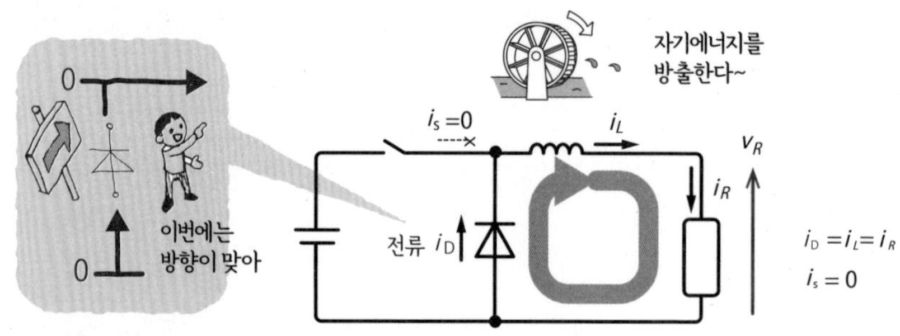

▲평활회로 스위치 오프(다이오드에 환류가 흐른다)

단속은 막았지만 변동(Ripple)하고 있다

- 이상과 같이 스위치를 번갈아 온/오프하면 저항 R에는 i_S와 i_D가 교대로 공급되게 된다.
- 따라서 저항 R에 흐르는 전류 i_R의 파형은 아래 그림과 같이 스위치 온일 때는 전류가 증가하고 오프일 때는 감소한다.
- 이처럼 평활회로에 의해 전류는 단속되지 않고, 변동할 뿐이다. 이러한 주기적인 변동을 **리플**(**맥동**)이라고 한다.

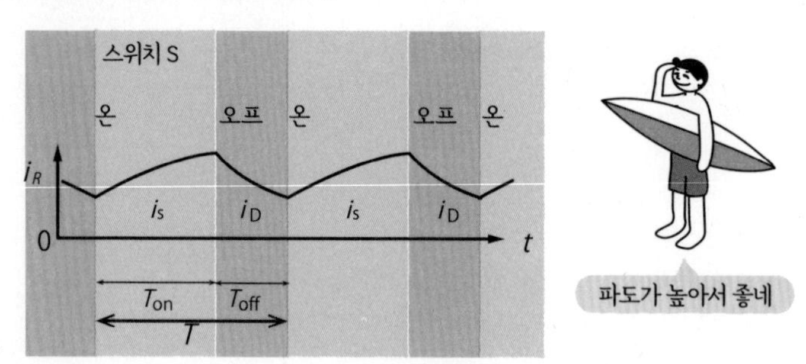

▲리플

환류(free wheeling) : 코일에 생기는 기전력을 방출하는 것. 이 목적을 위한 다이오드를 환류 다이오드, 프리휠 다이오드라고 한다.
리플(ripple) : 전류나 전압의 맥동(주기적인 변동)을 말한다.

전력 변환

파워 일렉트로닉스는 전력의 형태를 변환하여 전기에너지를 이용하는 기술이다. 여기서 전력의 형태를 바꾸는 것을 전력 변환이라고 한다. 전력의 형태가 직류인 경우 전력 변환은 전압과 전류의 크기로 결정된다. 그러나 교류인 경우는 전압, 전류의 크기뿐 아니라 주파수, 위상, 상수 등 많은 요인을 정해야만 전력의 형태를 결정할 수 있다. 각종 전력 변환을 그림에 나타낸다. 그림의 왼쪽 위에 있는 교류에서 직류로 변환하는 것을 순변환(정류)이라고 한다.

또한 직류의 전압과 전류를 다른 전압, 전류로 변경하는 것을 직류변환이라고 한다. 교류를 다른 주파수나 전압의 교류로 변경하는 것을 교류변환이라고 한다. 그런데 직류를 교류로 변경하는 변환은 역변환이라고 한다.

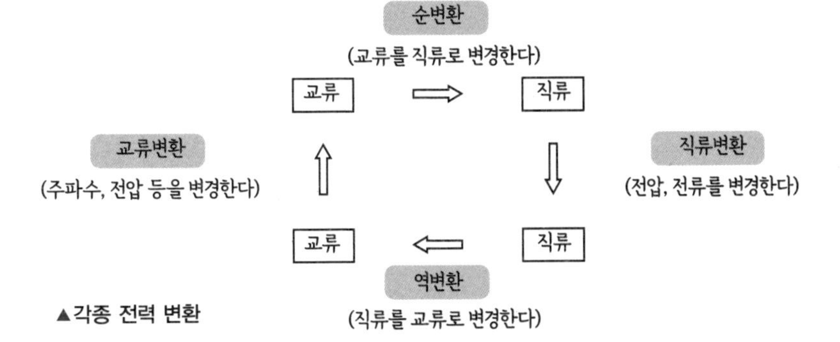

▲각종 전력 변환

왜 '역(逆)'이라고 하는지를 설명하겠다. 파워 일렉트로닉스가 출현하기 이전에도 발전기나 진공관을 사용해서 전력 변환을 해왔다. 그 당시는 회전수를 조절할 수 있는 모터라고 하면 직류 모터였다. 그리고 직류 모터를 제어하기 위해서는 상용전원의 교류를 직류로 변환할 필요가 있었다. 때문에 오랜 세월 교류에서 직류로 변환하는 것을 전력 변환이라고 부른 것이다.

그런데 파워 일렉트로닉스의 출현으로 직류에서 교류로 전력 변환이 가능해진 것이다. 이것은 기존의 전력 변환과는 반대 방향의 변환이므로 역변환이라고 불렀다. 이에 대응해서 기존부터 해오던 교류에서 직류로의 변환을 순변환이라고 부르게 된 것이다. 역변환은 영어로 인버트(invert)이다. 따라서 직류에서 교류로 변환하는 회로나 장치를 인버터라고 부르게 됐다.

이처럼 여러 가지 전력 변환이 있지만, 이 책에서는 가장 많이 사용되는 파워 일렉트로닉스 기기인 인버터(역변환)와 DCDC 컨버터(직류변환)를 중심으로 다룬다.

콘덴서의 역할

전류의 리플을 저하시킨다

앞에서 설명한 바와 같이 인덕터와 다이오드의 평활회로를 사용하면 전류가 단속하지 않게 되지만 전류는 리플(맥동)을 포함하게 된다.

다음으로는 전류의 리플을 낮추는 방법을 살펴보려고 한다. 그러려면 콘덴서를 이용한다.

콘덴서

리플을 낮추기 위해서는 아래 그림과 같이 회로에 콘덴서를 추가한다.

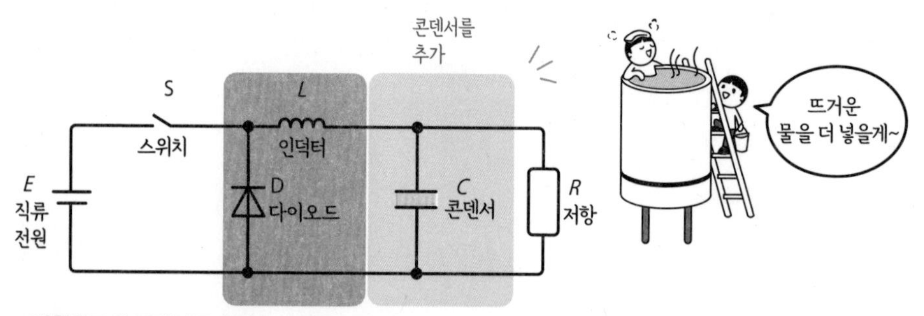

▲평활회로에 콘덴서를 추가

여기에서 다음의 그림에 나타내듯이 콘덴서의 전압을 v_C, 전류를 i_C라고 하자.

콘덴서에 전류 i_C가 흐르면 콘덴서의 전압 v_C가 천천히 상승한다. 이로써 콘덴서에 정전에너지가 축적된다. 이 현상을 콘덴서에 **충전**한다고도 한다. 이때 $v_C = v_R$이다.

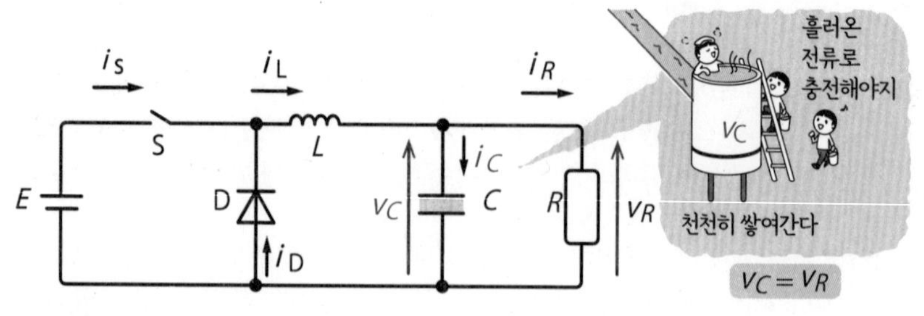

▲각부의 전압과 전류

충전(charge) : 콘덴서와 전지에 에너지를 저장하는 것. 콘덴서의 경우 내부에 전하를 축적시키는 것을 말한다.

스위치가 온일 때(충전)

스위치가 온인 기간에는 저항에 전류 i_R이 흐르고, 이와 동시에 콘덴서가 충전된다. 이 사이에 콘덴서에 축적되는 에너지는 다음과 같이 나타낸다.

$$U_C = \frac{1}{2} C v_c^2$$

이 기간은 콘덴서를 충전하는 전류 i_C가 콘덴서에 흘러들기 때문에 그만큼 저항을 흐르는 전류 i_R이 감소한다. 즉 저항에 흐르는 전류 i_R의 상승이 더 느려진다.

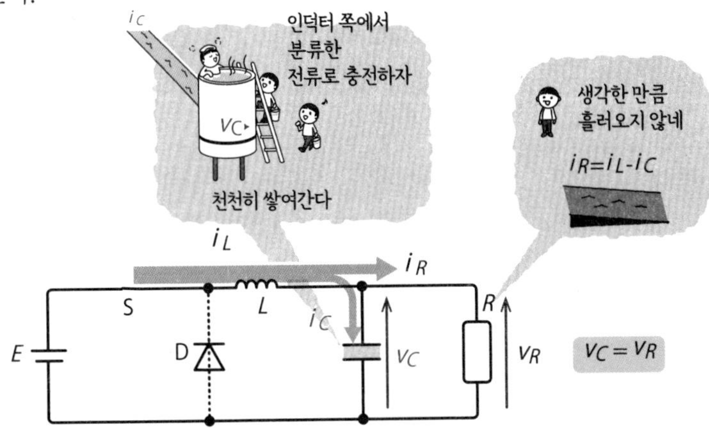

i_L이 i_R과 i_C로 분류되므로 iR이 증가하지 않는다.
또 콘덴서가 충전되어 V_C가 천천히 상승한다. 이에 따라서 vR도 천천히 올라간다.

▲스위치 온, 콘덴서가 충전된다

콘덴서의 전압 v_C와 전원의 전압 E에 차이가 없어질 때까지 충전된다.

충전이 종료되면 콘덴서에는 전류가 공급되지 않게 된다. 이때 i_C=0이 되어 i_R=i_L이 된다. 즉 충전이 끝난 후에는 저항에 인덕터 전류 i_L이 그대로 흐르게 된다. 이때 v_C=E가 된다.

▲충전 종료, 콘덴서에 흐르는 전류는 정지

방전(discharge) : 콘덴서나 전지가 에너지를 방출하는 것. 기체가 절연을 잃는 것도 방전이라고 부르지만 (천둥), 이것과는 다르다.
평활 콘덴서(smoothing capacitor) : 평활회로에 사용하는 콘덴서를 말한다.

스위치가 오프일 때(방전)

- 스위치가 오프인 동안(아래 그림)에는 콘덴서는 전원에서 분리되지만, 콘덴서에 축적된 정전에너지가 방출된다. 이것을 **방전**이라고 한다.
- 방전에 의한 에너지는 전류 i_C가 되고 인덕터에서 환류하는 전류 i_L과 합해져서 $i_R=i_L+i_C$가 됨으로써 저항에 흐르는 전류 i_R을 증가시킨다.
- 에너지의 방출로 인해 콘덴서의 전압 v_C는 서서히 저하한다.

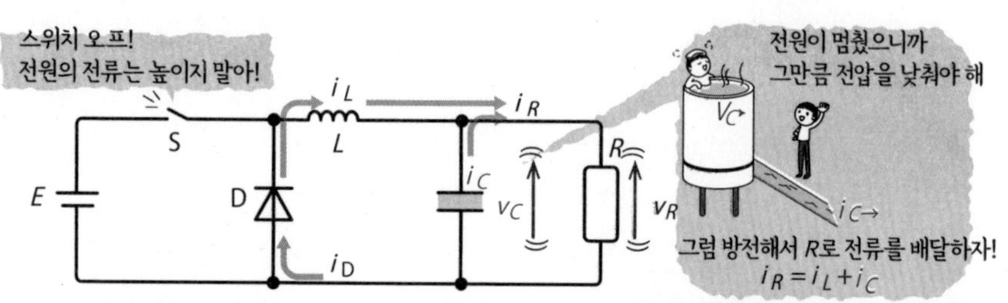

▲스위치 오프(콘덴서의 방전)

- 아래 그림에 나타내듯이 콘덴서의 충전·방전 전류는 스위칭에 의한 전류의 리플을 줄이는 역할을 한다.
- 콘덴서의 전압도 리플이 있는 파형이지만, 인덕터의 기전력에 의한 전압의 리플은 콘덴서에 의해 평활화되므로 전체적으로 전류의 리플이 작아진다.

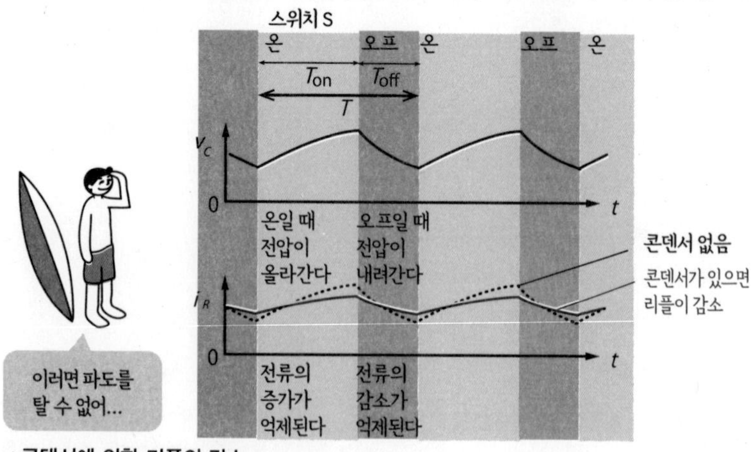

▲콘덴서에 의한 리플의 감소

평활 콘덴서

- 아래 그림에 나타낸 바와 같이 콘덴서 C의 용량이 충분히 크다고 하면, 저항의 양 끝에 나타나는 전압 v_R은 거의 일정한 값인 V_R이 된다.
- 이러한 역할을 하는 콘덴서를 **평활 콘덴서**라고 한다.

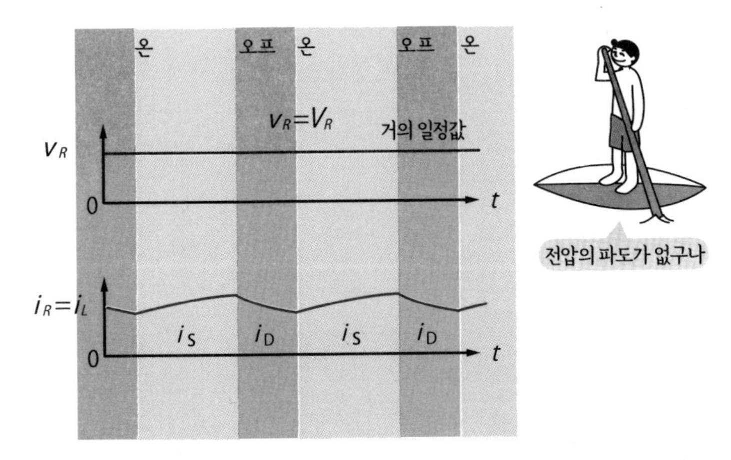

▲평활 콘덴서는 전압의 리플이 적다

정리 : 전압·전류를 제어한다

- 스위칭으로 평균전압을 제어하고, 다시 평활회로로 평활화하면 다소의 리플은 있겠지만 직류에 가까운 전압과 전류를 얻을 수 있다.
- 이렇게 평균전압을 제어하면 옴의 법칙에 의해서 저항이 흐르는 평균전류의 크기도 제어할 수 있다.
- 여기서 주의해야 할 것은 저항 R의 크기가 변화한 경우, 전압이나 전류의 리플 크기도 변화한다는 점이다.
- 평활회로의 인덕턴스 L과 콘덴서 C가 크면 그만큼 리플을 억제할 수 있지만, 현실적으로는 이들을 한없이 크게 만들기 어렵기 때문에 L과 C의 크기는 저항 R의 크기에 따라서 최적인 것을 선정한다.

강압 초퍼

전압을 낮추는 기본 회로

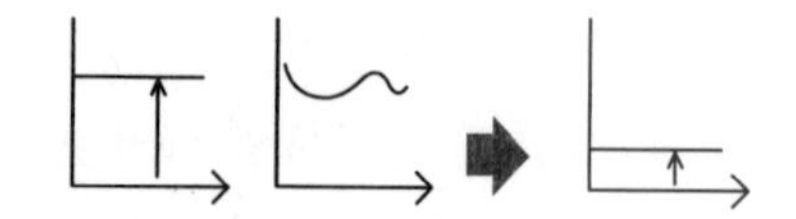

앞에서 설명한 평활회로를 포함하는 회로는 강압 초퍼라고 한다.
강압 초퍼란 '직류 전압을 입력 전압보다 낮은 전압으로 변환하는 회로'를 말한다.
강압 초퍼의 듀더 팩터를 조절하면 출력 전압은 듀티 팩터에 비례한 전압으로 변경할 수 있다.

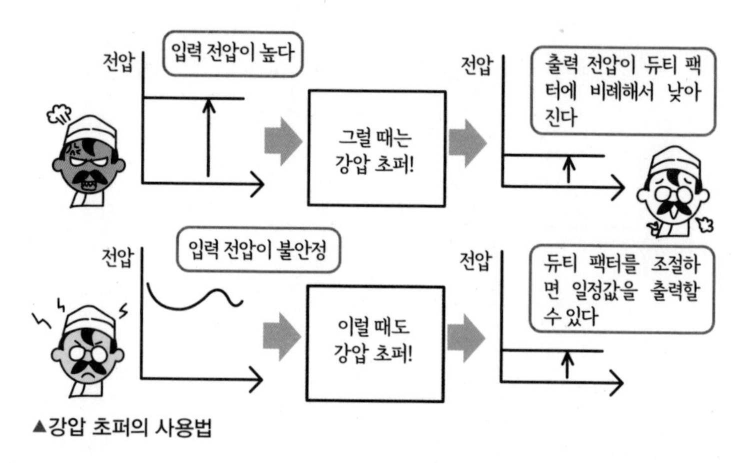

▲강압 초퍼의 사용법

강압 초퍼

- 강압 초퍼는 위의 그림에 나타내듯이 입력 전압을 낮출 때뿐만 아니라 입력 전압이 불안정 할 때 출력 전압이 일정할 수 있도록 항상 듀티 팩터를 제어하여 불안정한 입력 전압을 일정값의 안정된 전압으로 변환할 수 있도록 활용 가능하다.
- 전압을 안정시킬 때 강압 초퍼가 어떻게 동작하는지를, 평활 콘덴서를 사용하지 않은 다음 그림의 회로를 통해 알아보자.

(1) 스위치 S가 온

전류는

【E】→【L】→【R】→【E】로 흐른다.

이때 각부를 흐르는 전류는

$i_S = i_L = i_R$

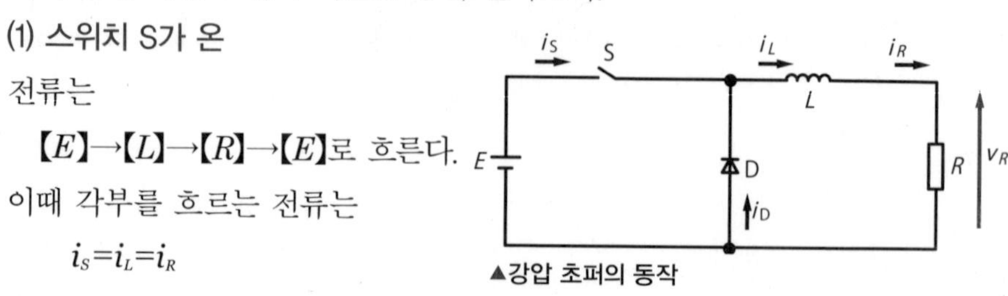

▲강압 초퍼의 동작

강압 초퍼(step-down chopper, buck converter) : 본문 참조.

(2) 스위치 S가 오프

인덕터에 축적되어 있는 에너지가 방출되므로 스위치를 오프해도 전류가 바로 제로가 되지 않고 전류는 아래와 같이 흐른다(에너지 보존의 법칙).

【L】→【R】→【D】

이때 각부를 흐르는 전류는 다음과 같다.

$i_D = i_L = i_R$

강압 초퍼의 전압

- 그러면 강압 초퍼 회로의 각부의 전압이 온/오프 동작에 의해 어떻게 변화하는지를 설명한다.
- 출력 전압 v_R은 온/오프에 따라서 E와 0의 사이에서 변화한다.
- 이것을 평균값의 직류 성분과 시간적으로 변동하는 교류 성분의 합성으로 생각해 출력 파형 v_R은 오른쪽 그림의 식과 같이 나타낼 수 있다.

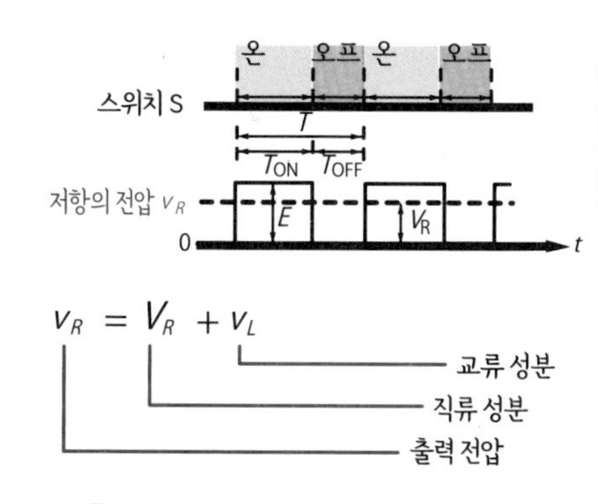

▲출력 전압 v_R의 파형

- 그러나 교류는 시간적으로 평균하면 0이 되기 때문에 v_R 중의 평균값인 직류 성분 V_R만이 출력 전압이 된다고 생각할 수 있다.

인덕터 양 끝의 전압

- 인덕터의 전압은 오른쪽 그림과 같이 변화한다.

  스위치 온 기간 : $v_L = E - V_R$
  (입출력 전압의 차)

  스위치 오프 기간 : $-v_L = V_R$
  (전원이 연결되어 있지 않으므로 인덕터가 출력 전압을 공급하고 있는 상태)

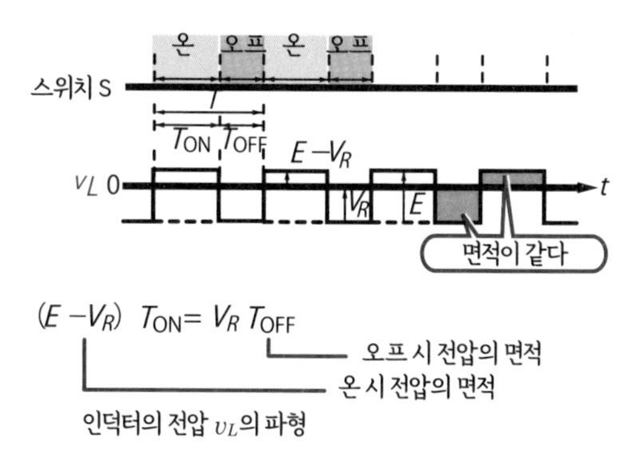

인덕터의 전압 v_L의 파형

- 인덕터가 축적하는 에너지와 방출하는 에너지는 같다(에너지 보존의 법칙).
- 따라서 '온일 때의 파형과 오프일 때의 파형 면적은 같다'고 생각할 수 있다 (면적이 같다는 것은 에너지가 같다는 것을 나타낸다).
- 이 관계로 부터 아래의 식이 나타내는 바와 같이 출력 전압의 평균값과 듀티 팩터의 관계를 구할 수 있다.

$$V_R = \frac{T_{ON}}{T_{ON}+T_{OFF}}E = \frac{T_{ON}}{T}E = dE$$

(V_R: 출력 평균전압, d: 듀티 팩터, E: 전원 전압)

강압 초퍼의 전류

- 강압 초퍼의 각부를 흐르는 전류의 파형을 아래 그림에 나타낸다. 인덕터를 흐르는 전류 i_L은 스위치의 온 기간은 스위치 전류 i_S이고, 스위치의 오프 기간은 다이오드 전류 i_D이다.

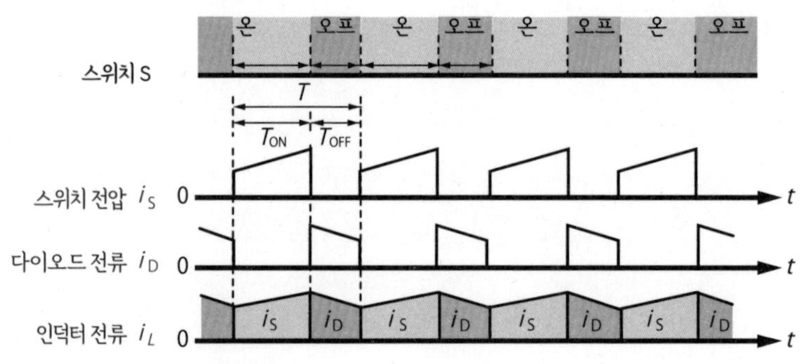

▲강압 초퍼 각부의 전류 파형

스위칭이 온일 때

- 온 기간의 스위치 전류 i_S에는 다음의 관계가 성립한다.

$$E - V_R = L\frac{di_S}{dt}$$

(E: 전원 전압, V_R: 출력 전압의 평균값, L: 인덕턴스의 크기, i_S: 스위치 전류)

- 이 식의 좌변은 일정값이므로 우변의 스위치 전류의 시간적인 변화율 $\frac{di_S}{dt}$와 인덕턴스의 값 L의 곱도 일정하다.
- 다시 말해, 스위치 전류의 매초 변화율[A/s]는 기울기를 나타내며, 인덕턴스에 대응한 기울기로 변화(증가)하는 것을 알 수 있다.

스위치가 오프일 때

- 오프 기간의 다이오드 전류 i_D에는 다음의 관계가 성립한다.

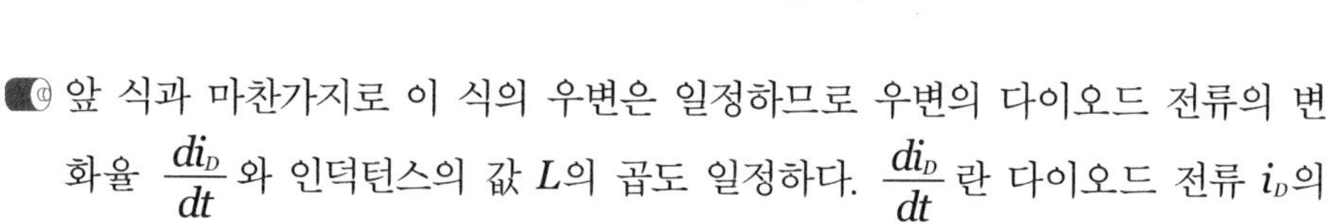

- 앞 식과 마찬가지로 이 식의 우변은 일정하므로 우변의 다이오드 전류의 변화율 $\frac{di_D}{dt}$와 인덕턴스의 값 L의 곱도 일정하다. $\frac{di_D}{dt}$란 다이오드 전류 i_D의 매초 변화율[A/s], 즉 기울기를 나타낸다.
- 즉, 다이오드 전류는 인덕턴스의 값에 대응한 기울기로, 변화(감소)하는 것을 알 수 있다.
- 스위치를 신속하게 넣었다 끌 때 강압 초퍼의 출력 전류 i_R은 i_S와 i_D가 교대로 전류를 공급하기 때문에 단속되지 않는다.
- 또한 L은 $\frac{di_S}{dt}$, $\frac{di_D}{dt}$ 공통의 비례상수이므로 L이 클수록 $\frac{di_S}{dt}$, $\frac{di_D}{dt}$의 변화는 상대적으로 작아진다. 즉 인덕턴스의 값이 클수록 저항을 흐르는 전류 i_R의 변화가 완만해지고 전류의 리플이 작아지는 것을 알 수 있다.
- 즉, 저항에 공급하는 전류이므로 강압 초퍼의 출력에는 인덕터의 인덕턴스가 크게 영향을 미치는 것을 알 수 있다.
- 한편 강압 초퍼 회로는 파워 전자에서 이용하는 많은 회로의 기본적인 단위 회로이다.

승압 초퍼

전압을 높이는 기본 회로

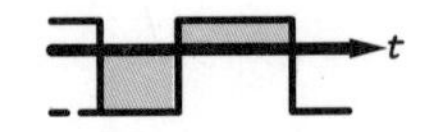

파워 전자의 또 한 가지 기본 회로로 승압 초퍼가 있다.

승압 초퍼는 직류 전압을 입력 전압보다 높은 전압으로 변환시키는 회로이다.

승압 초퍼

- 아래 그림은 승압 초퍼의 회로를 나타낸 것이다. 강압 초퍼와 구성 부품은 같지만 배치가 다르다.

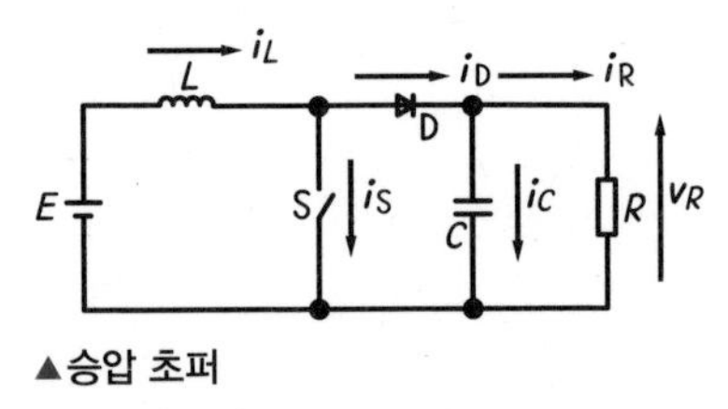

▲승압 초퍼

스위치가 온일 때의 전류

- 승압 초퍼의 스위치가 온 상태일 때 흐르는 전류 i_s의 경로는 아래와 같다.

  【전원의 플러스극】→【L】→【전원의 마이너스극】

- 이때 인덕터 L에 전류가 흐르므로 인덕터에 자기에너지가 축적된다.
- 한편 다이오드 D는 역극성이므로 전류가 흐르지 않고 인덕터를 흐르는 전류 그대로 스위치를 흐른다.
- 스위치 전류 i_s는 인덕터를 흐르므로 시간과 함께 천천히 증가하게 된다.

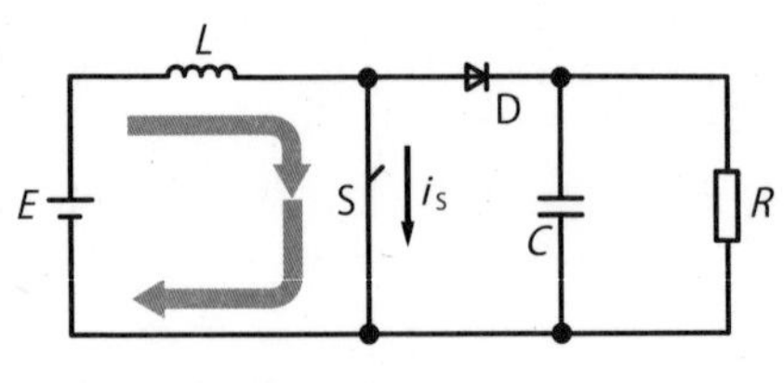

▲스위치가 온일 때

스위치가 온 상태인 기간은 인덕터에 전원에서 전류가 흐르고 있으므로 인덕터에 자기에너지가 축적되어 간다.

$$U_m=\frac{1}{2}Li_L^2$$

승압 초퍼(step-up, boost converter) : 본문 참조

스위치가 오프일 때의 전류

- 승압 초퍼의 스위치가 오프일 때 스위치에 흐르는 전류는 제로가 된다. 그러나 온 기간에 인덕터에 축적된 에너지를 모두 방출할 때까지 인덕터의 전류는 제로가 되지 않는다(에너지 보존의 법칙).

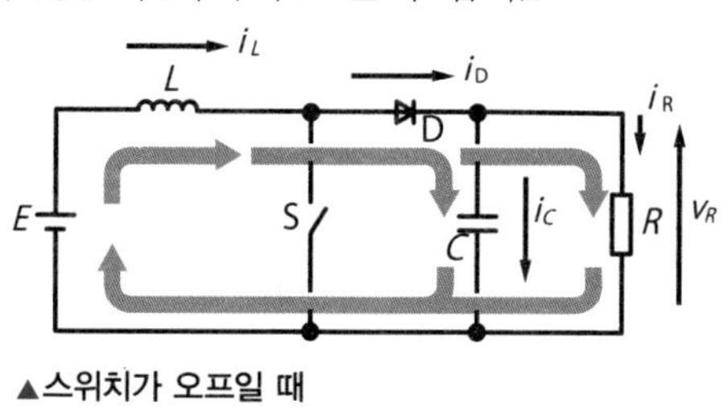

▲스위치가 오프일 때

- 온 기간에 인덕터에 축적된 자기에너지가 기전력이 되어 전원 E로부터 공급되는 전압에 가해지므로 승압되어 아래와 같이 전류가 흐른다.
  【전원의 플러스】→【L】→【D】→【R】→【전원의 마이너스】
- 오프 기간에는 저항 R에 전류 i_R을 공급하는 동시에 콘덴서 C에 충전 전류 i_C도 공급한다.
- 이와 같이 스위치를 오프로 해도 인덕터의 에너지 방출에 의해 승압하기 때문에 전류가 곧바로 감소하지는 않는다. 인덕터에 축적된 에너지가 감소함에 따라서 전류는 계속 흘러 감소한다(에너지 보존의 법칙).

인덕터의 전압

- 다음으로 승압 초퍼의 온/오프 동작에 의한 인덕터 전압 v_L의 변화를 생각한다(단, 여기서는 회로도의 화살표로 나타낸 전압의 방향과, 파형의 플러스와 마이너스 대응에 주의해야 한다).
- 인덕터 전압 파형의 면적은 온일 때와 오프일 때 같다.

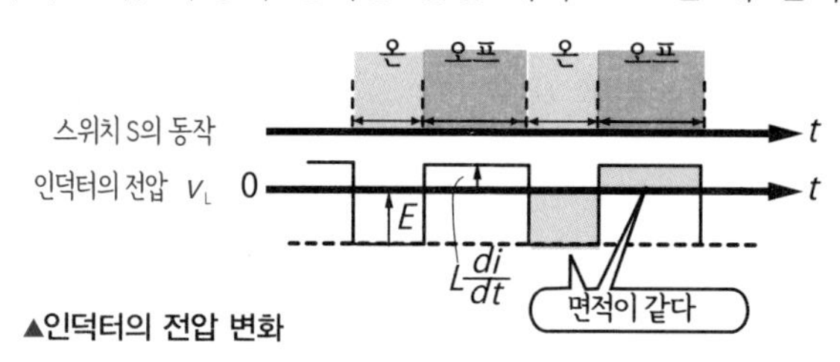

▲인덕터의 전압 변화

스위치가 온일 때의 전압

- 스위치가 온일 때 다이오드는 역극성이 되기 때문에 전류는 인덕터에만 흐른다.
- 따라서 인덕터 전압 v_L은 전원 전압 E와 같고 일정하다.
- 또한 전류의 변화율과 인덕턴스값 L의 곱은 일정해진다.

$$v_L = E = L\frac{di_L}{dt}$$

스위치가 오프일 때의 전압

- 스위치가 오프일 때 스위치를 흐르는 전류 i_S는 제로가 되지만, 인덕터에 에너지가 축적되어 있기 때문에 인덕터를 흐르는 전류 i_L은 곧바로 제로가 되지 않고 계속 흐른다(에너지 보존의 법칙).
- '전류가 흐른다'는 것은, 바꾸어 말하면 '인덕터의 전압 v_L이 입력 전압 E보다 높다'는 얘기이다.
- 그리고 '인덕터에 생기는 전압이 높아짐으로써' 다이오드 D에 전류가 흐른다.
- 결과, 인덕터의 에너지는 다이오드 전류 i_D로 방출된다.
- 이상에서 스위치가 오프 기간의 인덕터 전압 v_L은 다음 식으로 나타낸다.

$$v_L = E + L\frac{di_L}{dt}$$

- 이로써 인덕터가 방출하는 에너지가 더해짐으로써 전원 전압 E보다 높은 전압을 얻을 수 있다.
- 한편 인덕터가 축적하는 에너지와 방출하는 에너지는 같다.
- 인덕터 양 끝의 전압 v_L에서, 온일 때의 파형과 오프일 때의 파형 면적은 같다.

승압 초퍼의 승압 작용

- 이상의 동작에 의해 인덕터에는 자기에너지를 방출하기 위해 기전력이 생기므로 승압작용이 있음을 알 수 있다.
- 그리고 승압된 전압에 의해 콘덴서 C가 충전된다.

콘덴서의 역할

- 여러 차례 스위치의 온/오프를 반복하고 있다고 하자. 온 상태일 때도 콘덴서 C에는 전회까지의 스위칭에 의해 축적된 에너지가 있기 때문에 이 기간에는 콘덴서 C가 전원이 되어 저항 R에 전류를 공급할 수 있다.
- 따라서 온 기간에는 아래 그림과 같이 두 개의 전류 루프가 생긴다.

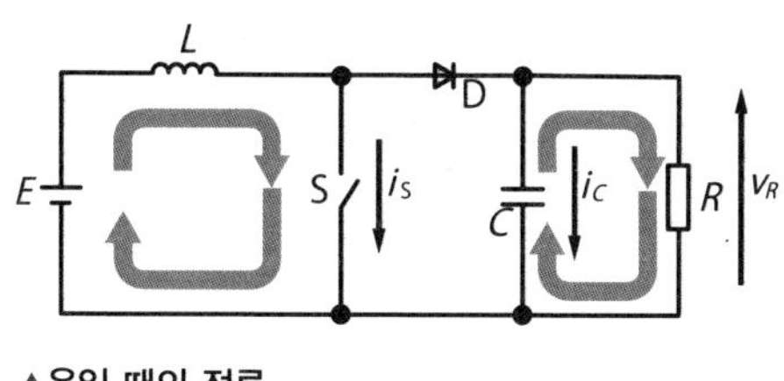

▲온일 때의 전류

- 이때 스위치 양 끝의 전압 v_S는 아래 그림에 나타내듯이 전원 전압보다 높아진다. 또 R의 전압도 전원 전압보다 높아지고 콘덴서의 정전용량이 충분히 크면 일정값에 가까워진다. 그 결과 높은 출력 전압을 얻을 수 있다.

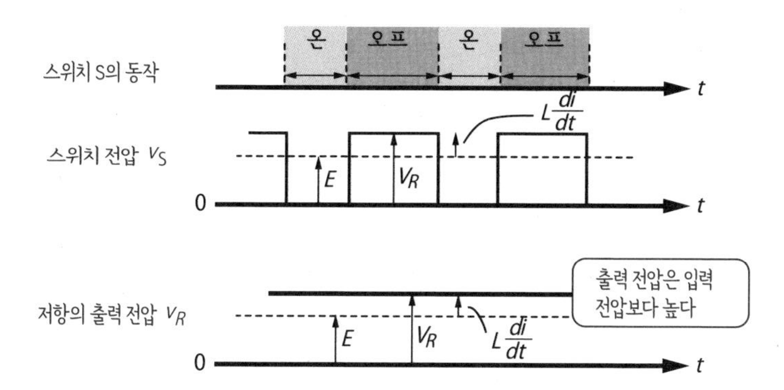

▲각부의 전압(콘덴서가 충분히 클 때)

승압 초퍼의 전류

- 다음으로 승압 초퍼 각부의 전류를 살펴보자.
- 다이오드는 전원에서 보면 역극성으로 되어 있으므로 온 기간에는 전류는 인덕터에만 흐른다. 따라서 아래와 같다.

$$i_S = i_L$$

- 또한 스위치를 흐르는 전류 i_S는 인덕터의 인덕턴스 L의 값에 따라서 다음과 같이 변화한다. L이 크면 천천히 변화한다.

$$E = L\frac{di_S}{dt}$$

- 한편 스위치를 오프로 하면 인덕터에 축적된 에너지에 의한 기전력에 의해 다이오드에 전류 i_D가 흐르기 시작한다. 단, 이 전류는 인덕터에 축적된 에너지가 감소함에 따라 서서히 저하한다.
- 오프 기간에는 콘덴서도 충전되므로 전류의 관계는 다음과 같다.

$$i_D = i_C + i_R$$

- 한편 온 기간에는 i_D는 흐르지 않지만 저항에는 콘덴서에 충전된 에너지에 의해서 전류가 공급된다.

$$i_R = i_C$$

- 승압 초퍼의 출력 전압의 평균값은 듀티 팩터 d를 사용해서 다음과 같이 나타낸다.

$$V_R = \frac{1}{1-d}E$$

- 분모가 1-d이므로 듀티 팩터를 작게 하면 할수록 높은 전압으로 승압할 수 있다.

- 단, 이것은 순시에 개폐할 수 있는 이상적인 스위치를 사용한 경우에 성립되는 식이므로 실제의 회로에서는 승압에 한계가 있다.

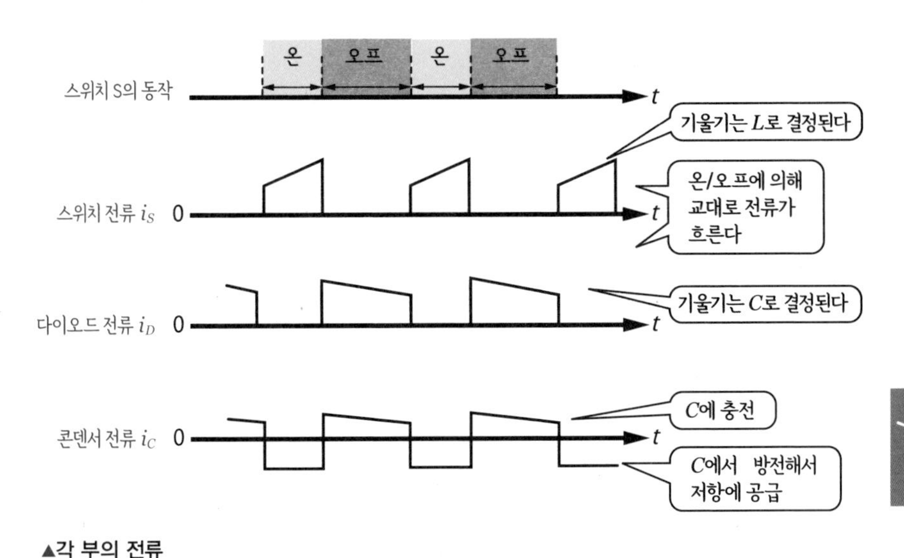

▲각 부의 전류

이 항에서 설명한 승압 초퍼는 파워 일렉트로닉스 기본 회로의 하나이다.

복잡한 파워 일렉트로닉스 회로라도 각 스위치의 동작을 자세하게 해석하면, 강압 초퍼나 승압 초퍼 어느 쪽인가가 동작하고 있다고 해석할 수 있는 경우가 자주 있다.

3-6

DCDC 컨버터

직류를 변환한다

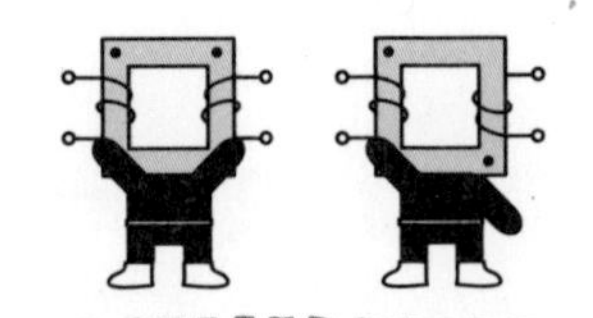

DCDC 컨버터는 직류를 다른 전압이나 전류의 직류로 변환하는 기기이다. 여기에는 비절연형과 절연형이 있다. 아래에 이들 회로의 예를 들어 구체적인 구조를 살펴보자.

비절연형

- 앞 항까지 설명한 강압 초퍼, 승압 초퍼 등의 직류에서 직류로 변환하는 회로는 **DCDC 컨버터**라고 총칭한다.
- 특히 초퍼는 DCDC 컨버터 중 **비절연형 DCDC 컨버터**라고 한다.
- 초퍼의 회로에서는 입력과 출력의 마이너스 측은 접속되어 있으며, 공통 회로이다.

절연형

- 이에 대해 DCDC 컨버터에는 **절연형 DCDC 컨버터**도 있다. 절연형 DCDC 컨버터에서는 입출력 회로를 절연하기 위해 변압기를 사용한다.
- 따라서 입력과 출력이 직접 접속되어 있지 않다. 절연형 DCDC 컨버터는 주로 정전압 전원에 사용되며 **스위칭 레귤레이터**라고 불리기도 한다.

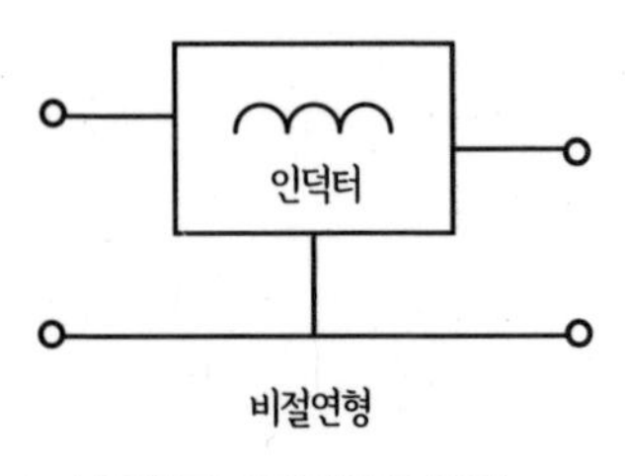

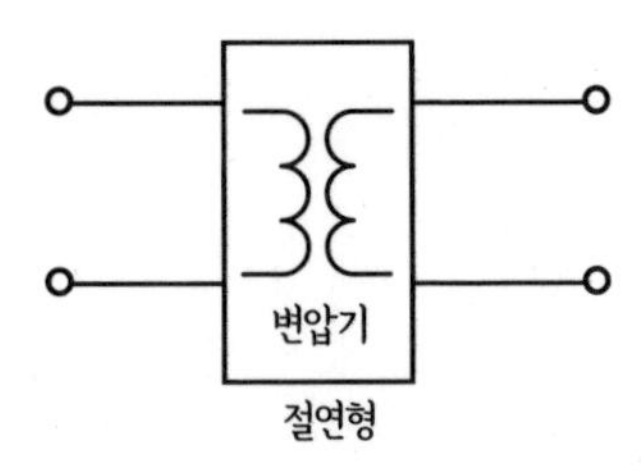

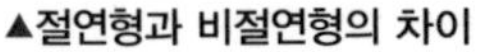
▲절연형과 비절연형의 차이

레귤레이터(regulator) : 전압·전류를 항상 일정하게 유지하도록 제어하는 것. 회로뿐만 아니라 기기, 소프트웨어 등의 명칭에도 사용된다.

포워드 컨버터란

포워드 컨버터의 회로는 강압 초퍼의 인덕터를 변압기로 바꾼 회로라고 볼 수 있다. 오른쪽 그림의 변압기 코일에 표시된 '·'는 코일을 감는 시작 지점을 나타낸다는 점에 주의해야 한다. 이와 같이 포워드 컨버터에서는 같은 쪽이 같은 전압의 극성이 되도록 코일을 감는 변압기를 이용한다.

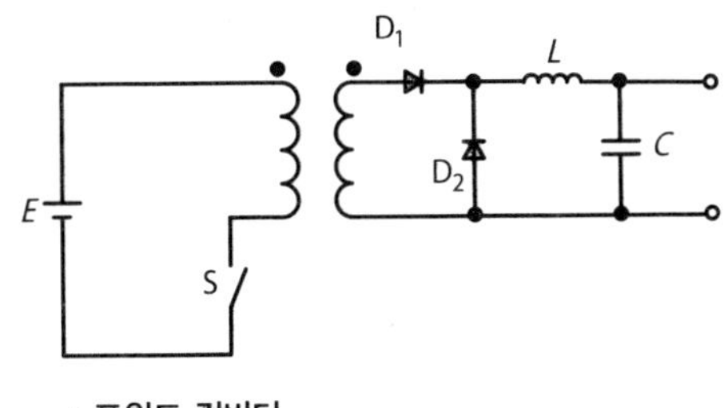

▲포워드 컨버터

① 스위치가 온일 때

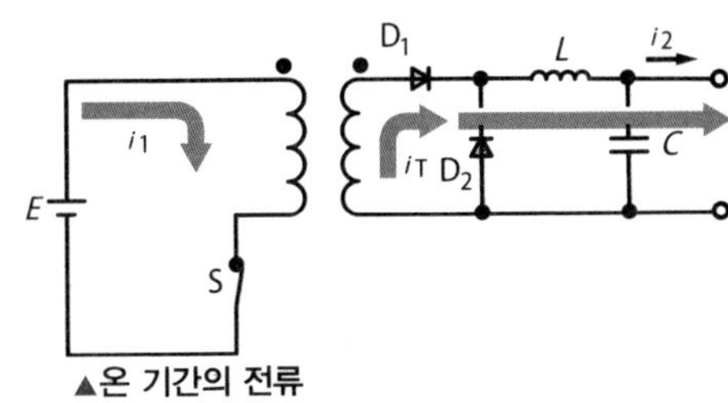

▲온 기간의 전류

- 변압기의 1차 코일(입력 측 코일)의 인덕턴스에 의해 전류 i_1이 천천히 기동한다.
- 천천히라고는 해도 변압기의 1차 코일을 흐르는 전류가 변화하고 있기 때문에 변압기의 작용(전자유도)이 생기고 2차 코일(출력 측 코일)의 단자에는 같은 극성의 전압이 유도된다.
  이처럼 변압기의 1차 코일을 흐르는 전류가 변화하면 전자유도에 의해 다른 쪽 2차 코일에 기전력이 유도된다. 변압기는 교류가 아니면 사용할 수 없다는 편견이 있지만 직류라도 스위칭하면 사용할 수 있다.

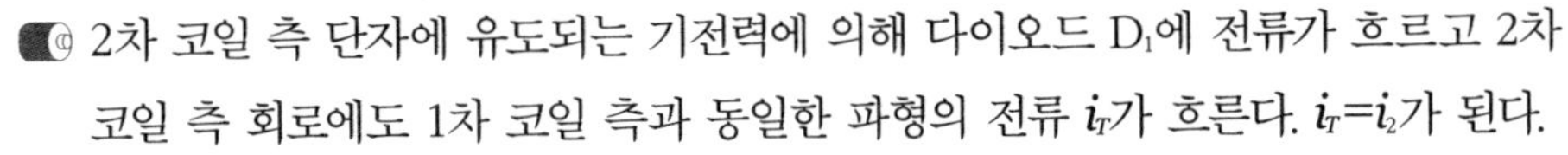

- 2차 코일 측 단자에 유도되는 기전력에 의해 다이오드 D_1에 전류가 흐르고 2차 코일 측 회로에도 1차 코일 측과 동일한 파형의 전류 i_T가 흐른다. $i_T=i_2$가 된다.

② 스위치가 오프일 때

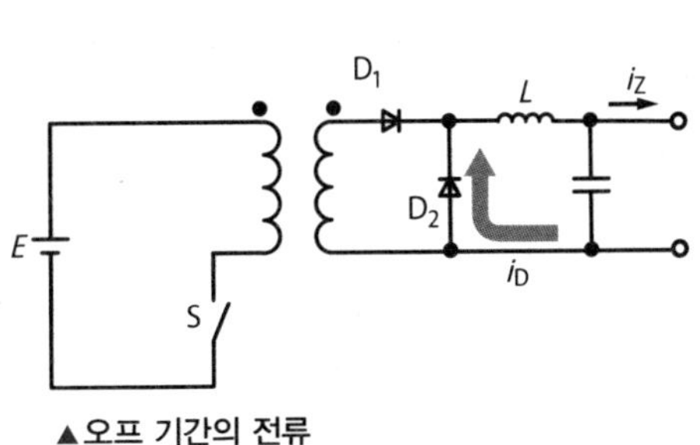

▲오프 기간의 전류

- 스위치가 오프일 때는 다이오드 D_1에도 전류가 흐르지 않기 때문에 i_T는 제로가 된다.
- 그러나 온 기간에 인덕터 L에 축적된 에너지가 기전력이 되어 다이오드 D_2에 전류가 흐르기 때문에 i_D가 흐르기 시작한다.

포워드 컨버터(forward converter) : 본문 참조.

따라서 $i_D=i_2$, 즉 온오프에 따라서 출력 전류 i_2를 i_T와 i_D가 교대로 공급하게 된다.

③ 포워드 컨버터의 전류 변화

온일 때는 1차 코일(입력 측)과 2차 코일(출력 측)에 동시에 전류가 흐른다.

오프일 때는 어느 쪽도 흐르지 않는다.

포워드 컨버터는 변압기를 사용하고 있으므로 1차 코일과 2차 코일의 권수비에 따라서 출력 전압을 설정할 수 있다.

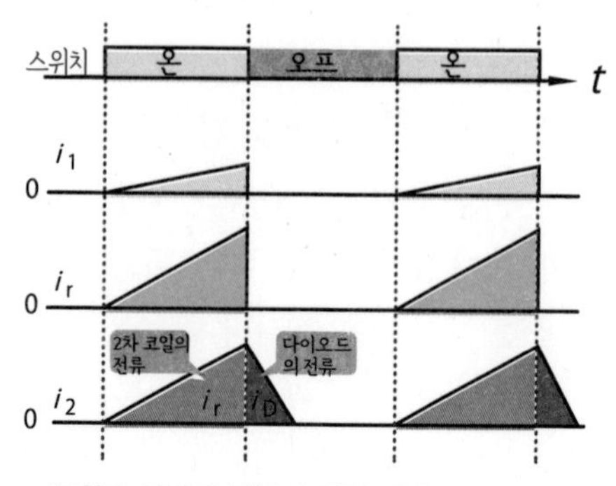

▲포워드 컨버터 각부의 전류 변화

그런 다음 듀티 팩터를 제어하면 정밀하게 전압을 조정할 수 있다.

플라이백 컨버터란

플라이백 컨버터는 역극성의 변압기를 이용하는 회로이다. 변압기의 1차, 2차 코일을 감는 시작 지점이 반대가 되도록 감겨 있기 때문에 '·'의 위치가 반대가 되어 승압 초퍼의 인덕터 부분을 변압기로 변경한 회로로 되어 있다.

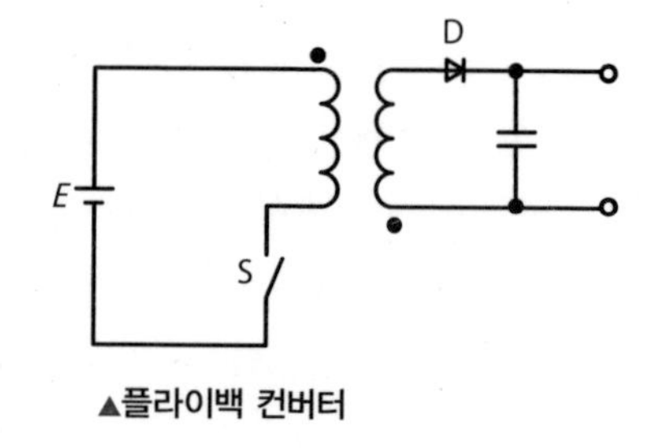

▲플라이백 컨버터

① 스위치가 온일 때

스위치가 온일 때 1차 코일에 전류 i_1이 흐른다.

트랜스가 역극성으로 되어 있기 때문에 다이오드 D에 전류가 흐르지 않아 2차 코일에도 전류가 흐르지 않는다.

스위치가 온인 기간, 1차 코일의 인덕턴스에 에너지가 축적된다.

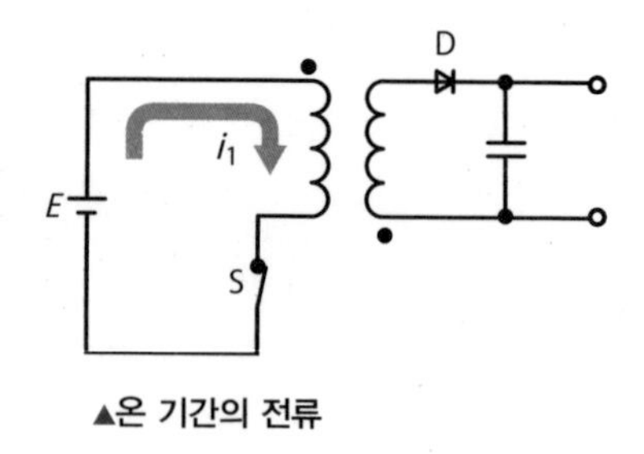

▲온 기간의 전류

플라이백 컨버터(flyback converter) : 본문 참조.

② 스위치가 오프일 때

- 스위치를 오프로 하면 1차 코일에는 전류가 흐르지 않는다.
- 그러나 1차 코일의 인덕턴스에 축적되어 있던 에너지가 기전력이 되어 다이오드 D에 전류가 흐른다.
- 변압기의 1차 코일에 축적된 에너지가 방출되어 2차 코일에 전류 i_2가 되어 흐른다.

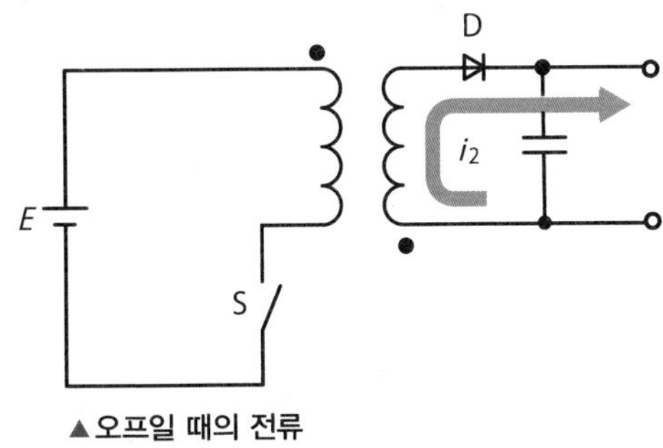

▲오프일 때의 전류

③ 플라이백 컨버터 동작 시의 전류 변화

- 스위치가 온 상태인 동안 1차 코일에 전류 i_1이 흐른다.
- 이에 대해 오프 기간에는 2차 코일에 전류 i_2가 흐른다.
- 그리고 온 기간 중에 변압기에 축적된 에너지가 오프 기간 중에 방출된다.
- 플라이백 컨버터는 출력하는 전력을 모두 변압기에 일단 축적하는 구조이기 때문에 큰 전류가 흐르는 대용량의 회로에는 적합하지 않은 회로 방식이다. 그러나 회로 구성이 간단하기 때문에 수백 W 이하의 전원 회로에서는 자주 이용된다.

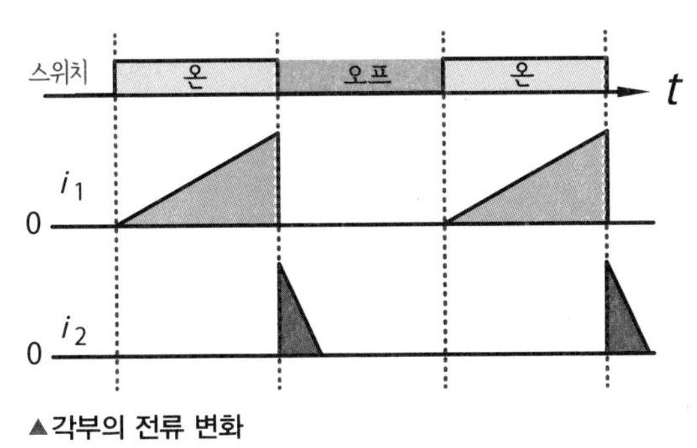

▲각부의 전류 변화

DCDC 컨버터에는 이외에도 다양한 회로가 있으며, 출력과 용도에 따라서 구분해 사용하고 있다.

3 파워 일렉트로닉스의 기본

변압기의 극성

- 일반적으로 변압기는 교류를 취급하므로 극성은 그다지 문제가 되지 않는다.
- 그러나 직류를 스위칭하는 파워 전자 회로에서 사용하는 경우에는 변압기의 극성에 주의해야 한다.
- 여기서 **변압기의 극성**은 변압기의 코일을 감는 방식에 따라 결정된다.
- 아래 그림의 기호에서는 코일의 끝에 '·'(도트)를 붙여서 코일이 어느 방향으로 감겨 있는지를 나타낸다. '·'가 있는 쪽이 시작점이고, 이것과 1차 측, 2차 측 전압의 플러스/마이너스 방향은 일치한다.

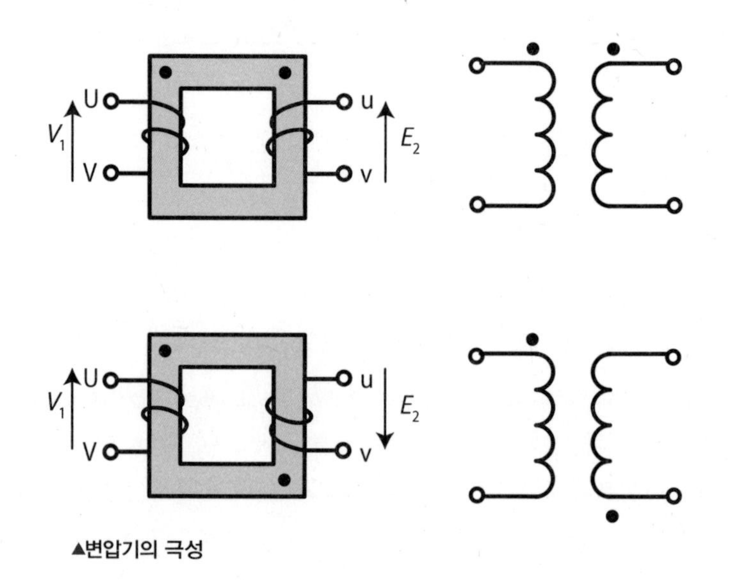

▲변압기의 극성

스위칭 주파수와 귀

파워 일렉트로닉스는 스위칭이 기본이다. 반도체의 파워 디바이스 특성상 스위칭 주파수가 낮을수록 전력 손실이 적기 때문에 그만큼 회로가 고효율이 된다.
그러나 최근 파워 일렉트로닉스 제품에는 낮은 것도 8kHz(매초 8000회)의 높은 스위칭 주파수가 사용되는 일이 많은 것 같다.
그러면 무엇에 의해서 스위칭 주파수가 결정되는 걸까?
그것은 인간의 귀이다. 인간의 귀가 들을 수 있는 소리(가청역)는 20Hz~20kHz라고 한다. 그러나 나이가 들면서 가청역은 좁아져서, 성인이 되면 15kHz 정도 높이의 소리는 더는 들리지 않는다고 한다.
무슨 얘기인가 하면, 파워 일렉트로닉스 회로에는 반드시 코일(인덕터)이 있다. 스위칭으로 온/오프할 때마다 코일에 전압이 가해진다. 이때 코일에는 기계적인 힘(전자력)이 생겨 코일을 움직이려고 한다.
즉, 온과 오프에 의해 코일에 힘이 발생하는데, 이것을 전자가진력(電磁加振力)이라고 부른다. 이에 의해 코일 자체나 주변의 부품이 진동해서 소리가 발생한다. 스피커의 원리와 같다. 따라서 스위칭에 의해 소음이 발생하는 것이다.
그래서 소음이 들리지 않는 스위칭 주파수로 설정할 필요가 있다. 만약 스위칭 주파수를 2~3kHz로 하면 스위칭 주파수의 소리는 사람에게는 '피' 또는 '퓨' 하는 소리로 들릴 것이다. 예전에 전철에서 '도레미파 인버터(노래하는 전차 : 모터를 제어하는 인버터에서 나는 소음을 도레미파 음계로 울리도록 설정한 장치)'라고 불리던 것이 있었는데, 그것은 스위칭에 의해 생기는 소리의 높이를 일부러 음계에 맞춘 것이다.

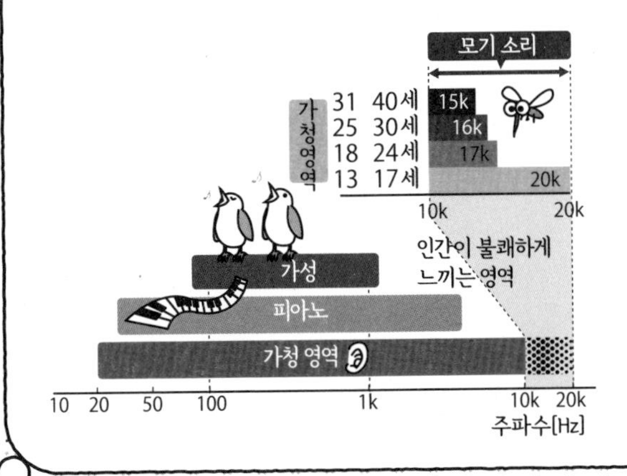

▲전류를 코일에 흘리면 양동이가 진동한다

3-7

인버터

직류에서 교류로

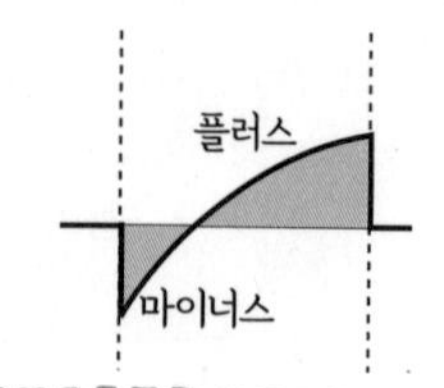

인버터란 직류를 교류로 변환하는 회로를 말한다. 어떻게 그런 일이 가능할까? 먼저 인버터의 원리를 설명한다.

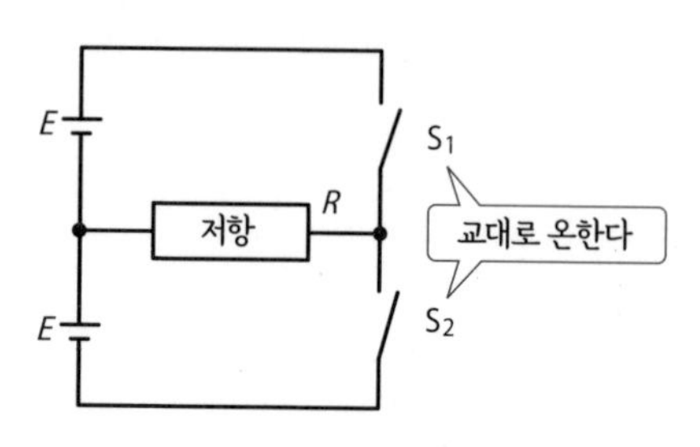

▲하프 브리지 인버터 회로

하프 브리지 인버터

- 인버터의 원리를 설명하기 위해 우선 하프 브리지 인버터의 설명부터 시작한다. **하프 브리지 인버터**는 직류를 교류로 변환하는 회로이다.
- 위의 그림에 나타낸 두 개의 직류 전원과 두 개의 스위치로 구성된 회로를 생각해 보자. 두 개의 스위치는 S_1이 온일 때 S_2는 오프로 하고, S_1이 오프일 때는 S_2는 온으로 한다.
- 즉, 이 두 개의 스위치는 서로 교대로 변환하는 한 팀이라는 말이다(이처럼 교대로 출력하는 것을 **컴플리멘터리(상보적)** 출력이라고 한다).

하프 브리지 인버터의 전류

- 하프 브리지 인버터에서 S_1을 온으로 했을 때 저항 R에는 '오른쪽'에서 '왼쪽'으로 전류가 흐른다.
- 반면 S_1을 오프로 하고 나서 스위치 S_2를 온으로 하면 저항 R에는 '왼쪽'에서 '오른쪽'으로 전류가 흐른다.

하프 브리지 인버터(half bridge inverter) : 본문 참조.

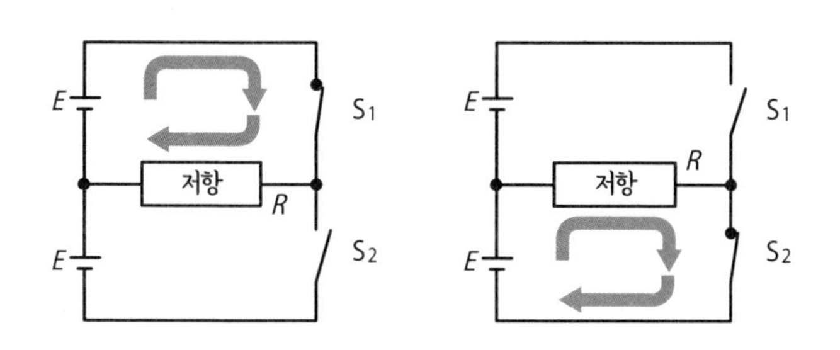

▲하프 브리지 인버터 회로의 동작

- 하프 브리지 인버터에서는 S_1을 온으로 했을 때와 S_2를 온으로 했을 때는 저항을 흐르는 전류의 방향이 반전해 있다.
- 따라서 S_1과 S_2에서 교대로 온을 반복하면 저항 R을 흐르는 전류의 극성이 반전을 반복한다.
- 즉, 저항에는 교류 전류가 흐르게 된다.

하프 브리지 인버터의 전압과 전류

- 하프 브리지 인버터가 동작하면 저항의 양 끝 전압은 스위치의 전환에 따라서 $+E$와 $-E$로 바뀐다.
- 따라서 저항의 양 끝 전압과 전류의 파형은 아래 그림에 나타낸 것과 같다. 이러한 파형을 **구형파**(square wave)라고 하며, 정현파는 아니지만 교류의 일종이다.
- 이때, 흐르는 전류의 크기는 저항 R의 크기와 전압 E로부터 옴의 법칙($I=\frac{E}{R}$)에 의해 결정된다.
- 다만, 하프 브리지 인버터를 사용해서 교류를 만들려면 S_1과 S_2의 온 시간을 같게 하고 또한 항상 일정하게 해야 한다.

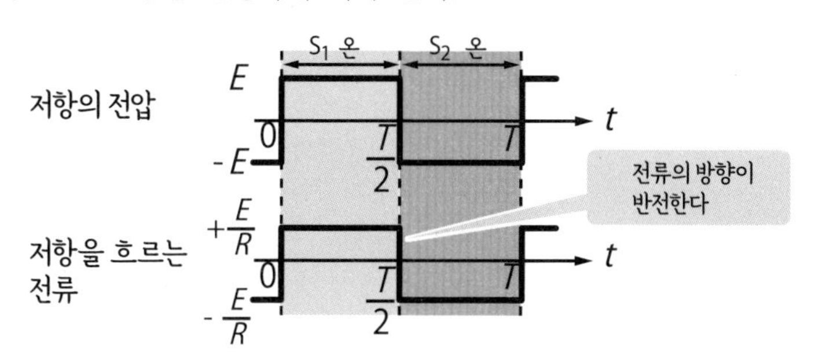

▲하프 브리지 인버터 회로의 동작 파형

3
파워 일렉트로닉스의 기본

- 즉 온/오프의 반복 시간(주기)이 교류의 1주기가 되고 이것을 조정하면 원하는 주파수의 교류 전류를 흘릴 수 있다.
- 하프 브리지 인버터는 인버터의 원리를 이해하는 데 매우 유용하지만, 실제로 회로로 사용하려면 다음의 점에 주의해야 한다.

  우선 직류 전원이 두 개 필요하다. 전원이 두 개라는 것은 입력전압은 출력 전압의 두 배가 필요하다는 얘기이다. 바꾸어 말하면 직류 전원의 전압이 두 배인 2*E*인데 변환된 교류 전압의 진폭은 *E*밖에 얻을 수 없다.

  다시 말해, 교류 전압이 전원 전압의 절반이 돼 버린다. 더욱이 각각의 직류 전원 *E*는 교대로만 사용하기 때문에 시간적으로도 절반의 시간밖에 이용되지 않아 시간적인 낭비도 크다.
- 정리하면 하프 브리지 인버터는 전압과 시간 모두 전원의 이용률이 나쁘다.

풀 브리지 인버터

- 하프 브리지 인버터와 같은 동작을 하나의 직류 전원 *E*만으로 가능케 한 회로가 풀 브리지 인버터이다.
- 풀 브리지 인버터에서는 스위치를 온/오프하는 게 아니라 플러스와 마이너스로 전환해서 접속하게 돼 있다.
- 따라서 스위치 S_1과 S_2를 연동시켜 동시에 동작시켜야 한다. 이 회로에서도 저항의 양 끝 전압과 전류는 구형파이다.

  풀 브리지 인버터 회로는 하나의 전원 *E*에서 진폭을 *E*의 교류 전압으로 변환할 수 있으므로 전압을 풀로 이용할 수 있다. 또한 전원 *E*는 상시 사용하고 있으며 휴지 기간은 없기 때문에 시간적으로도 낭비가 없다. 따라서 일반적인 인버터로 자주 사용되는 회로이다.

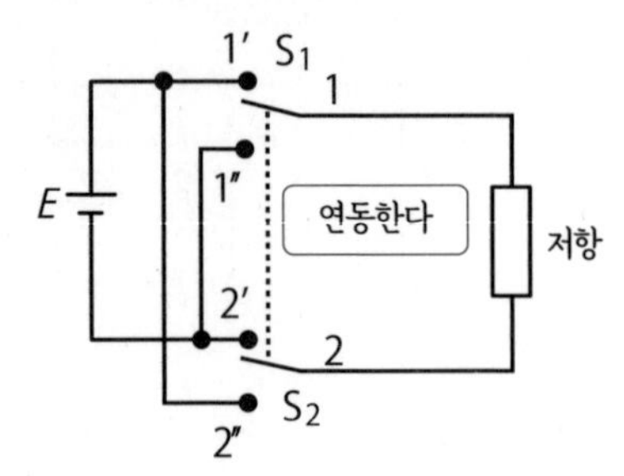

▲풀 브리지 인버터 회로

풀 브리지 인버터(full-bridge inverter) : 본문 참조.

- 풀 브리지 인버터 회로는 스위치로 회로의 전류 경로를 바꿀 필요가 있다. 그러나 반도체 스위치는 온/오프(개폐)만 가능하기 때문에 반도체 스위치를 전환 스위치로 사용하려면 방법을 고민할 필요가 있다.

H 브리지 회로

- 반도체 스위치로 전환을 실현하려면 아래의 그림과 같은 회로를 사용한다.
- 전환을 하기 위해서는 두 쌍의 스위치를 연동시켜 어느 한쪽에 연결되도록 한다. 이 회로는 그 모양으로부터 H 브리지 회로라고 부른다.

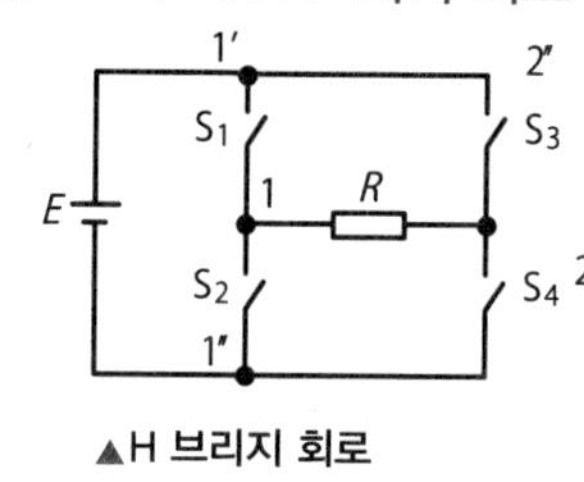

▲H 브리지 회로

H 브리지 회로의 구조

- H 브리지 회로는 아래 그림과 같이 플러스와 마이너스 전환을 전원의 플러스, 온/오프만 하는 스위치(S_1, S_3) 및 전원의 마이너스와 온/오프만 하는 스위치(S_2, S_4)로 역할을 나누어서 실현한다.
- 즉, 총 네 개의 스위치를 사용해서 S_1과 S_4가 온 상태일 때는 각각 S_2와 S_3를 오프로 하고, S_1과 S_4를 오프일 때는 S_2와 S_3를 온으로 한다.
- 이렇게 하면 풀 브리지 인버터 회로와 완전히 같은 동작을 하게 된다.

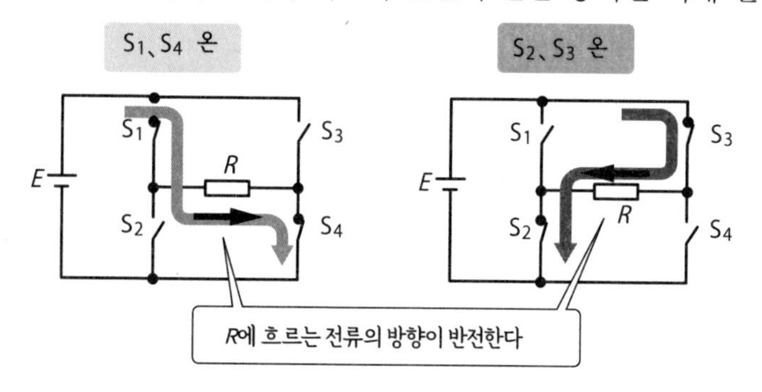

▲H 브리지 회로의 동작

H 브리지 회로(H bridge circuit) : 회로도의 모양으로부터 이렇게 불린다.

실제의 인버터 동작

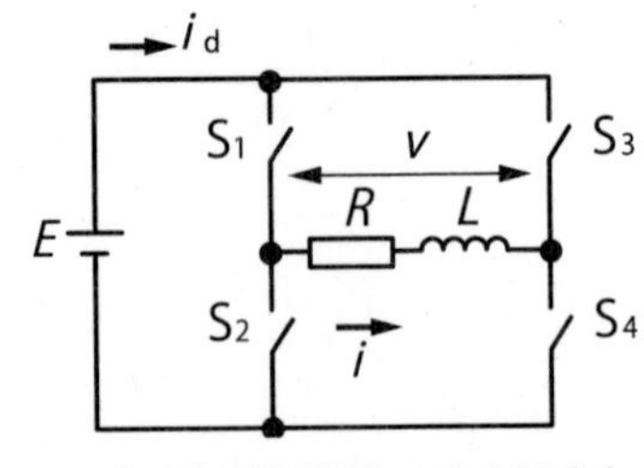

▲RL 직렬회로를 접속한 풀 브리지 인버터

- 지금까지의 인버터 설명에서는 출력을 저항에 가한다고 했는데, 다음으로 저항을 RL 직렬회로로 대체하는 것을 생각한다.
- 이 회로에서는 H 브리지 회로에서 설명한 바와 같이 S_1과 S_4의 쌍, S_2와 S_3의 쌍으로 교대로 온/오프시킨다.

RL 직렬회로 양 끝의 전압과 전류

- *RL* 직렬회로라고 해도 *RL* 직렬회로 양 끝 전압의 파형은 지금까지의 저항만 부하일 때와 마찬가지로 구형파이다.
- 그러나 *RL* 직렬회로에 흐르는 전류 i의 파형은 부하의 인덕턴스 *L*에 의한 영향을 받으므로 구형파가 되지 않는다. 즉, 인덕턴스가 있기 때문에 전압이 스텝상(계단상)으로 인가돼도 전류는 전압과 마찬가지로 스텝상으로는 기동하지 않는다.

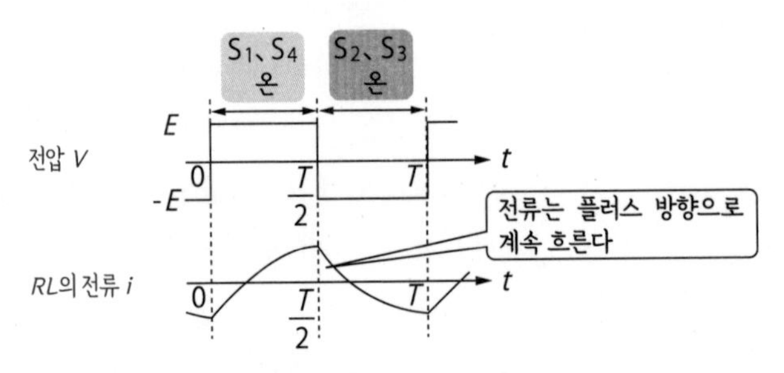

▲RL 부하의 전압과 전류의 파형

- 전류는 인덕턴스에 에너지를 축적하면서 기동하므로 완만하게 증가한다. 한편 스위치가 전환되어 전압의 플러스와 마이너스가 반대가 돼도 인덕턴스에 축적된 에너지에 의해 기전력이 생겨 일정 기간 그때까지와 동일 방향의 전류를 계속 흘려 에너지를 방출한다.
- 때문에 전류 파형은 전압 파형보다 천천히 변화하므로 전류는 전압보다 위상이 지연되는 것처럼 보인다.

이때, 전원에서 공급되는 전류 i_d의 파형에 대해 RL 부하에 흐르는 전류와 비교해 보자. 전류는 0~t'에서는 마이너스, t'~T=2에서는 플러스가 된다. 여기서 전원에서 흐르는 전류 i_d가 마이너스가 된다는 것은 '부하에서 전원을 향해 전류가 흐른다'는 것을 나타낸다. 즉, 부하의 인덕턴스 L에 축적된 에너지가 전류가 되어 전원에 공급되는 기간이다.

그 사이에 스위치에 흐르는 전류를 보면 아래 그림과 같다. 각 스위치에 흐르는 전류도 마이너스가 되는 기간이 있고, 이 기간에는 스위치 아래에서 위를 향해 전류가 흐르고 있다는 얘기이다. 즉 스위치에는 플러스 마이너스의 전류가 흐르게 된다.

온/오프 스위칭을 위한 스위치에 플러스 마이너스의 전류가 흐르는 것은 실제 인버터 회로에서는 항상 생각해야 한다.

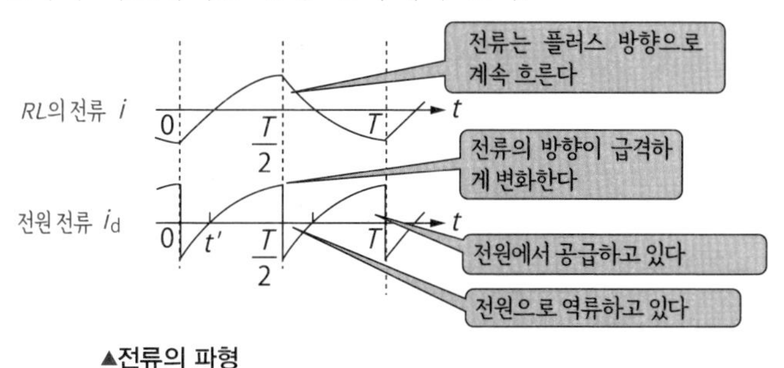

▲전류의 파형

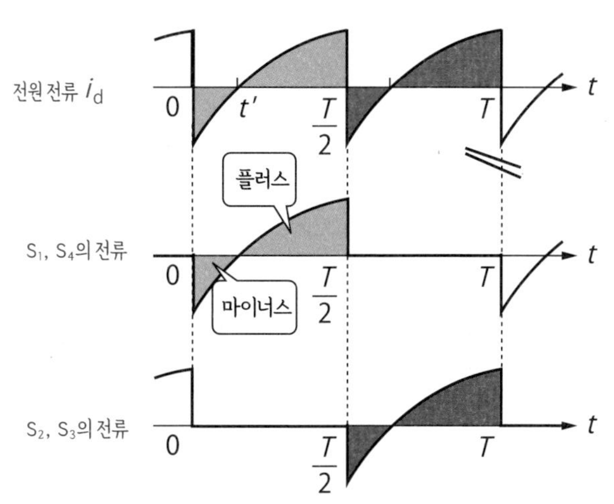

▲스위치를 흐르는 전류의 파형

Switch On!

제 4 장

파워 디바이스의 구조

4-1

이상 스위치와 반도체 스위치

이상과 현실의 차이

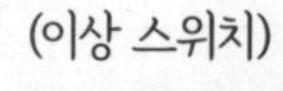

① 스위치가 오프 상태일 때 회로에 흐르는 전류는 0.
② 스위치가 온 상태일 때 스위치 양 끝의 전압은 0.
③ 스위치의 온 상태와 오프 상태를 순시에 전환할 수 있다.
④ 고속으로 장시간 온/오프를 반복해도 손상되지 않는다.

이상 스위치란

- **이상 스위치**는 온으로 하면 저항이 0, 오프로 하면 저항이 무한대이며, 더욱이 온에서 오프, 오프에서 온으로 전환하는 데 드는 시간이 0인 이상적인 스위치를 말한다.
- 한편 현실에 존재하는 기계적인 스위치는 접점을 개폐하기 때문에 ①, ②의 성질은 거의 충족하지만, 동작 시간이 필요한 점과 수명이 있기 때문에 ③, ④를 충족하지는 못한다.
- ③, ④까지 충족하는, 가장 이상적인 스위치에 가까운 실재하는 스위치는 반도체 스위치이다.

이상 스위치(ideal switch) : 본문 참조.
온 전압(on-state voltage) : 스위치를 온했을 때 스위치 양 끝의 전압. 파워 디바이스에서는 온 저항의 형태로 나타내기도 한다.

반도체 스위치에 요구되는 특성

현재의 반도체 스위치에는 아래의 성능이 요구된다.

① 온일 때의 전압 v_{on}

온/오프하는 전압 E_S에 대한 V_{on}/E_S비가 작다.

② 오프일 때의 전류 i_{off}

온/오프하는 전류 I_s에 대한 i_{off}/I_s비가 작다.

③ 짧은 스위칭 시간 t_{on}, t_{off}

스위칭 주기 T에 대해 t_{on}/T, t_{off}/T가 작다.

④ 작은 온/오프 신호

온/오프하는 신호의 전압, 전류가 작다.

⑤ 수명이 반영구적일 것, 소형에 경량이고 저렴할 것

실제의 반도체 스위치

- 그러나 실제의 **반도체 스위치**는 온 전압 v_{on}이나 동작 시간 t_{on}, t_{off}가 0이 아니기 때문에 이상 스위치는 아니다.
- 한편 오프 상태에서도 흐르는 누설전류 i_{off}는 일반적으로는 작기 때문에 보통은 무시한다.

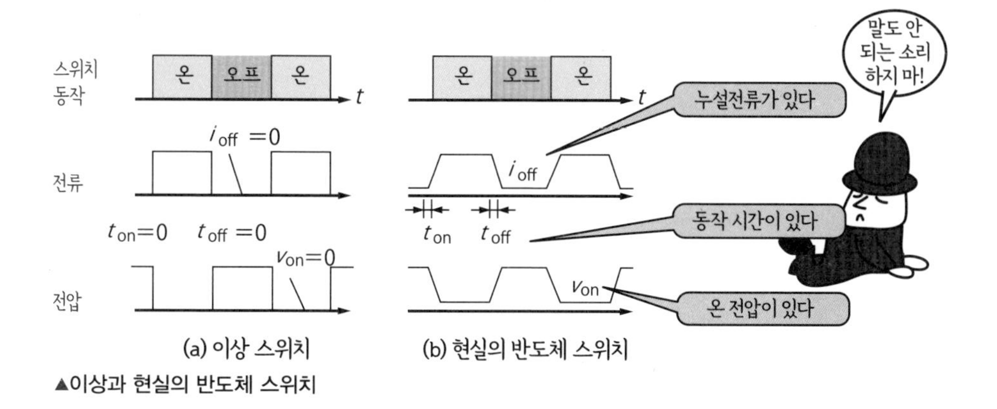

▲이상과 현실의 반도체 스위치

반도체 스위치(semiconductor switch) : 본문 참조.
누설전류(leakage current) : 스위치가 오프일 때 조금 흐르는 전류. 바이폴라 트랜지스터나 IGBT에서는 컬렉터 차단전류라고 한다.

파워 디바이스란

소(小)가 대(大)를 제어한다

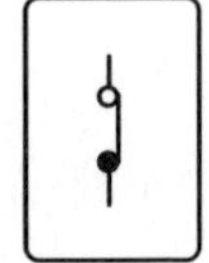

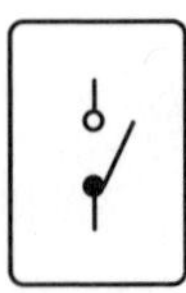

고전압이나 대전류를 저전력의 제어 신호로 컨트롤(제어)하는 반도체를 파워 디바이스라고 한다. 고전압·대전류를 무엇으로 제어하느냐에 따라서 파워 디바이스는 크게 세 개로 나뉜다. 즉 파워 디바이스에 걸려 있는 전압의 극성(플러스, 마이너스)으로 스위칭을 하는 것과 전류를 제어 신호에 이용하는 것, 그리고 전압을 제어 신호에 이용하는 것으로 구분할 수 있다.

파워 디바이스란

- 파워 디바이스는 전력 제어용 반도체의 디바이스를 말하며 **전력용 반도체 소자**라고도 불린다. 대략 1A 이상의 정격전류라면 파워 디바이스로 분류된다.
- 파워 디바이스는 일반 반도체 디바이스와 기본적인 동작 원리는 동일하다.
- 일반 반도체 디바이스(CPU나 메모리 등에 사용되는 LSI와 IC)는 저전력, 저전압으로 동작하며 연산이나 기억 등의 기능을 담당한다.
- 반면 파워 디바이스는 고전압, 대전류를 다루는 반도체 디바이스를 가리킨다.
- 보통은 저전력 제어 신호의 온/오프에 따라서 고전압, 대전류 전력의 온/오프 동작을 한다.

제어 신호로 컨트롤

- 파워 디바이스는 제어 신호에 따라 온/오프의 스위칭 동작을 한다.

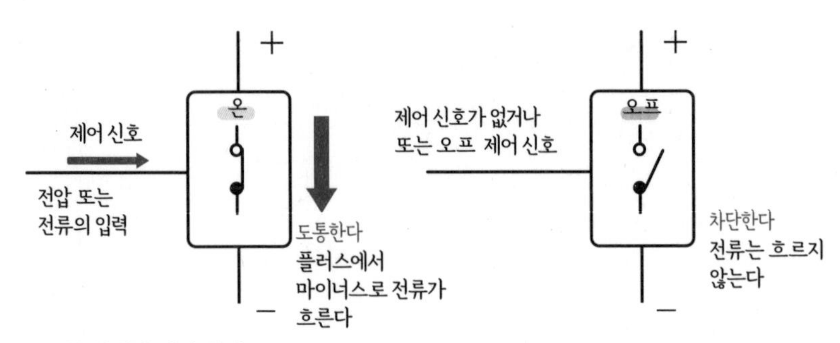

▲도통 상태와 차단 상태

파워 디바이스(power device) : 본문 참조　　정격(rating) : 지정된 조건하에서의 사용 한도.
GTO(Gate Turn-Off thyristor) : 턴온밖에 제어할 수 없는 사이리스터를 개량하여 신호에 의해 턴오프가 가능하도록 한 파워 디바이스를 말한다.

세 종류의 파워 디바이스

파워 디바이스는 어떻게 온/오프하느냐에 따라서 세 가지로 나뉜다. 제어 신호가 아니라 파워 디바이스에 걸려 있는 전압의 극성(플러스, 마이너스)으로 온/오프하는 것, 제어 신호가 전압인 것, 그리고 제어 신호가 전류인 것이다.

- 극성으로 스위치

  자신에게 걸려 있는 전압의 극성으로 스위칭하는 2단자 디바이스이다.

  [예] 다이오드

- 제어 신호가 전류

  전류를 제어 신호로 스위칭하는 디바이스이다.

  [예] 사이리스터, GTO, 바이폴라 트랜지스터

- 제어 신호가 전압

  전압을 제어 신호로 스위칭하는 디바이스이다.

  [예] 파워 MOSFET, IGBT

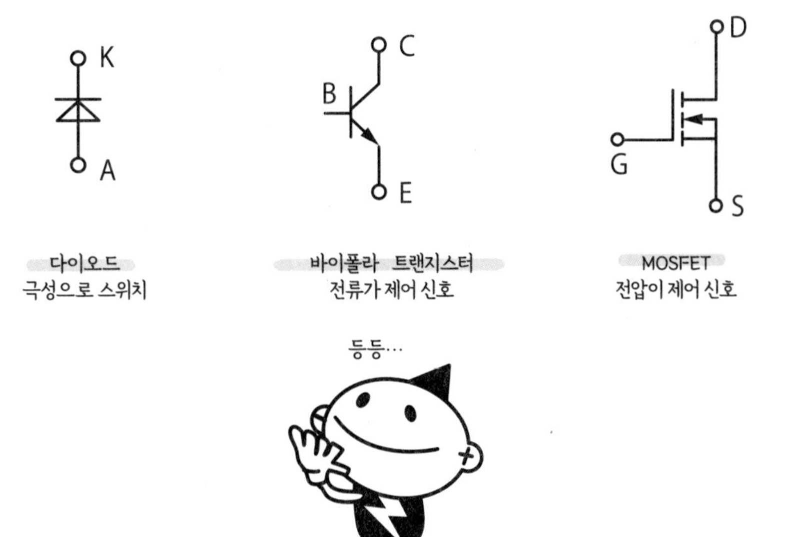

▲파워 디바이스의 예

사이리스터(thyristor) : SCR(Silicon Controller Rectifier, 실리콘 제어정류소자)이라고도 한다.
바이폴라 트랜지스터(bipolar junction transistor) : 단순히 트랜지스터라 할 때는 바이폴라 트랜지스터를 가리키는 경우가 많다. 파워 트랜지스터라고도 한다.

다이오드와 사이리스터

전류를 일방통행시키는 방법

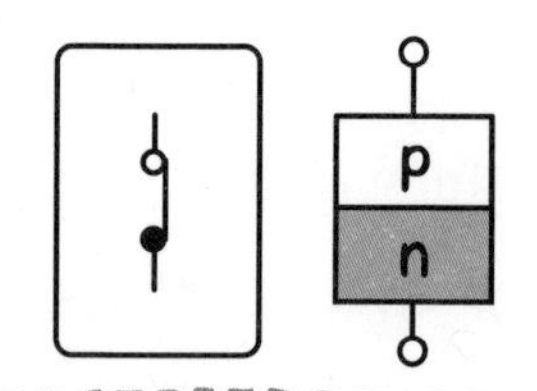

다이오드는 의도하는 방향과 반대 방향인 전류는 길을 막는다(통행금지).
이처럼 역류를 방지하는 기능은 다양한 기기의 제어나 보호에 도움이 된다.
사이리스터, GTO는 다이오드에 제어 단자(게이트)를 추가한 것이다. 사이리스터는 온 제어만, GTO는 온/오프 제어가 가능하다.

다이오드의 구조

- 다이오드는 성질이 다른 p형 반도체와 n형 반도체의 2층이 접합된 디바이스이다. p에서 n으로는 전류를 흘리지만 반대 방향으로는 흐르지 않게 돼 있다.
- 이처럼 다이오드에 있는 단자는 **애노드**(p측)와 **캐소드**(n측)의 두 개뿐이고, 그 외의 제어 단자는 없다. 어느 쪽에서 전압이 가해지는가에 따라서 도통, 비도통이 결정된다.
- 조건에 따라서 온/오프가 결정되므로 외부에서 제어할 수는 없다.

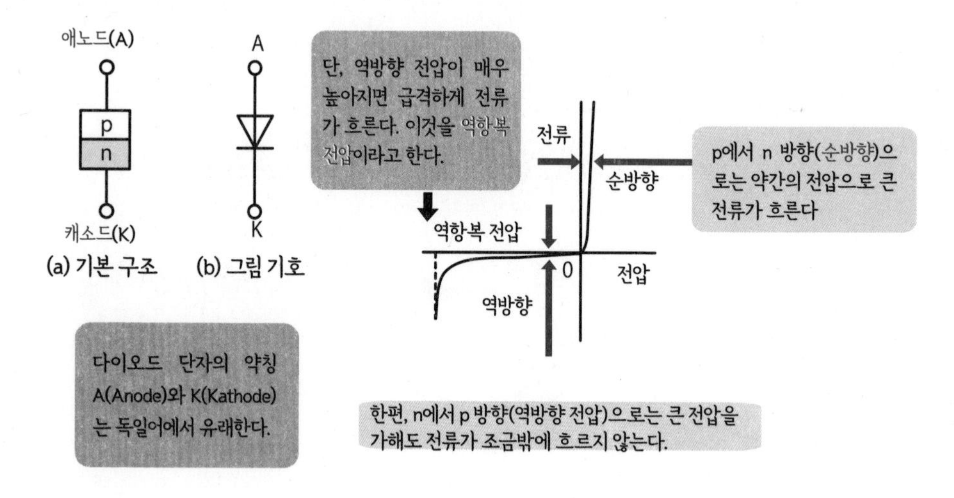

▲다이오드

p형 반도체(p-type semiconductor) : 플러스 전하를 가진 정공이 캐리어가 되는 반도체. positive에서 유래.
n형 반도체(n-type semiconductor) : 마이너스 전하를 가진 일렉트로닉스가 캐리어가 되는 반도체. negative에서 유래. GTO(Gate Turn Off) : 본문 참조.

사이리스터, GTO의 구조

- 사이리스터는 다이오드에 제어 단자를 추가하여 외부에서 제어할 수 있도록 한 파워 디바이스이다. 또한 GTO는 사이리스터를 개량한 파워 디바이스이다. GTO 사이리스터라고도 부른다.
- 사이리스터는 p-n-p-n의 4층 구조이며, 중간의 p층에 제어 단자의 게이트(G)가 붙어 있다.
- 사이리스터의 게이트에 전류가 흐르면 온해서 애노드(A)에서 캐소드(K)로 전류를 흘릴 수 있다(**턴온**이라고 한다). 그러나 게이트의 전류가 제로가 돼도 오프되지 않고 캐소드(K)에 플러스의 전압이 가해질 때까지 온 상태가 된다. 즉, 사이리스터는 온만 외부에서 제어할 수 있는 파워 디바이스이다. 오프는 다이오드로서 동작한다.
- 반면 GTO는 게이트의 전류를 **역방향**(마이너스 전류)으로 하면 오프한다(턴오프라고 한다). 따라서 GTO는 온, 오프 모두 외부에서 제어할 수 있다.

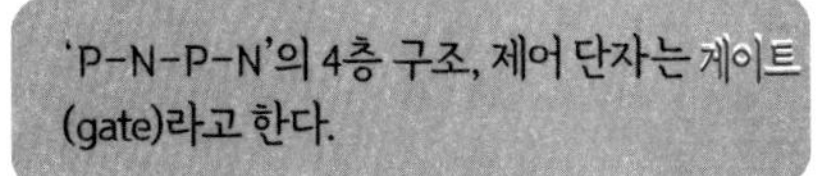

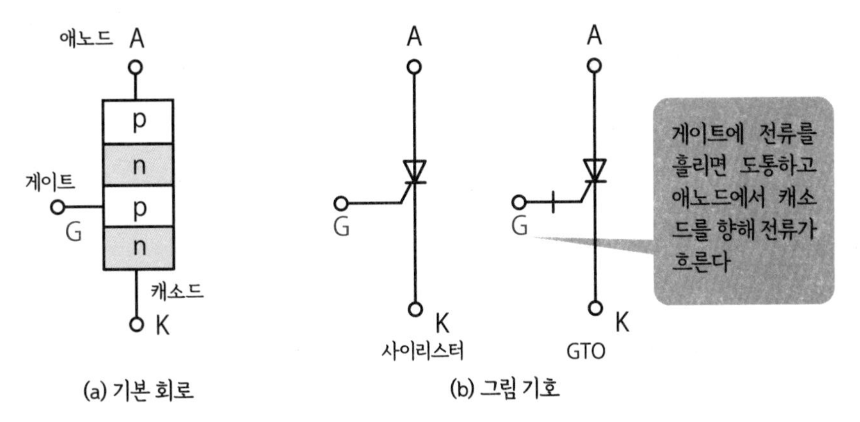

▲사이리스터와 GTO

게이트(gate terminal) : 신호를 입력하기 위한 단자.
MOSFET(Metal-Oxide-Semiconductor Field-Effect Transistor) : 전계효과 트랜지스터의 일종. FET에는 MOS 이외에 접합형(JFET), 금속 반도체형(MESFET) 등이 있지만 파워 디바이스에는 사용하지 않는다.

4-4

바이폴라 트랜지스터

3층 구조와 베이스가 비결

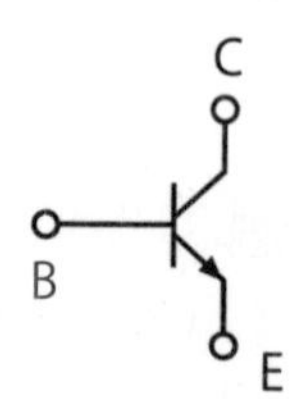

파워 일렉트로닉스에서 트랜지스터는 바이폴라 트랜지스터를 가리킨다. 이것은 파워 트랜지스터라고도 불린다. 일반적으로 트랜지스터는 n-p-n 또는 p-n-p의 3층 구조로 돼 있으며, 제어 단자로서 베이스가 있고 베이스에 전류를 흘려서 제어한다. 파워 일렉트로닉스에서는 대부분, 아래 그림에 나타낸 n-p-n 트랜지스터를 사용한다.

트랜지스터

- 트랜지스터는 전류를 제어 신호로 해서 온/오프하는 전류 제어 디바이스이다.
- 온/오프의 제어 신호에 의해 고전압, 대전류의 스위치로 사용할 수 있다.
- 트랜지스터의 제어 단자는 베이스라고 불린다. 즉, 베이스에 전류를 흘리면 도통하고 컬렉터에서 이미터를 향해 전류가 흐른다.

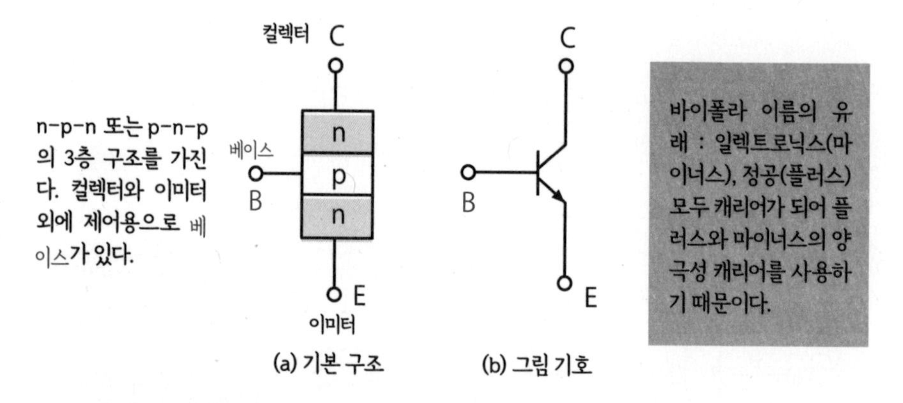

▲바이폴라 트랜지스터

정공(hole) : 일렉트로닉스가 비어 있는 부위. 캐리어(career) : 담체. 일렉트로닉스를 싣고 있는 것.
포화영역(saturation area) : 베이스 전류가 충분히 크므로 컬렉터=이미터 간 전압이 낮고, 거의 일정해지는 영역.

바이폴라 트랜지스터의 특성

- 바이폴라 트랜지스터의 특성은 컬렉터-이미터 간의 전압과 컬렉터를 흐르는 전류의 관계로 이해할 수 있다.

  온 상태 : 온 전압이 조금 있지만 전류가 흐른다.

  오프 상태 : 약간의 누설전류가 있지만, 전류는 흐르지 않고 컬렉터-이미터 간에 전압이 가해져 있다.

- 또한 온과 오프의 중간 영역에서는 베이스를 흐르는 전류의 크기에 따라 특성이 다르다. 이것은 **리니어 영역**이라고 하며, 베이스를 흐르는 전류의 변화가 그대로 대전류로 증폭하게 된다.

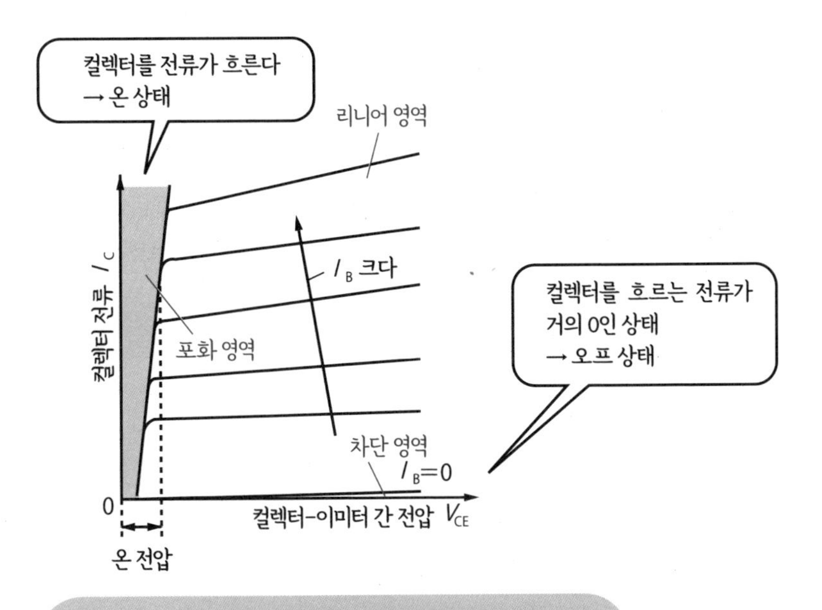

▲포화 영역, 차단 영역, 리니어 영역

차단 영역(cut-off area) : 베이스 전류가 제로여도 컬렉터를 흐르는 전류가 거의 없는 영역
베이스(base) : 트랜지스터가 발명됐을 때 베이스가 되는 반도체에 두 개의 선을 세운 점접촉 트랜지스터였기 때문에 붙은 이름이다.

파워 MOSFET

전압으로 회로를 제어한다

MOSFET는 전압으로 제어하는 파워 디바이스이다.
MOSFET는 트랜지스터의 일종인데, 어떤 이유에서인지 이것이 정식 명칭이 됐다.

- MOSFET는 전압에 의해 온/오프하는 전압 제어 디바이스이다. 특히 MOSFET 중 대전력의 것을 **파워 MOSFET**라고 부르기도 한다.
- MOSFET의 게이트에 전압을 가하면, 그 전계에 의해 게이트와 마주한 면에 역극성의 전하가 나타나고, 그 부분이 일렉트로닉스의 통로가 된다. 이 통로를 **채널**이라고 한다.
- 파워 MOSFET는 전압으로 온/오프하기 때문에 전류로 온/오프하는 바이폴라 트랜지스터보다 동작은 빠르지만 바이폴라 트랜지스터보다 소스-드레인 간의 전압(온 전압)이 높아진다.

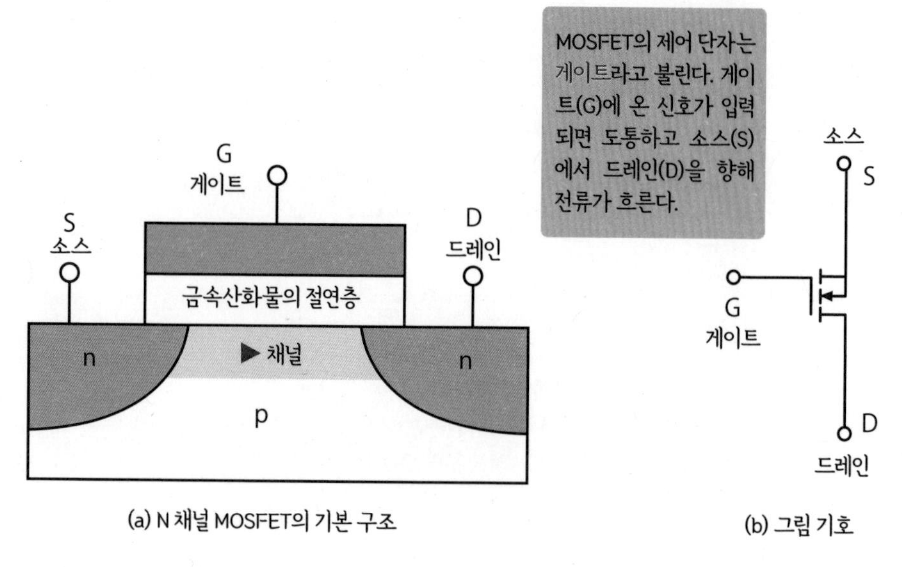

▲MOSFET

컬렉터(collector) : 점접촉 트랜지스터에서 일렉트로닉스를 모으는 부분이었던 것에서 붙은 이름이다.
리니어 영역(linear area) : 베이스를 흐르는 전류의 크기와 컬렉터에 흐르는 전류가 비례하므로 전류를 증폭할 수 있는 영역. 활성 영역(active area)이라고도 한다.

반도체란

사실 반도체의 정의 자체는 상당히 모호하다고 할 수 있다.

왜냐하면 '도체와 절연체 중간의 저항률을 가진 것'으로 정의하기 때문이다. 일반적으로는 저항률이 10^{-2}~10^{-4}Ω · cm인 것을 반도체라 부른다. 반도체의 소재로 대표적인 실리콘이나 게르마늄은 이러한 저항률을 가진 물질이다.

특히 반도체의 성질에서 중요한 것은 반도체의 저항은 온도가 상승하면 저하하는 것이다. 일반 금속의 저항률은 온도와 함께 상승하기 때문에 반도체는 반대의 성질을 나타내는 것이다.

	다이오드	GTO	바이폴라 트랜지스터	MOSFET	IGBT
회로도	A, K	A, G, K	C, B, E	S, G, D	C, G, E
단자	A(애노드) K(캐소드)	A(애노드) G(게이트) K(캐소드)	C(컬렉터) B(베이스) E(이미터)	S(소스) G(게이트) D(드레인)	C(컬렉터) G(게이트) E(이미터)
온/오프	전압의 극성으로 온/오프가 결정된다.	게이트 전류로 온/오프하는 제어.	베이스 전류로 온/오프를 제어.	게이트 전압으로 온/오프를 제어.	게이트 전압으로 온/오프를 제어.
특징	• 전류가 일방통행 • 외부에서 제어할 수 없다	• 대용량 회로에서 사용	• 20세기의 핵심 파워 디바이스	• 전압 구동 • 소비전력 적다 • 스위칭 시간 짧다	• 바이폴라 트랜지스터와 MOSFET의 장점이 복합된 디바이스

▲파워 디바이스의 종류

이미터(emitter) : 점접촉 트랜지스터로 일렉트로닉스를 방출하는 부분을 가리킨다.
채널(channel) : FET의 드레인소스 간의 전류가 흐르는 영역. n형 채널과 p형 채널의 두 종류가 있다.

IGBT

가장 많이 사용되는 파워 디바이스의 구조

IGBT

IGBT도 전압 제어 디바이스이다. MOSFET에 다시 한 층이 추가된 구조이다.

- IGBT도 전압에 의해 온/오프하는 전압 제어 디바이스이다. n채널 MOSFET의 드레인에 n층이 추가된 구조이다.
- IGBT는 MOSFET와 바이폴라 트랜지스터의 장점을 섞어 만든 디바이스로, 바이폴라 트랜지스터보다 동작이 빠르고 온 전압은 바이폴라 트랜지스터 수준으로 저전압이다.

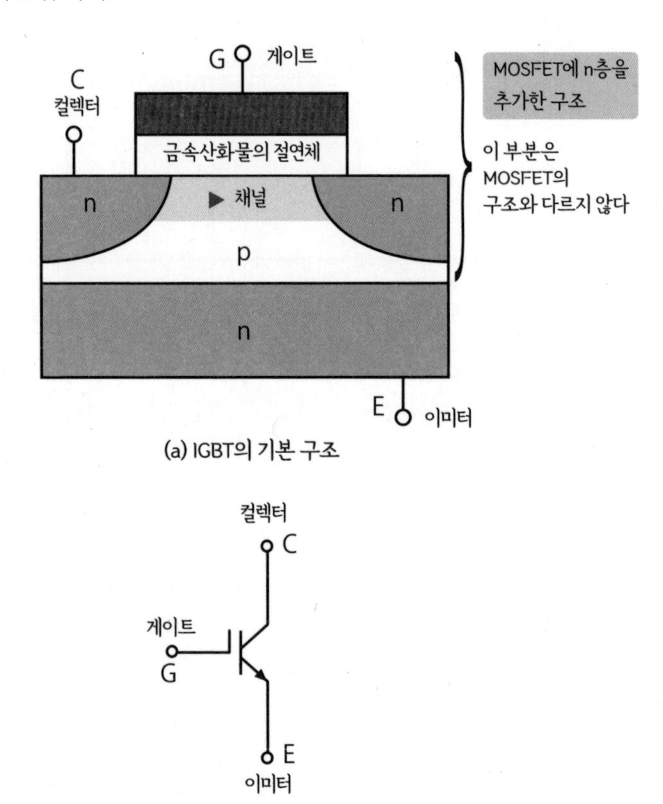

(a) IGBT의 기본 구조

(b) 그림 기호

▲IGBT

드레인(drain) : 영어로 '배수구'를 가리킨다. 반도체 개발로 유명한 Schokley가 사용하기 시작했다고 한다.
소스(source) : 영어로 수원을 가리킨다. 드레인과 대응한다. 수원과 배수구 사이에 게이트(수문)가 있다는 것을 표현한다.

IGBT의 동작과 원리적인 등가회로

- IGBT는 p-n-p형 바이폴라 트랜지스터의 베이스 단자에 MOSFET가 접속해 있는 회로라고 보면 된다. 이것을 **등가회로**라고 한다.
- 따라서 IGBT의 게이트-이미터 간에 전압을 가하면, MOSFET의 게이트에 전압을 가한 것과 같은 상태가 되어 MOSFET가 도통한다.
- 그러면 IGBT의 p-n-p 트랜지스터의 베이스에서 MOSFET의 소스 S에 전류가 흘러 p-n-p 트랜지스터가 도통한다.
- 이에 의해 컬렉터에서 이미터로 전류가 흐른다.

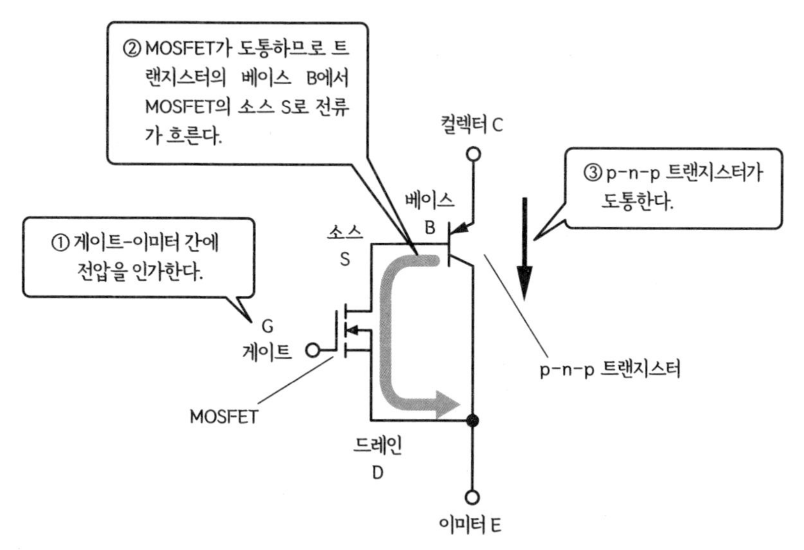

IGBT는 바이폴라 트랜지스터와 MOSFET의 중간 특성을 갖고 있다. 다시 말해 바이폴라 트랜지스터의 온 전압보다 다소 높고 MOSFET보다 스위칭 시간이 다소 늦다.
이런 특성이 용도에 잘 맞기 때문에 현재는 많은 파워 일렉트로닉스 회로의 스위칭 디바이스에 IGBT가 널리 사용된다.

▲IGBT의 등가회로

IGBT(Insulated Gate Bipolar Transistor) : 절연 게이트형 바이폴라 트랜지스터의 약칭.
등가회로(equivalent circuit) : 어떤 특성, 동작에 주목하여 다른 전기회로로 대체할 수 있는 경우의 회로를 등가라고 하며, 이 회로를 등가회로라고 한다.

4-7 파워 디바이스의 용도별 사용

전압, 전류, 동작 속도가 각각 다르다

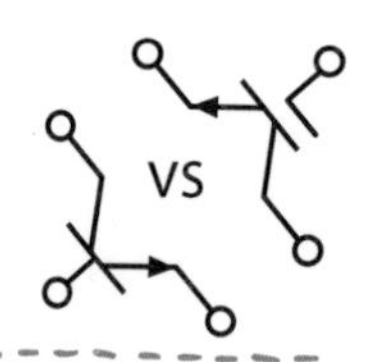

각종 파워 디바이스의 출력, 동작 속도와의 관계

각종 파워 디바이스는 각각 출력(전압×전류), 동작 속도(스위칭 주파수)의 특성을 살려서 용도별로 구분해서 사용하고 있다.

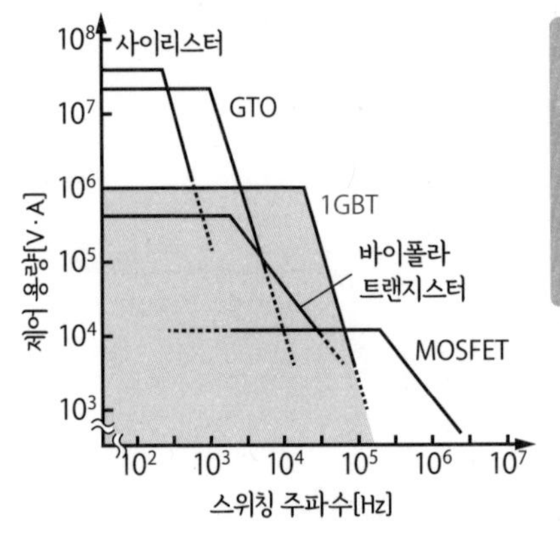

IGBT 이외에는,
- 고주파 스위칭에서는 MOSFET
- 대용량에서는 GTO, 사이리스터

(바이폴라 트랜지스터가 사용되는 경우가 적어졌다)

▲각종 파워 디바이스의 용도별 사용(음영 부분은 IGBT가 사용되는 범위를 나타낸다)

실제의 응용 예

실제의 응용 예를 아래에 나타낸다.

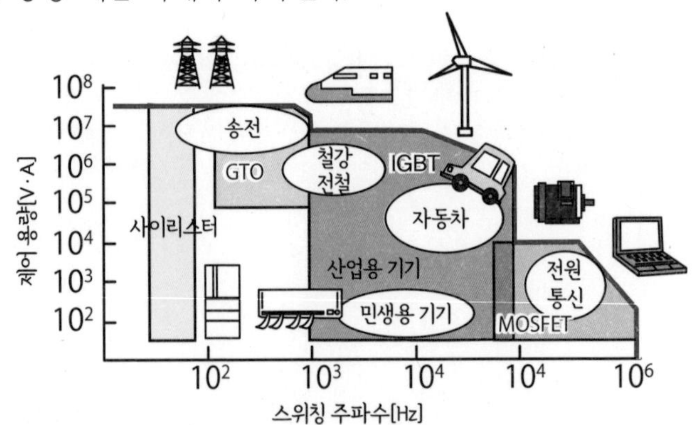

▲부하 용량과 동작 주파수에 의한 파워 반도체의 응용 예

p–n 접합(p–n junction) : p형 반도체와 n형 반도체의 접촉면. 접합하면 정공과 일렉트로닉스가 경계 부근에서 결합하여 소멸되므로 경계 부근은 공핍층이라고 하며 절연물과 같은 상태이다.

파워 모듈

- 반도체 칩으로 이루어진 파워 디바이스는 케이스에 넣어 사용한다.
- 절연된 케이스에 반도체 칩을 넣은 것을 파워 모듈이라고 한다.
- 파워 모듈은 여러 개의 반도체 칩을 하나의 케이스에 넣은 것이 많다.

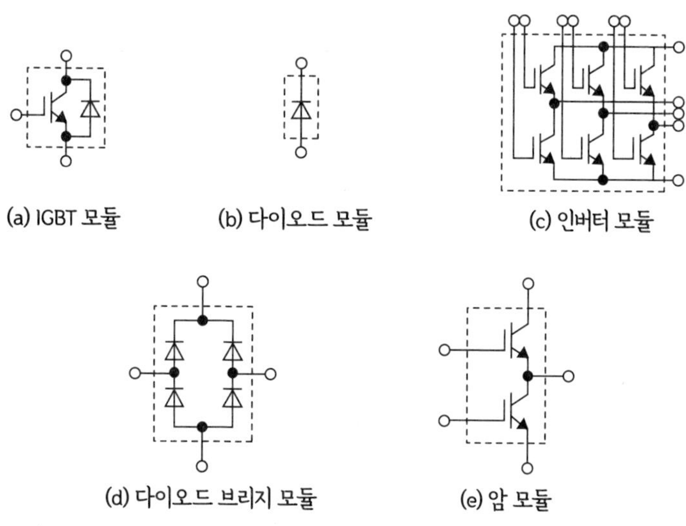

▲각종 파워 모듈

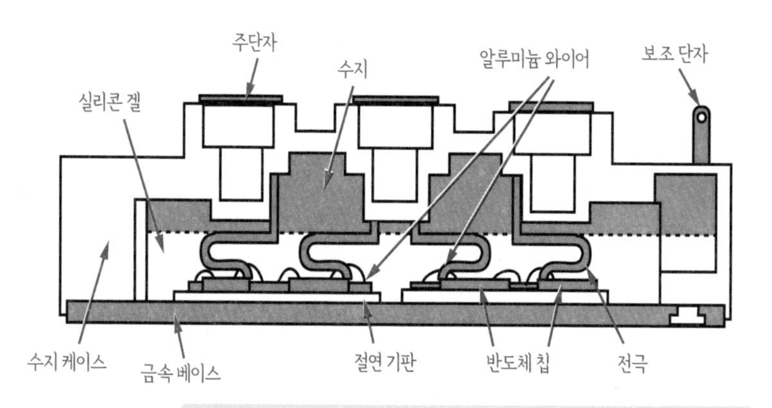

반도체 칩은 절연 기판을 거쳐 금속 베이스에 설치된다. 반도체 배선은 모듈 상부의 단자에서 한다. 모듈 내부에는 수지가 봉입되어 있다(절연, 방열 목적).

▲파워 모듈의 구조

파워 모듈(power module) : 본문 참조.
반도체 칩(semiconductor chip) : 반도체는 웨이퍼라는 큰 기판상으로 제조한다. 웨이퍼를 작게 잘라 나눈 것을 칩이라고 한다.

파워 디바이스의 냉각

냉각시키지 않으면 사용할 수 없다

파워 디바이스의 온/오프 스위칭을 하면 손실(열)이 발생하는데, 반도체는 열로 p-n 접합 기능을 잃는다. 따라서 p-n 접합 기능을 유지 가능한 상한 온도를 넘지 않도록 하기 위해 반드시 냉각해야 한다.

상한 온도

- 반도체의 사용 가능한 상한 온도는 반도체의 재질에 따라 정해지며, 실리콘 반도체의 경우는 175℃이다.
- 실제로 사용 가능한 상한 온도는 수명 등을 고려하며 디바이스별로 설정되어 있으며, 일반적인 온도는 125~150℃이다.

발열 원인

- 발열은 파워 디바이스가 이상적인 스위치가 아니기 때문에 발생한다.
- 온 기간 중의 손실전력은 아래의 식으로 구할 수 있다.
- 또한 스위칭에는 동작 시간이 있기 때문에 그 사이의 (전압)×(전류)=(스위칭 손실)의 값도 손실전력이 된다.

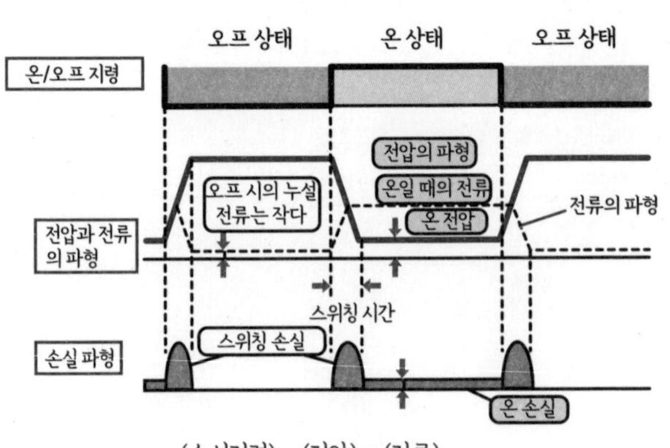

어느 정도 열이 발생할까?

- 1kW의 전력을 출력하는 파워 일렉트로닉스 기기가 있다고 하자. 이 기기의 효율이 90%라고 했을 때 발생하는 손실전력은 100W이다. 즉 항상 100W의 열이 발생한다는 말이다. 그리고 100W의 전력이 5분간 출력됐다고 가정하면 아래와 같은 열에너지가 발생한다.

$$100 \times 60 \times 5 = 30000[Ws] = 30[kJ]$$

이 열에너지로 20℃의 물 100g을 가열했다고 하면 다음의 관계에서 온도를 구할 수 있다.

$$\text{가열 열량} = \Delta T(\text{온도차}) \times \text{물의 비열}(\approx 4.2J/(g \cdot k)) \times \text{물의 양}[g]$$

- 이 식을 사용해서 계산하면 ΔT(온도차)는 71.4℃가 되고 5분간에 물은 비점에 가까운 90℃ 이상으로 가열된다.
- 이처럼 파워 디바이스는 냉각해서 외부로 열을 이동시키지 않으면 점점 온도가 올라가 버린다.

파워 디바이스의 냉각법

- 전열(열의 이동)에 의해 발생한 열을 제거하는 것을 **냉각(발열)**이라고 한다.
- 파워 디바이스의 냉각에는 열전도와 열전달을 사용한다.
- 파워 디바이스를 냉각하기 위해 **히트싱크(방열기)**를 사용한다.
- **열전도**(파워 디바이스에서 히트싱크로 이동)는 고체를 통해서 열을 이동시킨다.
- **열전달**(히트싱크에서 외부로 방열)은 다른 물질(물, 공기)로 열을 이동시킨다.
  [예] 냉각 : 자연대류(연돌효과), 강제대류(팬)
  수랭 : 펌프, 라디에이터(물의 재냉각장치)
  기타 : 유냉, 비등냉각 등

히트싱크(heat sink) : 방열, 냉각을 위한 방열판. 그리고 표면적을 늘리기 위해 돌기를 둔 것을 방열 핀이라고 한다.
반도체(semiconductor) : p.103 참조.

Tick - Tock.

제 5 장

파워 일렉트로닉스의 주역 '인버터'

5-1

다이오드와 콘덴서

인버터의 회로를 알자

3-7항(p.86)에서는 풀 브리지 인버터의 원리를 설명하였다.
각 스위치(S_1~S_4)에 흐르는 전류와 전원전류 i_d의 파형을 다시 나타낸 다음
이 동작을 실제 회로에서 실현하려고 하면 다음과 같은 문제가 있다.

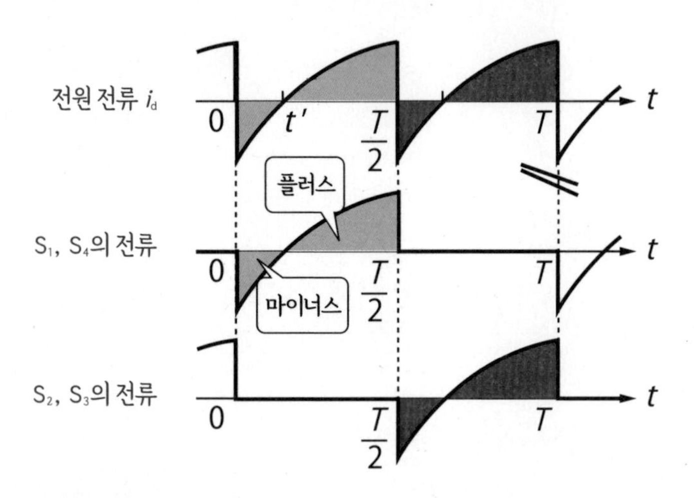

▲이상적인 파형

실제 인버터에 필요한 것

- 풀 브리지 인버터를 실제 회로에서 실현하려면 전류를 쌍방향으로 흘릴 수 있는 스위치가 필요하다.
- 그 이유는 스위치에 흐르는 전류는 스위칭의 반주기$\left(0\sim\frac{T}{2}\right)$ 기간 내에서 극성이 반전하기 때문이다(즉, 플러스와 마이너스 전류가 흐른다).
- 또한 순시에 전류의 방향을 전환할 수 있는 직류 전원이 필요하다.
- 그 이유는 스위칭의 반주기$\left(\frac{T}{2}\right)$마다 전원을 흘리는 전류 i_d가 전원으로 역류하기 때문이다.

직류 전원(DC power supply) : 직류를 공급하는 전원. 전지와 배터리도 직류 전원에 포함된다.
전압 인가(applied voltage) : 전압을 공급하는 것.

쌍방향 스위치를 반도체로 실현하려면?

- 풀 브리지 인버터 회로에서 스위치 전류가 마이너스 방향(오른쪽 그림에서는 아래에서 위)으로 흐르는 것은 인덕턴스에 축적된 에너지에 의한 기전력이 생기기 때문이다.
- 그래서 역방향의 전류가 흐르도록 하려면 다이오드를 사용한다. 다이오드는 인가하는 전압의 극성에 따라 온/오프한다.

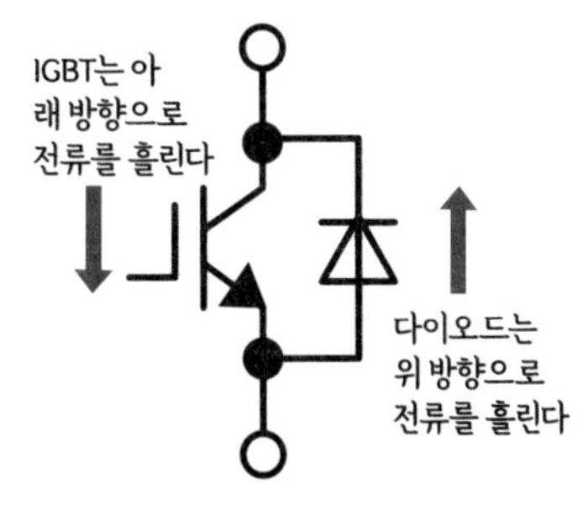

▲다이오드를 이용한다

- 이처럼 다이오드를 역병렬(IGBT의 전류와 역방향으로 흐르는 방향)로 접속하는 것만으로 스위치의 온/오프에 관계없이 역방향의 전류를 흘릴 수 있다.

전원 전류를 빠른 시간 안에 전환시키려면?

- 일반적인 직류 전원은 전력을 공급하는 기능은 있지만 전력을 흡수하는 기능은 없다.
- 따라서 인버터 회로에 직류를 공급하기 위해서는 직류 전원을 순간적으로 전류의 방출과 흡수로 전환시킬 수 있어야 한다.
- 콘덴서는 플러스-마이너스 간의 전압에 따라서 충방전이 순시(瞬時)에 전환된다.
- 즉, 전원으로 돌아가는 전류는 콘덴서가 흡수한다. 직류 전원과 콘덴서를 조합하면 전류가 전환됨에 따라 방출, 흡수할 수 있게 된다.

▲콘덴서와 인버터

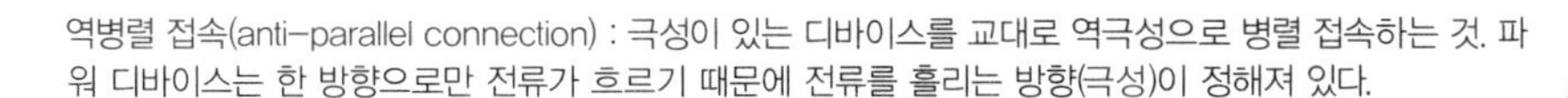

역병렬 접속(anti-parallel connection) : 극성이 있는 디바이스를 교대로 역극성으로 병렬 접속하는 것. 파워 디바이스는 한 방향으로만 전류가 흐르기 때문에 전류를 흘리는 방향(극성)이 정해져 있다.

실제 인버터 회로

- 전원으로 돌아가는 전류를 바이패스하기 위해 전원과 인버터 회로 사이에 콘덴서를 병렬 접속한다.
- 그리고 인덕턴스의 에너지에 의해 발생하는 전류를 보내기 위해 한 방향으로만 전류가 흐르는 반도체 스위치(IGBT 등)에 역병렬로 다이오드를 접속한다. 이것을 피드백 다이오드라고 한다.

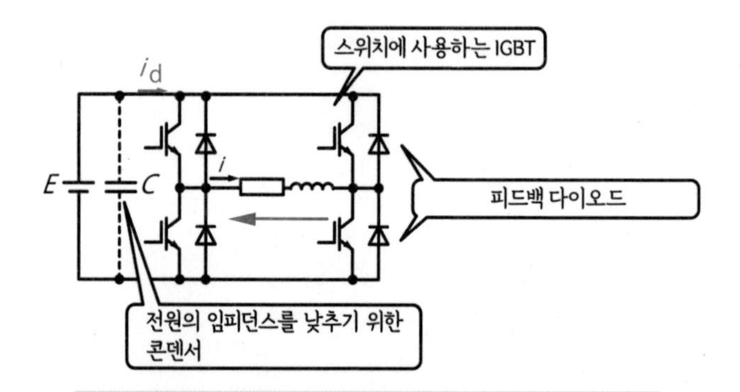

콘덴서의 임피던스는 $Z=\dfrac{1}{j\omega C}$ 로 나타낸다.
즉, 주파수가 높을수록 콘덴서의 임피던스는 작다. 다시 말해, 콘덴서는 고주파 성분을 잘 통과시키고 저주파 성분은 차단하는 성질을 갖고 있다. 바꾸어 말하면 콘덴서는 고주파 성분에 대한 임피던스가 작다.
한편 전류 파형이 급격히 변화한다는 것은 전류 파형에 고주파 성분이 많이 포함되어 있다는 얘기이다. 때문에 전원의 고주파 임피던스가 작아야 한다.
이에 대한 대책으로 고주파 임피던스가 작은 콘덴서를 전원에 병렬로 접속하면 전원의 고주파 임피던스를 낮출 수 있다.

▲인버터 회로

피드백 다이오드(feedback diode) : 인버터 부하의 기전력에 의한 전류를 전원으로 돌려보내기(피드백) 위해 사용된다. 기능이 비슷한 것으로 초퍼의 환류 다이오드(프리 휠 다이오드)가 있다. 초퍼의 경우는 오프일 때 전류의 통로를 만들기 위한 다이오드이다.

단상 3 선식 교류

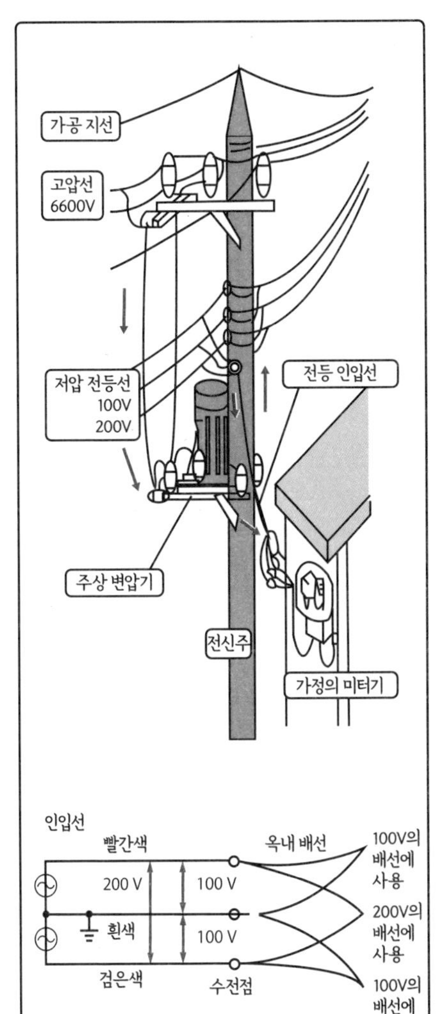

▲단상 3선식 교류

일본의 일반 가정에서는 교류 100V를 많이 사용하기 때문에 가전제품도 100V에서 사용할 수 있도록 설계되어 있다. 한편 IH 쿠킹히터와 에어컨 등은 200V를 사용하지만 IH 쿠킹히터와 에어컨 등은 이 경우 200V에서 사용하는 경우도 있는데 간단한 공사 후에 바로 사용할 수 있다.

사실 어느 가정에나 200V의 교류가 공급되고 있다.

원래 일반 전신주는 고압선(6600V)으로 전기가 공급되고 있다. 그곳에서 각 가정으로 들어가는 인입선에는 세 개의 전선이 사용된다. 이러한 교류 방식을 단상 3선식 교류라고 한다. 세 개의 전선은 일반적으로는 빨간색, 흰색, 검은색의 전선이 사용된다.

중앙의 흰색 선은 접지상이라고 불리며 어스에 접속된다.

이 흰색과 빨간색 선, 검은색 선을 조합하면 100V의 배선이 가능하다. 또한 양 끝의 빨간색 선과 검은색 선 두 개를 사용하면 간단하게 200V의 배선이 가능하다.

빨간색·흰색의 조합과 검은색·흰색의 조합 두 쌍의 100V로 가정 내에서 사용량이 균형을 이루도록 배선되어 있기 때문이다.

이와 같은 단상 3선식 교류는 각 가정의 옥내에 있는 브레이커 박스까지 배선되어 있다.

5-2

3상 인버터

스타인가 델타인가

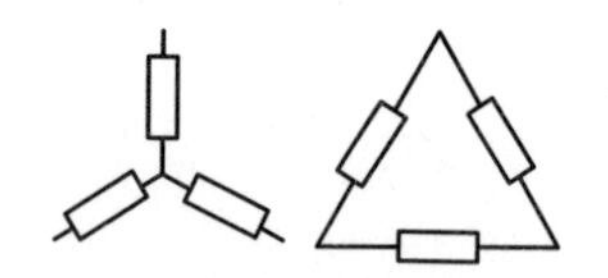

3상 부하란 두 개의 선으로 전력이 공급되는 단상 부하가 스타형 또는 델타형으로 세 개 접속된 것으로, 세 개의 전원선으로 전력이 공급된다. 세 개의 전원선에는 3상 교류가 흐른다. 교류 모터의 대부분은 3상 모터이다.

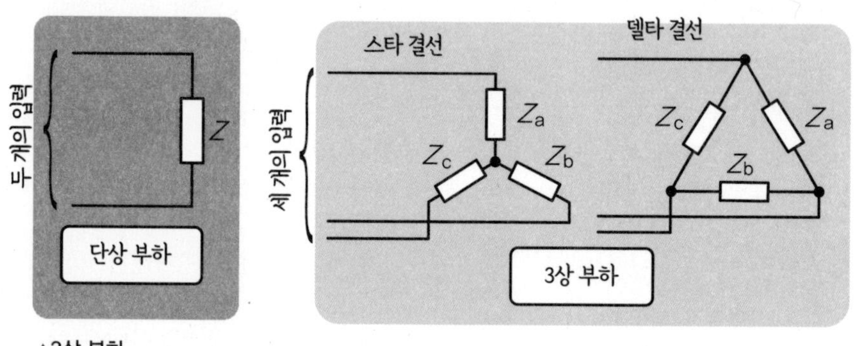

▲3상 부하

- 전기회로에서는 전원과 부하라는 단어를 사용한다. **전원**은 전력을 공급하는 회로, **부하**는 전력을 소비하는 회로를 가리킨다.
- 회로도는 왼쪽에 전원을 나타내고 부하를 오른쪽에 나타내는 것이 관례이다. 지금까지 저항과 RL 회로에 대해 설명했는데, 이것들도 부하 중 하나이다. 부하는 이 모든 것을 포함하여 나타내는 용어이다.

단상 교류와 3상 교류

- **3상 교류**란 정현파의 위상(전압 또는 전류)이 120° 다른 3계통의 단상 교류를 조합한 교류이다.
- 보통은 세 개의 전원선으로 구성된다.
- **3상 교류 전원**은 세 개의 단상 교류 전원이 **스타형** 또는 **델타형**으로 접속되어 세 개의 전원선으로 3상 부하에 전력을 공급하는 것이다.
- 이때, 세 개의 전원선에는 3상 교류가 흐른다.
- 교류 모터의 대부분은 3상 모터이므로 3상 인버터로 돌려야 한다.

단상 교류(single-phase AC) : 두 개의 전선을 이용해서 교류 전류를 전송하는 방법.
3상 교류(three-phase AC) : 위상을 교대로 어긋나게 한 3계통의 단상 교류를 조합한 교류. 단상 교류에 대해 다상 교류라고도 한다. 6상 교류 등도 있다.

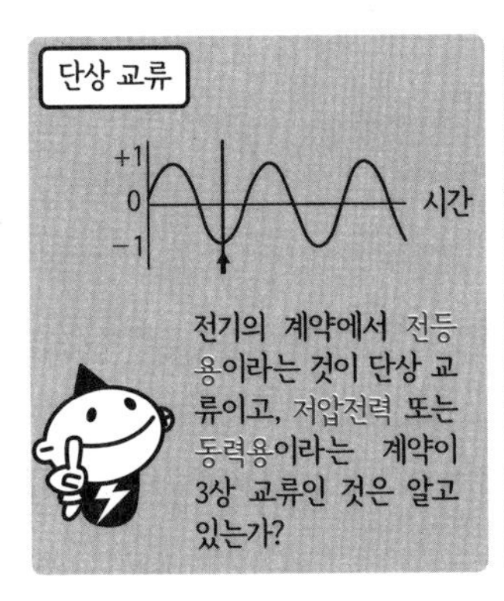

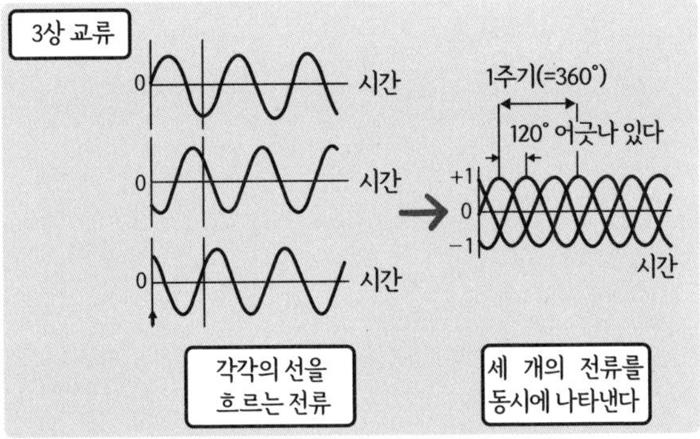

▲단상 교류와 3상 교류

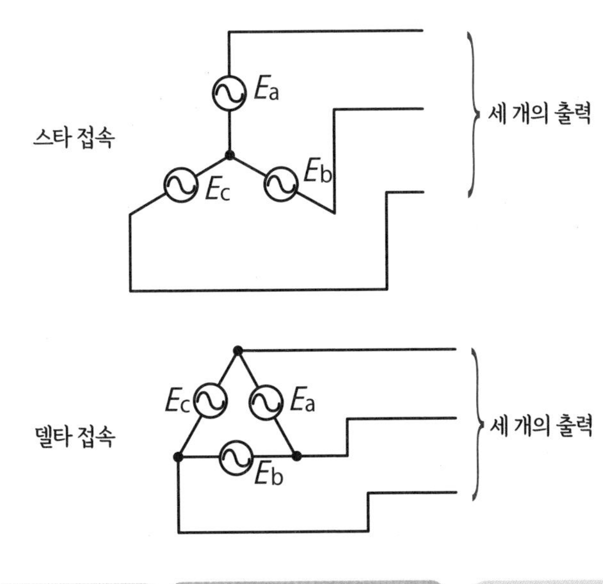

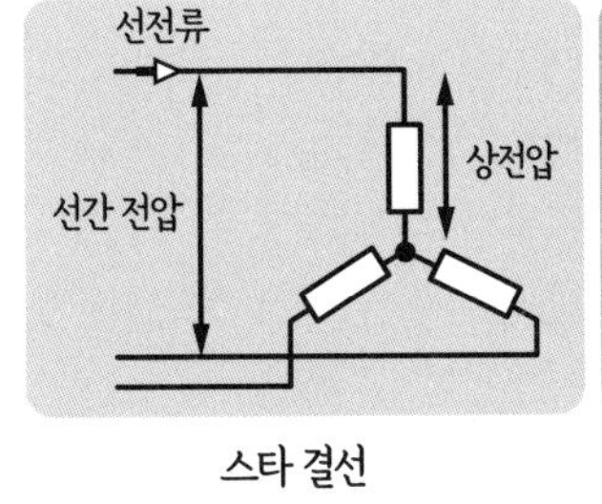

스타 결선

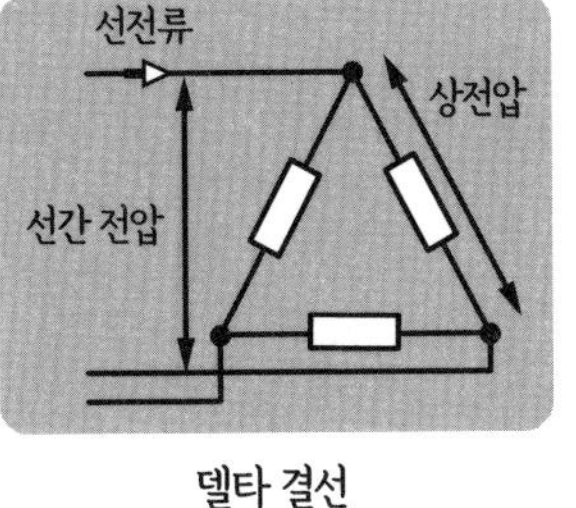

델타 결선

3상 교류에는 스타 결선과 델타 결선이 있다. 이때 각부의 전압, 전류는 그림과 같이 불린다. 이렇게 부르는 것은 전원, 부하도 마찬가지이다.
우리가 3상 교류의 세 개 선으로 측정할 수 있는 것은 선간 전압과 선전류이다.

▲스타 접속과 델타 접속

스타 결선(star connection) : 본문 참조. 별형 결선, Y결선이라고도 한다.
델타 결선(delta connection) : 본문 참조. 삼각 결선, △결선이라고도 한다.
선간 전압(line to line voltage) : 본문 참조

3상 교류를 만들기 위해서는

- 3상 교류를 출력하려면 위상이 120° 다른 교류를 출력하는 단상 인버터 세 쌍 사용하면 실현할 수 있다.
- 그런데 3상 교류의 성질을 제대로 사용한다면 좀 더 심플하게 할 수 있다.

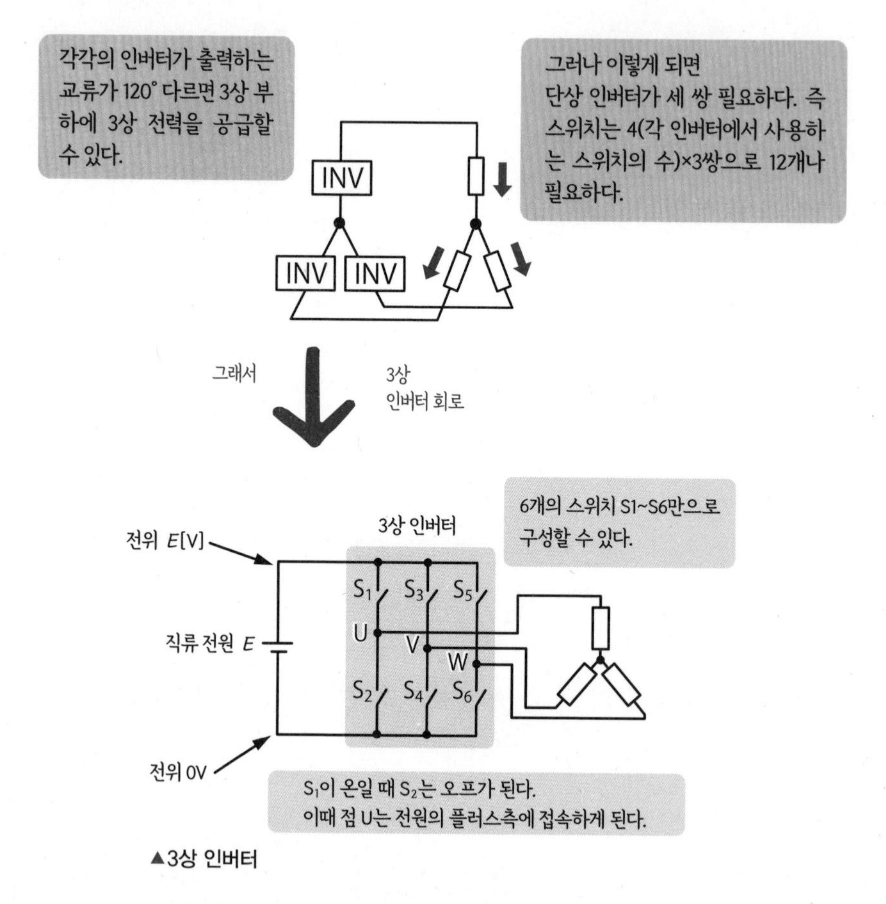

▲3상 인버터

- 3상 부하에 전력을 공급하려면 위의 그림에 나타내는 3상 인버터 회로를 이용한다.
- 3상 인버터 회로가 6개 있는 스위치의 동작은 단상 인버터와 마찬가지로 S_1이 온일 때에는 그 아래의 S_2는 오프가 된다.
- 이때, 위의 그림에 있는 점 U의 전위(기준[어스, 0V] 사이의 전압)는 E이다.
- 또한 S_3과 S_4, S_5와 S_6의 쌍도 마찬가지로 움직인다.

3상 인버터의 동작 원리

3상 인버터 회로는 다음의 그림과 같은 순서대로 직류 전력을 3상 교류 전력으로 변환한다.

전위 E[V]
3상 인버터
S_1 S_3 S_5
U V W
직류 전원 E
S_2 S_4 S_6
전위 0V

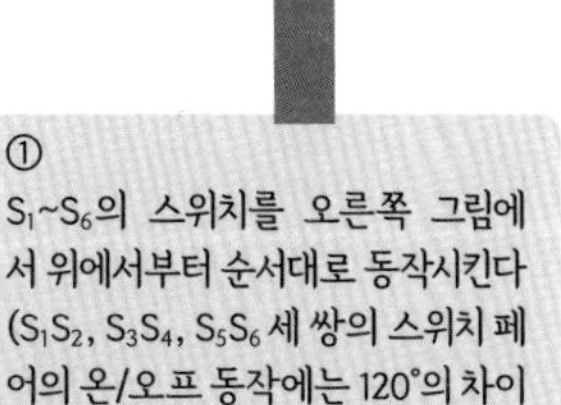

①
S_1~S_6의 스위치를 오른쪽 그림에서 위에서부터 순서대로 동작시킨다(S_1S_2, S_3S_4, S_5S_6 세 쌍의 스위치 페어의 온/오프 동작에는 120°의 차이가 있다).

① 스위치 동작

S_1 온 오프
S_2
S_3
S_4
S_5
S_6

120°의 위상차로 스위치를 온/오프한다.

②
스위칭에 의해 점 U, V, W의 전위는 스위치 동작에 따라서 0과 E로 변화한다.
점 U, V, W 간의 전위차가 3상 교류 출력의 선간 전압이 된다.
예를들면, U-V 간의 선간 전압은 점 U의 전위에서 점 V의 전위를 뺀 것이 된다.

② 전위

점 U의 전위 E 0
점 V의 전위
점 W의 전위

각각의 전위(상전압)는 180° 사이에서 도통하고 있으며 0과 E로 변화한다.

③
이 선간 전압은 오른쪽 그림에 나타내듯이 +E, 0, -E로 변화한다. 이처럼 스위치를 동작시키면 선간 전압은 플러스에서 마이너스로 변화하므로 교류가 된다.

③ 선간 전압

U-V 간 +E 0 -E
V-W 간
W-V 간

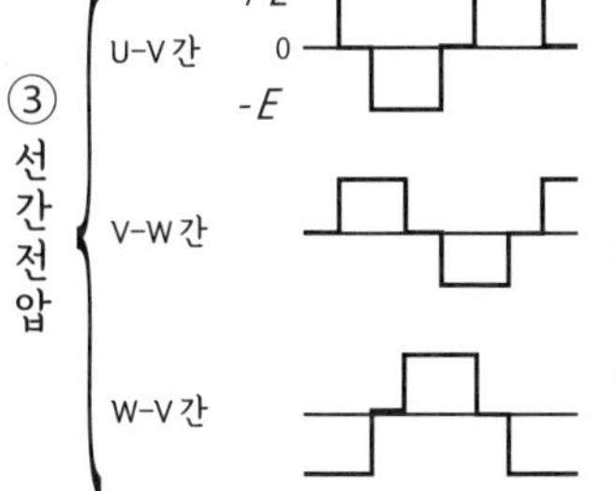

각각의 선간 전압은 120° 사이에서 도통하고 있으며 출력은 E, 0, -E로 변화한다.

▲3상 인버터의 동작 원리

상전압(phase voltage) : 본문 참조.

실제의 IGBT를 이용한 3상 인버터 회로

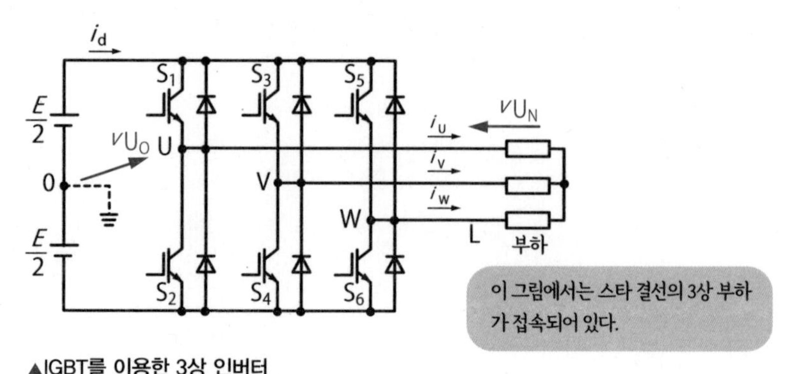

▲IGBT를 이용한 3상 인버터

- 위 그림에서는 단상 인버터일 때와 마찬가지로 스위치의 IGBT에 역병렬로 다이오드가 접속되어 있다.
- 보통 3상 인버터의 경우, 직류 전원 E를 중성점 0를 갖는 $\pm E/2$의 전원으로 생각한다.
- 그리고 전원의 중성점 0를 기준 전위(기준으로 하지만 접속하지 않는 경우가 많다)로 한다. 즉, 이 전위를 출력의 기준 전위로 한다.

인버터 회로의 명칭

- 인버터 회로에서는 각 스위칭 소자를 인버터의 암이라고 부른다. 또한 위아래 한 쌍의 암을 레그라고 하고, 레그를 여러 개 합한 것을 브리지라고 한다.

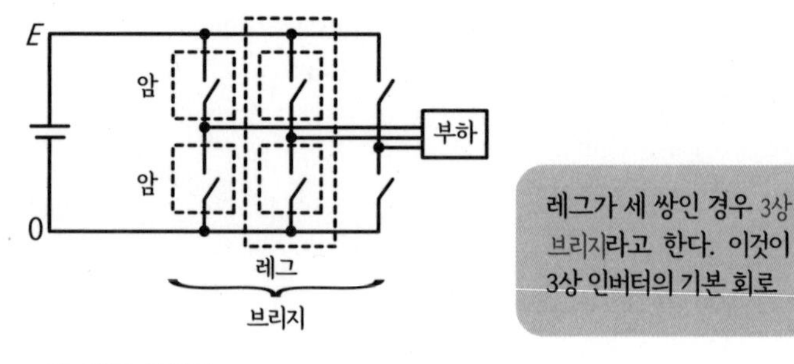

▲암, 레그, 브리지

암(arm) : 인버터의 스위치를 말한다.
레그(leg) : 상하 두 개의 스위치를 합한 명칭.
브리지(bridge) : 플러스·마이너스가 단순한 직렬회로나 병렬회로가 아닐 때의 호칭.

실제 3상 인버터의 전압과 전류

- 오른쪽 그림의 입력 전류 i_d는 각 모드의 기간에서 온 상태인 스위치 중 어느 하나를 흐르는 전류이다.

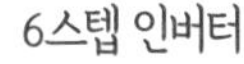

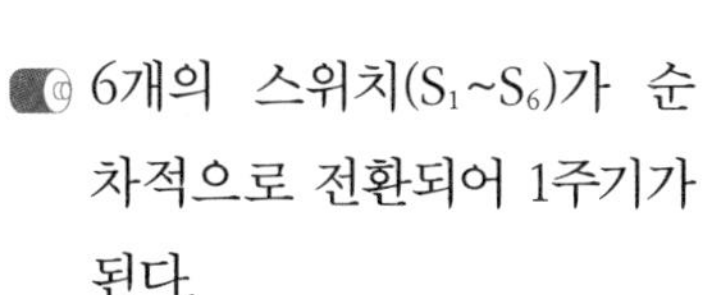

- 6개의 스위치(S_1~S_6)가 순차적으로 전환되어 1주기가 된다.
- 이와 같이 동작하는 인버터를 6스텝 인버터라고 한다.

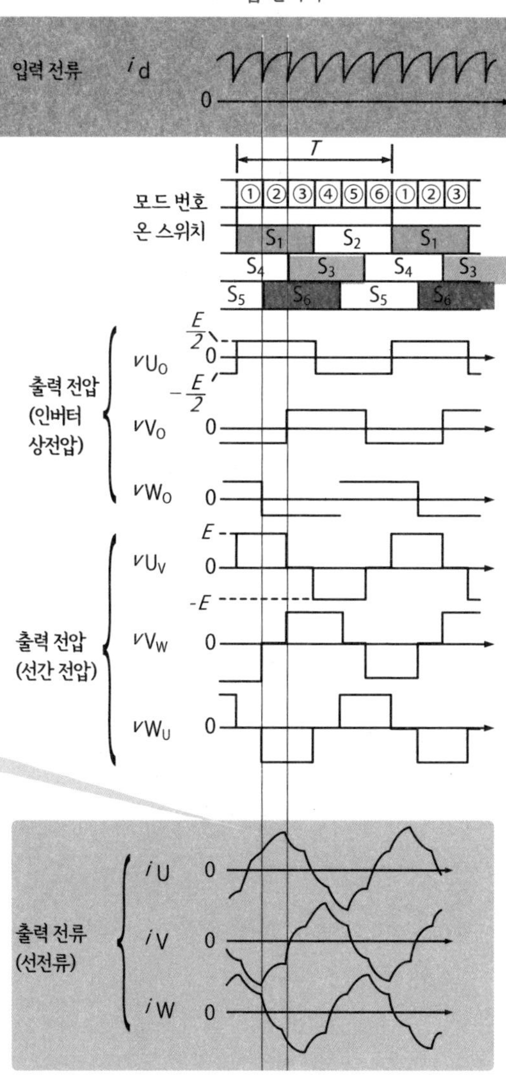

예를 들면, 모드 ②에서는, 위 암에서는 스위치 S_1만 온 상태이며 그 기간에는 $i_d=i_U$가 되어 S_1을 흐르는 전류가 입력 전류가 된다.

6스텝 인버터의 입력 전류 id는 1주기에 6회 동일한 파형을 반복한다. 즉, 인버터 회로에 입력하는 직류 전류 id는 출력하고 있는 교류 주파수의 6배의 주파수로 변동하는 리플을 포함하고 있는 것이 된다.

▲6스텝 인버터

교류의 주파수와 위상

다시 한 번 교류의 기본을 짚고 넘어가자

일본은 동일본과 서일본에서 사용하는 전력 주파수가 다르다.

주파수란 전류의 방향이 바뀌는 횟수이다.

교류의 주파수

- **교류 전류**는 전류가 흐르는 방향이 항상 바뀌는 전류이다(1-7항, p.30 참조).
- 초당 교류 전류의 방향이 바뀌는 횟수를 **주파수**라고 한다.

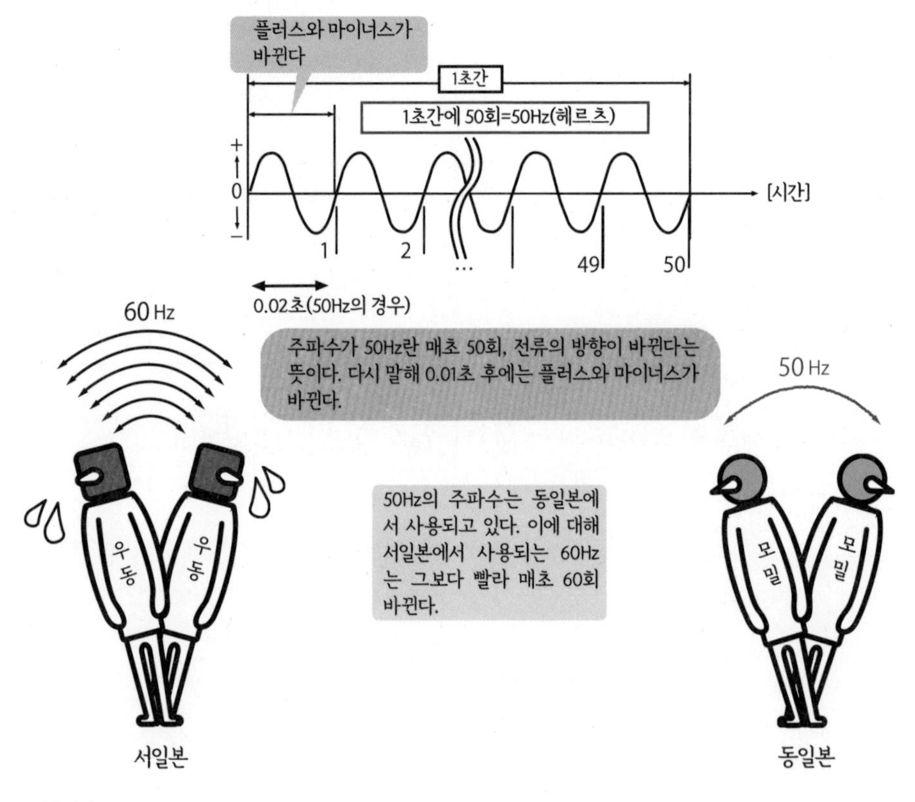

▲주파수

Hz(hertz) : 1Hz란 1초간에 1회의 주파수 또는 진동수를 나타낸다. 독일의 물리학자 하인리히 헤르츠(Heinrich R. Hertz, 1857~1894년)에서 유래한 것이다.

일본은 주파수가 섞여 있다

- 발전기를 사용해서 교류를 발전하면 발전기의 회전수에 따라 교류의 주파수가 결정된다. 따라서 발전기 회전수가 변화하면 교류의 주파수도 변한다.
- 그러나 인버터를 사용하면 원하는 주파수의 교류를 안정적으로 만들어낼 수 있다.

50Hz/60Hz 겸용

일본에서는 메이지 시대(1868년~1912년)에 최초로 수입한 발전기가 도쿄(東京)에서는 50Hz, 오사카(大阪)에서는 60Hz의 것이었다. 이후 전기를 사용할 수 있는 지역이 확대되면서 자연스럽게 처음 사용한 주파수를 사용하게 됐다. 그 결과 동일본과 서일본에서 50Hz와 60Hz로 나뉘게 됐다. 한 국가에서 두 개의 주파수를 사용하는 것은 매우 드문 일이다.

때문에 전기제품에는 50Hz 또는 60Hz 하나만 사용할 수 있는 것과 '50Hz/60Hz'라고 표시되어 양쪽 모두 사용할 수 있는 것이 있다. 그래서 과거에는 이사를 하면 전기제품의 부품을 교환하거나 다시 사야 했다.

그러나 최근에는 대다수의 전기제품을 그대로 사용할 수 있다. 왜냐하면 많은 전기제품에서 파워 일렉트로닉스에 의해 일단 직류로 변환하고 나서 모터를 돌리므로 주파수가 달라도 전혀 문제가 없기 때문이다. 또한 파워 일렉트로닉스에 의해서 전압이 달라도 그대로 사용할 수 있는 제품이 많아졌다. 이전에는 해외에 가면 전압이 달라 변압기가 필요했다. 하지만 지금은 충전기나 AC 어댑터에 파워 일렉트로닉스가 사용되고 있어 입력하는 전압이 달라도 전혀 문제없이 사용할 수 있다.

다만 콘센트의 모양은 나라마다 다르므로 변환 플러그는 가지고 가야 한다.

▲주파수의 혼재

교류의 위상

- **위상**이란 교류 전압과 교류 전류의 정현파 그래프를 '가로축을 각도로 나타냈을 때의 각도'를 말한다. 이렇게 하면 다른 주파수의 교류라도 같은 정현파로서 어느 위치인지를 공통으로 생각할 수 있다.
- 한편 **위상관계(위상차)**란 주파수가 동일한 두 교류의 상호 관계를 나타낸다. 주파수가 다른 교류의 경우 위상관계라는 개념은 없다.

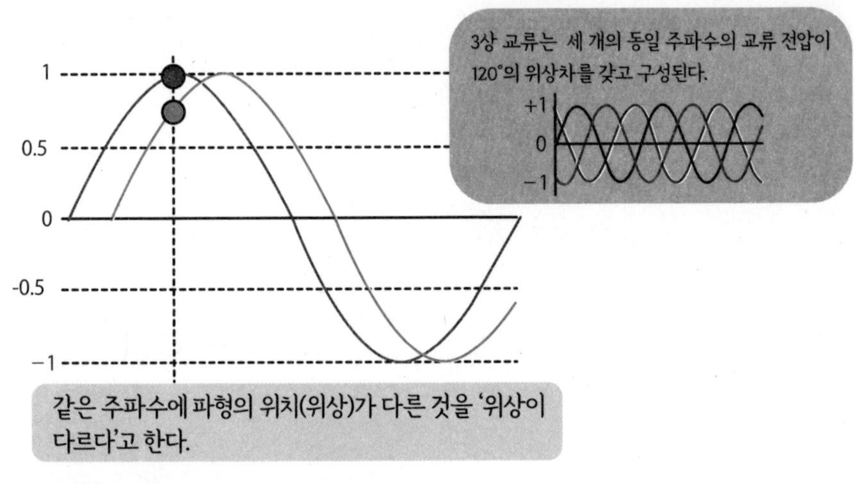

▲교류의 위상

교류 전압과 교류 전류의 위상차

- 전압과 전류의 위상차는 교류의 전력에 관계하므로 교류에서는 위상을 항상 고려할 필요가 있다.

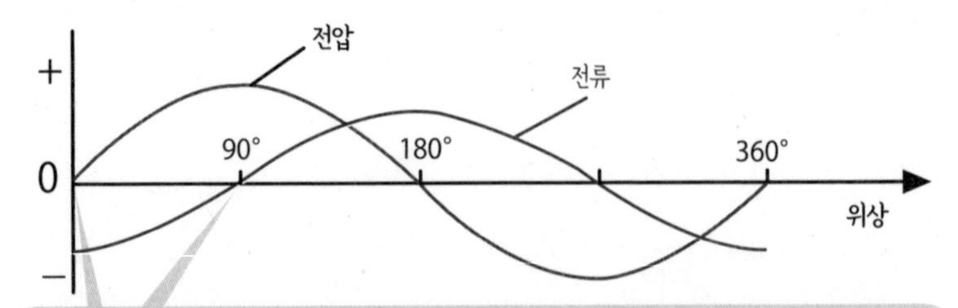

▲교류 전압 · 교류 전류의 위상차

위상(phase) : 1주기 중의 위치를 나타내며 각도(도[°] 또는 라디안[rad])으로 나타낸다.
위상차(phase difference) : 본문 참조. 위상 지연(phase lag), 위상 앞섬(phase lead) 등도 사용된다.

위상을 이해하려면

위상이라는 단어는 왠지 어렵게 들린다. 그래서 조금 설명을 보충하고자 한다.

두 대의 자동차가 같은 속도로 달리고 있다고 하자. 여기서 교류의 주파수를 자동차의 속도에 비유하자.

이때 같은 속도로 달리는 자동차의 상대관계가 위상이다. 아래 그림과 같은 경우, 자동차 A와 자동차 B는 속도가 같으므로 얼마나 떨어져 있는가에 의해서 상대적인 위치관계를 생각할 수 있다. 즉 위상관계가 있다.

이때 자동차 B가 앞서 달리는 경우를 자동차 B는 A보다 위상이 앞선다고 비유할 수 있다. 또 자동차 A는 자동차 B보다 위상차가 지연된다고 비유해도 마찬가지이다. 이와 같이 동일한 속도로 달리는 두 대의 자동차 간 거리가 위상차이다.

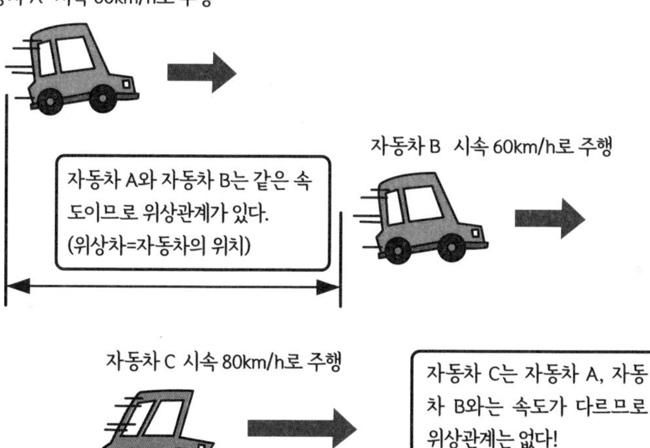

'메아리'는 소리가 산이나 절벽 같은 곳에 부딪혔을 때 위상이 어긋나기 때문에 생긴다. 레이더도 반사한 전파의 위상이 원래의 전파와 어긋나는 것을 이용하고 있다.

PWM 제어

사각을 둥글게

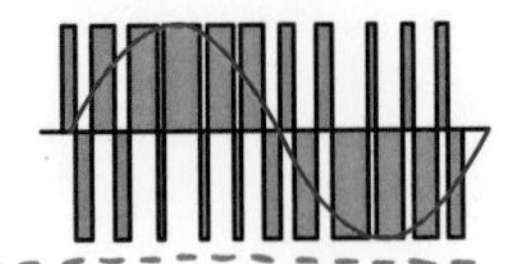

앞 페이지에서 인버터가 출력하는 교류 전압의 파형은 사각형과 같은 구형파라고 설명하였고, 교류의 설명은 정현파라고 했다.

그리고 인버터가 출력하는 교류를 모터 등에서 효율적으로 사용하기 위해서는 정현파의 교류를 출력해야 한다. 출력을 정현파에 가깝게 하기 위해 가장 널리 사용되는 것이 PWM 제어이다.

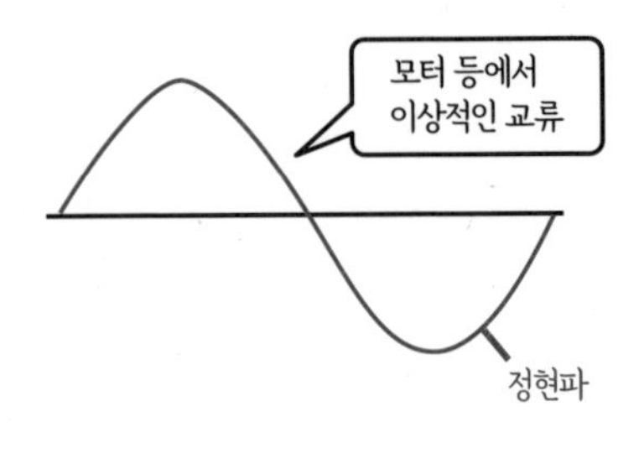

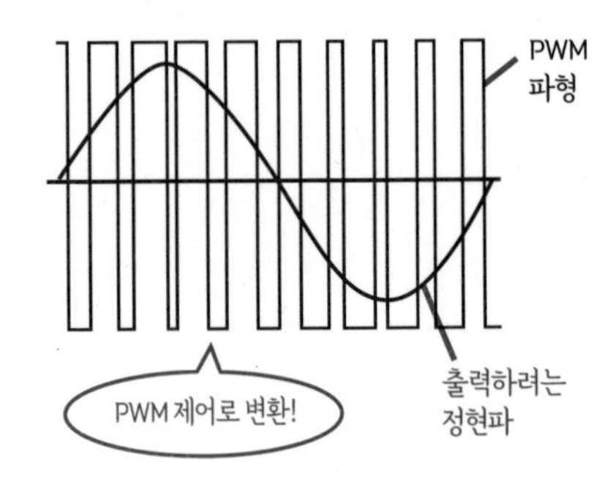

▲PWM 제어

PWM 제어란

- PWM 제어란 정현파의 위상에 맞춰서 펄스 폭을 증감시키는 제어 방법이다.
- PWM 제어에 의해 출력 파형을 정현파에 근사시킬 수 있다.

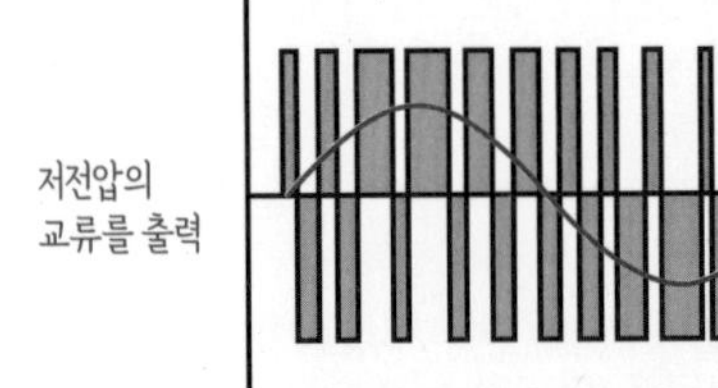

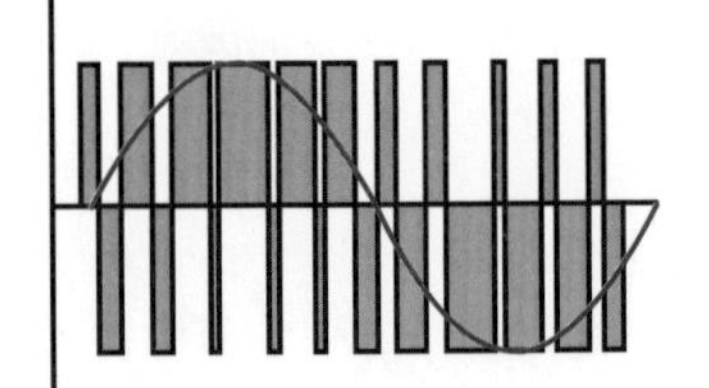

PWM 제어를 사용하면 전압의 크기도 자유롭게 바꿀 수 있다.

▲정현파의 진폭에 따른 전압의 변화

구형파(square wave) : 방형파라고도 한다.
PWM(Pulse Width Modulation) : 펄스 폭 변조라고도 한다.

PWM 제어의 원리

- PWM 제어는 목표로 하는 정현파(신호파)와 그보다 주파수가 높은 삼각파(**반송파, 캐리어파**)의 두 신호를 사용한다.
- 그 대소를 비교해서 펄스의 온/오프 신호를 작성한다.

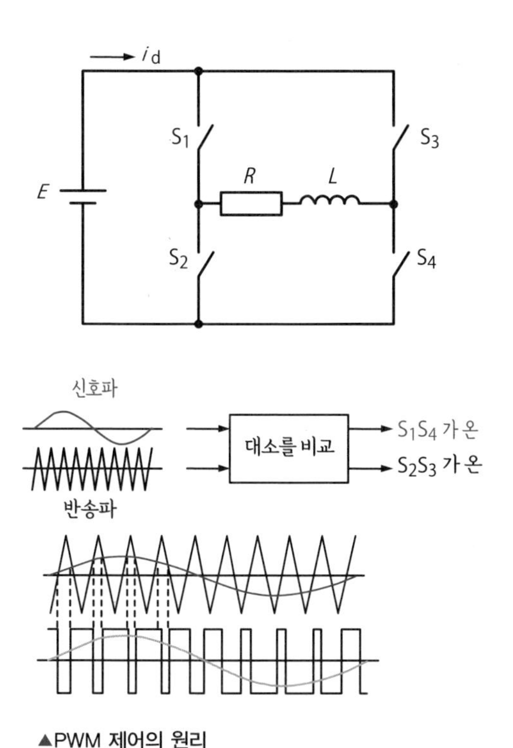

▲PWM 제어의 원리

만약 삼각파보다 정현파가 클 때는 스위치 S_1, S_4를 온으로 하고 정현파가 작을 때는 스위치 S2, S3을 온으로 한다.

이와 같이 스위칭하면 왼쪽 그림에 나타낸 RL 부하의 양 끝 전압은 그때마다 플러스/마이너스로 전환된다.

더욱이 온 시간은 항상 일정하지 않고 스위치의 온 시간에 맞춰 정현파상으로 증감한다.

그 결과 부하 회로의 양 끝에는 펄스 폭이 정현파상으로 변화하는 전압이 나타나게 된다.

필터를 이용하여 보다 완만한 정현파로

- 이와 같이 만든 전압 파형은 다시 필터라 불리는 회로를 사용해서 정현파로 정형할 수 있다.
- **필터**란 정현파 성분만 통과시키고 그 이외의 고주파 성분(**고조파** 또는 **왜곡**이라고 부른다)은 통과시키지 않는 기능을 하는 회로를 말한다.
- PWM 제어와 필터에 의해 반복 펄스인 PWM 파형의 전압에서 정현파를 꺼낼 수 있다. 전압이 정현파가 되면 옴의 법칙에 의해 전류도 정현파가 된다.

삼각파(triangular wave) : 상승 또는 하강이 순시인 것은 톱니파(sawtooth wave)라고 한다.
필터(filter) : 여파기라고도 한다. 특정 주파수의 전류만을 통과 또는 저지하는 회로.

RL 부하에 흐르는 전류

- RL 부하의 경우 PWM 제어하면 특성상 부하에 흐르는 전류가 정현파에 가까워진다.
- 즉, *RL* 직렬회로의 과도현상(p.45 참조)에 의해 전류가 천천히 기동한다. *RL* 직렬회로 자체가 전류에 대해 필터 역할을 하는 것이다.
- 따라서 인버터로 모터를 돌릴 때, 실제로는 필터는 필요 없다. 모터의 코일은 회로로 생각하면 *RL* 직렬회로이므로 펄스상의 전압이 걸려도 전류는 펄스가 아니라 천천히 증감한다.
- 즉, 모터에 흐르는 전류는 모터 코일의 인덕턴스 효과에 의해 온/오프에 맞춰서 천천히 변화하므로 전류는 전압의 펄스 폭에 맞춰서 정현파와 같이 변화하는 파형이 된다.

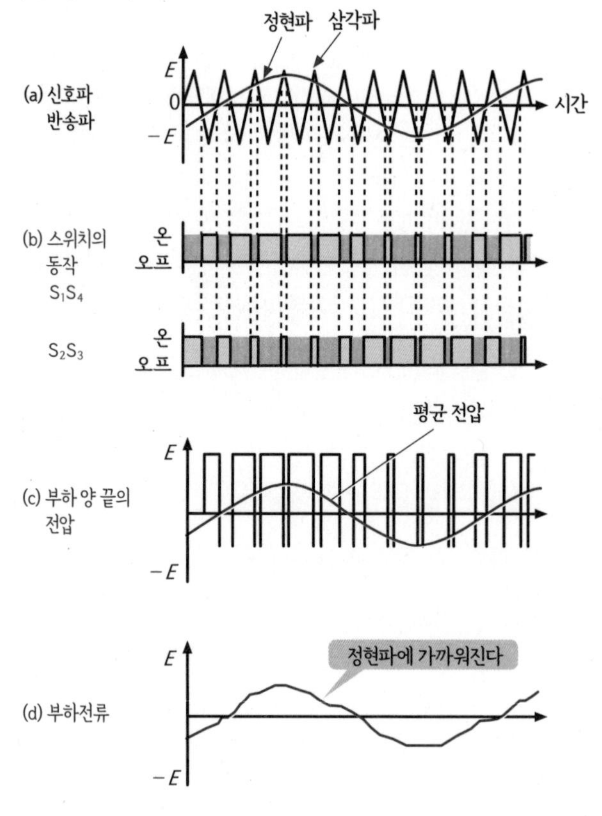

▲RL 부하에 흐르는 전류

RL 부하(*RL* load) : 저항 ***R***과 코일 ***L***의 직렬회로를 말한다.
펄스(pulse) : 매우 짧은 시간만 흐르는 전류나 전압. 이를 반복하는 것도 펄스라고 한다.

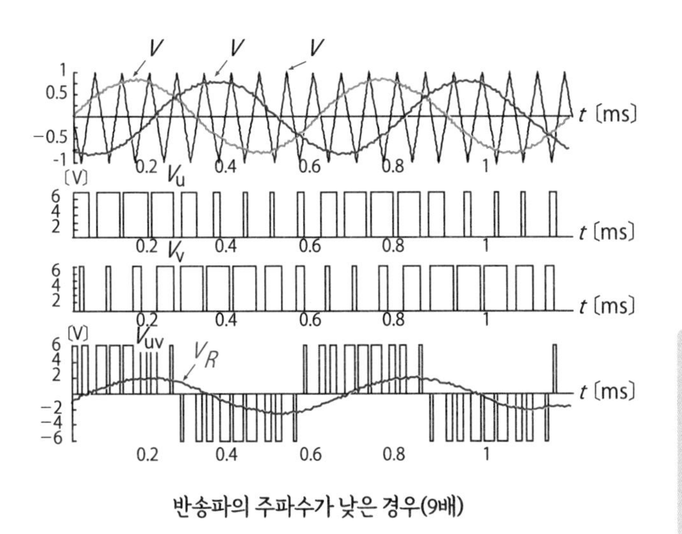

반송파의 주파수가 낮은 경우(9배)

반송파의 주파수가 높으면 높을수록 RL 부하에 흐르는 전류 파형은 보다 정현파에 가까워진다.

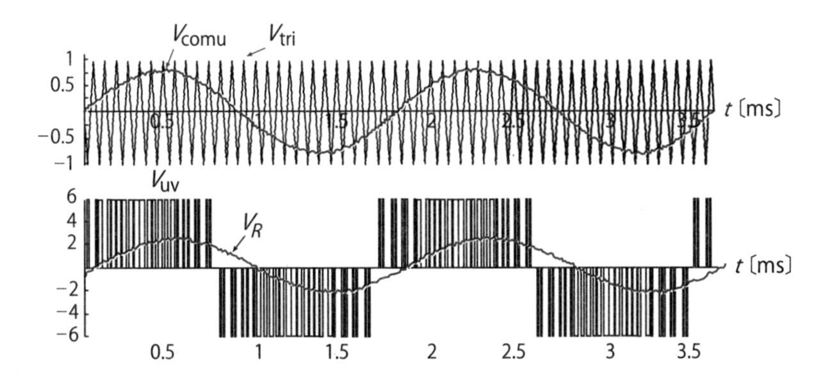

반송파의 주파수가 높은 경우(27배)

모터의 토크를 효율적으로 발생시키려면 전류가 정현파이면 된다.
모터의 토크는 전류에 의해서 발생하므로 전압은 정현파가 아니어도 모터가 발생하는 토크에는 영향을 미치지 않는다.

▲반송파와 전류 파형

토크(torque) : 회전력. 나사의 강도. 회전축 주변의 모멘트이므로 단위는 [N·m]이다.

Let's SAVE.
(Power and Earth)

제 6 장

인버터 사용법

6-1

전기 이용 내역

전력은 어느 곳에 얼마만큼 사용되고 있을까

일본의 1년간 발전 전력량은 약 1조kWh이다.

그러면 일본에서 발전된 전력이 어떤 용도로 사용되는지를 살펴보자.

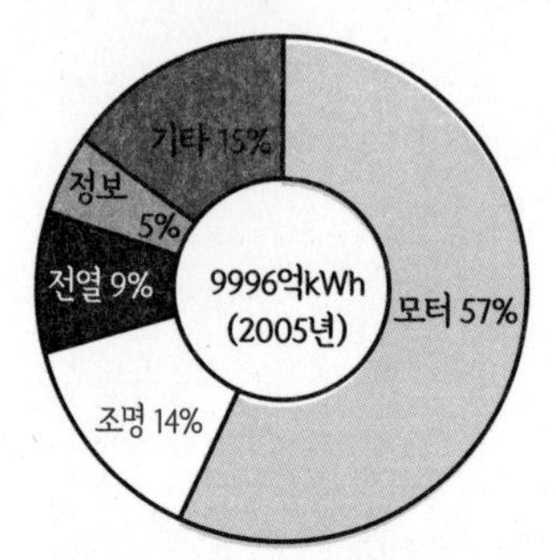

kWh : 전력량의 단위
1kWh=1000×60×60=3.6MJ

▲일본에서 발전된 전력의 최종 이용처

모터와 파워 일렉트로닉스

- 위의 원그래프에서 나타낸 바와 같이 현재 일본에서 발전되고 있는 전력의 절반 이상을 모터를 돌리는 데 사용하고 있다.
- 즉, 여러 설비나 기계에서 사용되고 있는 전력의 사용 내역을 조사하면 최종적으로 모터가 전력을 소비하고 있음을 알 수 있다.
- 대다수의 모터는 파워 일렉트로닉스로 제어당하고 있다.
- 또 조명에 사용하는 전력도 LED나 형광램프는 파워 일렉트로닉스를 사용하여 점등한다.
- 또 전기를 이용하여 열을 내려면 히터를 사용해야 하는데, 히터의 온도를 조절하는 것도 파워 일렉트로닉스이다. 특히 IH 히터는 파워 일렉트로닉스 없이 동작시킬 수 없다.
- 정보기기(컴퓨터) 등의 전원에도 반드시 파워 일렉트로닉스가 사용된다.
- 이와 같이 현재 소비전력의 대부분이 파워 일렉트로닉스로 제어되고 있다. 즉 파워 일렉트로닉스의 성능이 소비전력의 증감을 크게 좌우한다.
- 133페이지에 나타낸 바와 같이 파워 일렉트로닉스의 개선을 통해 절약할 수 있는 전력은 발전소 몇 개소에서 출력되는 규모에 해당한다.

모터에 사용되는 전력

모터에 사용되는 전력이 어느 정도인지를 알기쉽게 계산해보자.

▲모터에 사용되는 전력

인버터로 모터를 돌린다

에너지 절약과 인버터의 깊은 관계

앞에서 설명한 바와 같이 일본에서 발전된 전력의 절반 이상을 모터에서 사용한다. 그리고 현재 대다수의 모터는 파워 일렉트로닉스로 구동되고 있다. 왜냐하면 파워 일렉트로닉스를 사용하면 모터의 회전을 제어할 수 있기 때문이다.

★파워 일렉트로닉스를 사용하면 모터의 회전을 제어하는 것이 매우 수월하다.

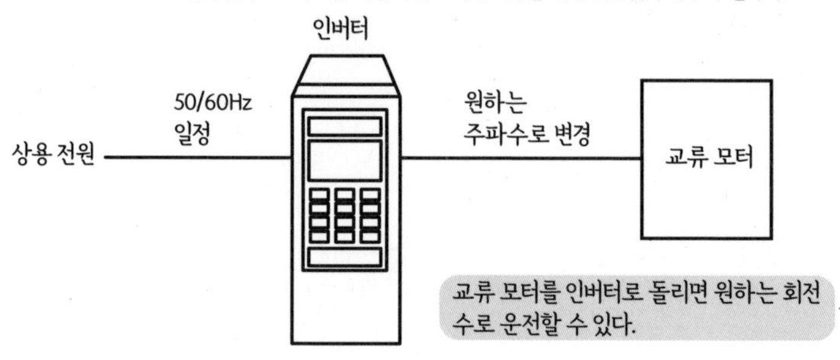

▲인버터와 모터

모터로 돌리는 팬이나 펌프의 유량 조절이 가능

- 원래 인버터는 공장이나 인프라 설비 등에서 사용되는 대형 팬이나 펌프의 유량 조절에 사용된 것이 시작이다.
- 이들 기기에는 기존부터 교류 모터가 사용됐다. 교류 모터는 거의 일정한 회전수로 돌아간다.
- 인버터를 도입함으로써 회전수를 변화시켜 유량 조절이 가능하다.

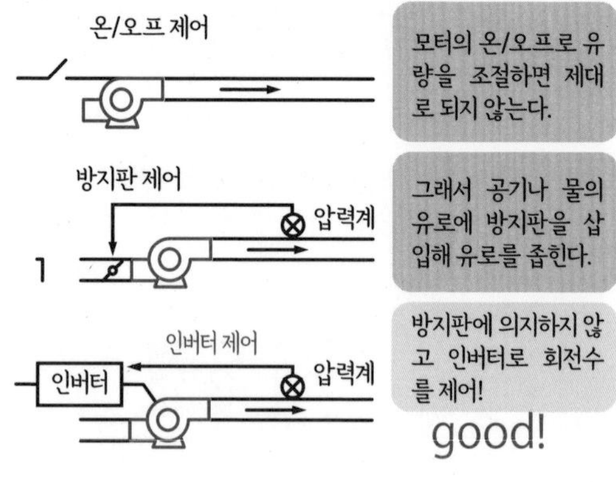

▲인버터로 펌프를 에너지 절약

방지판(baffle plate) : 유량을 조절하기 위해 통로에 설치한다. 밸브, 댐퍼라고도 한다.

회전수 제어에 의한 에너지 절약

- 팬이나 펌프 등의 기계(유체기계)를 회전시키기 위해 필요한 동력 P는 회전수 N의 3승에 비례한다.

$$P[\mathrm{W}] \propto N^3$$

> 예를 들어, 회전수를 $\frac{1}{2}$로 하면, 필요한 동력은 $\frac{1}{2}\times\frac{1}{2}\times\frac{1}{2}=\frac{1}{8}$이 되고
> 모터의 소비전력도 $\frac{1}{8}$로 준다.

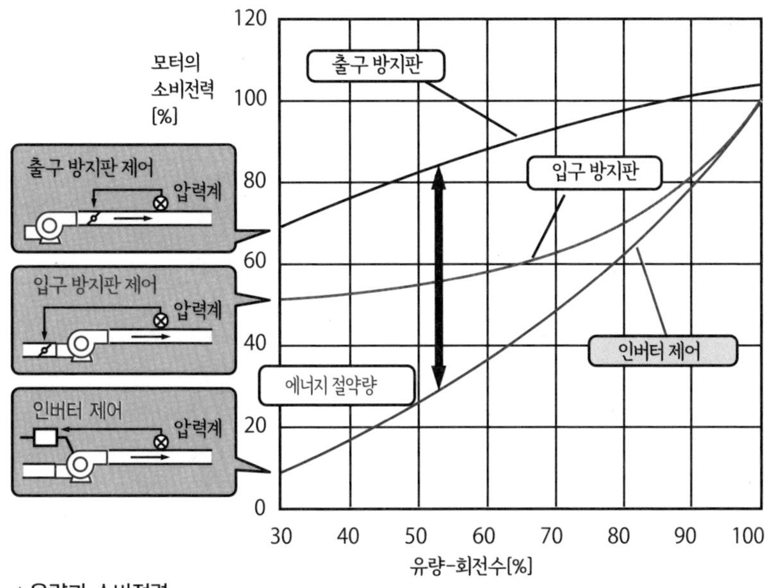

▲유량과 소비전력

- 유체기계를 회전수 제어하면 에너지 절약 효과가 크다는 것은 이론적으로 오래전부터 알려져 있었다.
- 그러나 모터의 회전수 제어는 복잡한 시스템이 필요하고 파워 일렉트로닉스가 발달해서 인버터가 일반화될 때까지는 전력 절약만을 위해 채용할 수 없었다.

유체기계(fluid machinery) : 액체나 기체(통칭해서 유체라고 한다)를 승압하는 기계. 액체를 승압시키는 것을 펌프라고 하고, 기체를 승압시키는 것을 송풍기 또는 압축기라고 한다.

인버터 구동 보급 역사

1970년 공장에 도입

- 1970년대 이후 파워 일렉트로닉스의 발전으로 인버터가 일반화됐다.
- 인버터에 의해서 이미 사용되고 있던 교류 모터와 조합함으로써 회전수를 제어할 수 있게 됐다.
- 회전수 제어에 의한 소비전력 절감은 그대로 전력요금의 절약으로 이어진다.
- 절약한 전기요금으로 인버터 도입 비용을 회수할 수 있게 된 것이 단숨에 인버터가 보급되는 계기가 됐다.
- 나아가 1970년대에는 에너지 절약에 대한 사회적 요구도 있어 공장에서 사용하는 팬이나 펌프 등에 인버터가 널리 사용되게 됐다.

이 모든 제품이
인버터 제어!

밴드 체결기

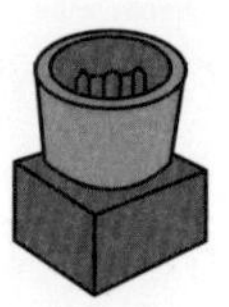

▲공장에서 보급된 인버터

1980년에 가전에 도입

▲가정에 보급된 인버터

- 1980년대 가정용 에어컨과 냉장고 모터에도 인버터가 사용되기 시작했다.
- 그때까지는 에어컨이나 냉장고는 서모스탯을 사용해서 온도에 따라 모터를 온/오프하는 방식이었다.
- 한편 인버터를 사용하면 온도에 따라서 회전수를 제어할 수 있기 때문에 소비전력이 크게 줄어 에너지가 절약된다.
- 1980년대 인버터 에어컨을 제품화됐다. 현재는 가정용 에어컨은 모두 인버터에 의해 제어되고 있다.

2000년대 모든 기기에서 이용

▲2000년대 이후의 인버터 보급

- 2000년대가 되자 네오듐 자석이 모터에 사용되면서 모터에 혁신이 일어났다.
- 또한 파워 일렉트로닉스도 크게 발전하여 더 많은 기기에서 인버터가 사용되게 됐다.
- 인버터로 회전수를 제어할 수 있다는 것은 에너지 절약뿐 아니라 모터를 천천히 스타트/스톱시킬 수 있다는 뜻이다. 이로써 스타트와 스톱 시의 기계적인 쇼크가 작아져 미묘한 가감속 시간도 제어할 수 있게 됐다.
- 이와 같이 인버터에 의해 모터를 다양한 방법으로 사용할 수 있게 됐으며, 많은 기기에서 이용되게 됐다.

서모스탯(thermostat) : 온도에 따라 온/오프를 전환하는 기기. 온도 조절에 사용된다.
네오듐 자석(Neodymium magnet) : 네오듐, 철, 붕소를 주성분으로 하는 자석. 희토류 자석(레어어스 자석)의 일종. 현재 가장 강력한 자석이다.

여러 가지 모터

교류로 움직이는 모터, 직류로 움직이는 모터

모터는 ○○모터 등과 같이 여러 가지 이름으로 불린다.
그래서 파워 일렉트로닉스에 의한 모터의 제어를 설명하기 전에 우선 모터의 종류에 대해 설명하도록 하겠다.

모터의 전원에 따른 분류

- 모터는 입력 전원에 따라 크게 다음과 같이 나뉘며, 각각 내부 구성이 다르다.
  - 교류 모터
  - 직류 모터
  - 교류·직류 겸용 모터

- 파워 일렉트로닉스를 사용하여 모터를 제어하는 경우 파워 일렉트로닉스 기기의 출력이 모터의 입력 전원이 된다.

- 소형에서는 직류 모터, 대형에서는 교류 모터가 사용되는 일이 많다.

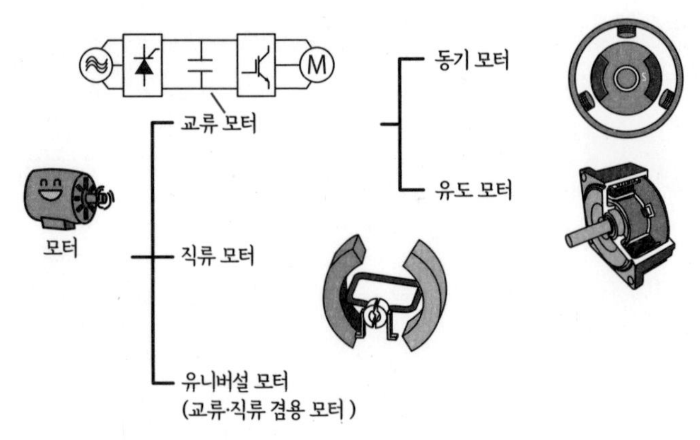

▲모터의 전원에 따른 분류

동기 모터(synchronous motor) : 교류의 주파수에 비례한 회전수로 회전하는 모터.
유도 모터(induction motor) : 교류의 주파수와 회전수가 거의 비례하는 모터. 오래전부터 널리 사용되고 있다.

모터의 제어

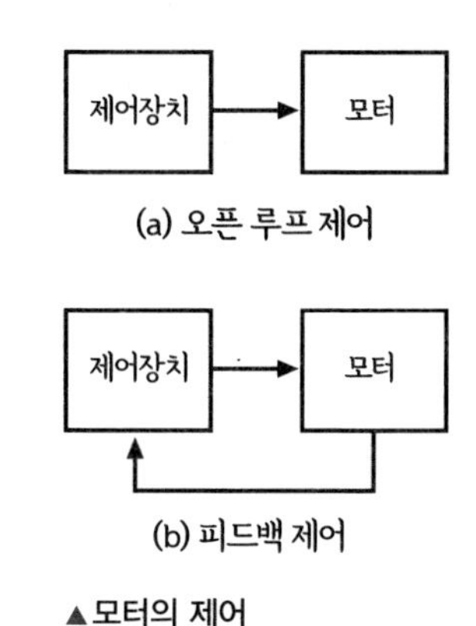

▲모터의 제어

- 모터를 인버터 등의 제어장치로 제어하는 방식은 오픈 루프 제어와 피드백 제어로 나눈다.
- **오픈 루프 제어**란 모터와 제어장치를 모터 케이블로 접속하는 방식이다. 따라서 미리 정해놓은 모터의 전압, 전류 등을 출력하여 모터를 구동한다. 때문에 모터나 부하 상태가 변화하면 대응할 수 없다.
- **피드백 제어**는 모터에 흐르는 전류, 모터의 회전 각도, 모터의 회전수 등을 센서로 검출하고, 이를 토대로 제어장치가 피드백 제어계로 기능하는 방식이다.
- 피드백 제어는 모터나 부하의 상태가 갑자기 변했을 경우에도 제어할 수 있다.

유니버설 모터

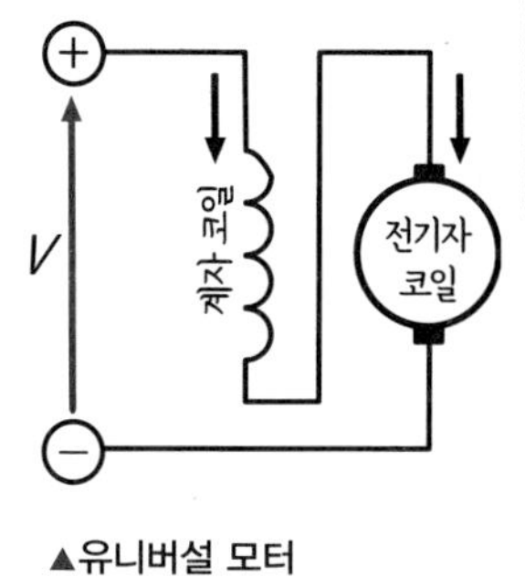
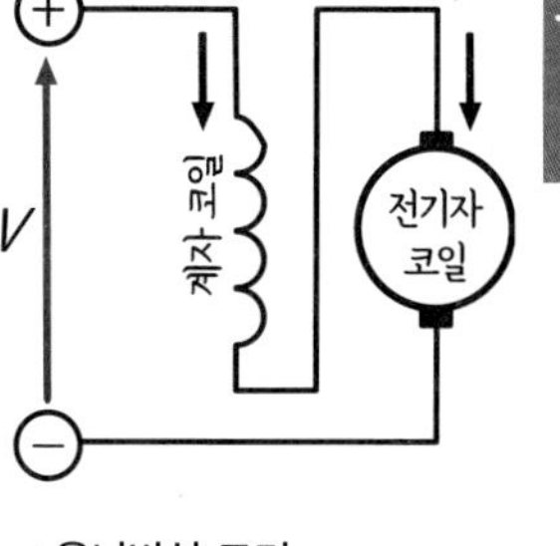

▲유니버설 모터

- 파워 일렉트로닉스로 제어하는 것은 교류 모터와 직류 모터이다. 그렇다면 **유니버설 모터**란 어떤 모터일까.
- 교류에서도 직류에서도 돌아가는 유니버설 모터는 교류·직류 겸용 모터이다. 영구자석을 사용하지 않고 계자(界磁) 코일과 전기자(電機子) 코일(다음 항에서 설명)을 직렬 접속한 **직류 직권 모터**와 구성이 같다.
- 브러시와 정류자의 관계 때문에 교류 전류, 직류 전류 모두에서 회전한다.
- 유니버설 모터는 파워 일렉트로닉스를 사용해서 제어하는 일이 거의 없다. 상용 전원 또는 직류로 구동한다.
- 유니버설 모터는 고속 회전이 가능하기 때문에 믹서나 청소기 등에 사용한다.

센서(sensor) : 물리량(기계적, 전기적, 열적, 화학적 등)을 신호로 바꾸는 것.
직류 직권 모터(DC series motor) : 전기자 코일과 계자 코일이 직렬로 접속되어 있는 직류 모터를 말한다.

직류 모터

기본 모터를 복습하자

직류 모터는 모터에 입력하는 직류 전압과 전류의 크기에 따라서 회전하는 모터이다. 여기서는 가장 많이 사용되고 있는 영구자석 직류 모터에 대해 설명한다.

직류 모터의 원리

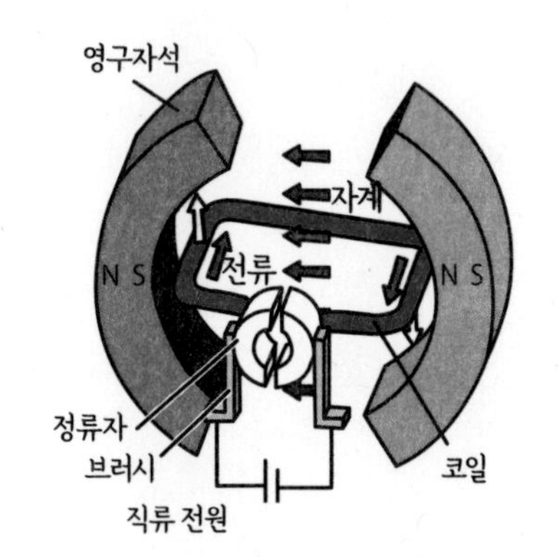

▲직류 모터의 구조

- 직류 모터는 자계 중인 코일에 전류가 흐르면 플레밍의 왼손법칙 방향으로 힘이 생겨서 회전한다.
- 직류 모터는 코일에 항상 같은 방향으로 전류를 흘리기 위해 브러시와 정류자를 이용한다.
- 직류 모터를 돌리기 위한 자계를 만드는 부분은 **계자**(界磁)라고 불린다. 직류 모터는 계자의 종류에 따라 분류된다.
- 계자는 영구자석 외에 계자 코일로도 만들 수 있다. 계자 코일을 접속하는 방법에 따라 직류 직권 모터(앞 항의 각주 참조), 직류 분권 모터, 직류 타여자 모터 등이 있다. 또 6-8항(p.152)에서 설명하게 될 브러시리스 모터도 직류 모터의 일종이다.
- 직류 모터의 특징은 브러시가 있다는 점이다. 브러시는 정류자와 접동해서 마모된다. 이에 의해 보수를 해야 하는 등 직류 모터의 결점이 발생하게 된다.

영구자석을 이용한 직류 모터의 원리

- 영구자석을 이용한 직류 모터는 영구자석이 만드는 자계, 자계와 직교하는 코일에 흐르는 전류의 곱에 의해 전자력이 생기는 것을 말한다.

브러시(brush) : 회전하고 있는 정류자와 접동하여 회전하고 있는 코일에 통전하기 위한 정지 전극을 말한다.
정류자(commutator) : 직류 모터 등에서 회전자와 외부 회로 간에서 회전에 따라서 전류의 방향을 교체하기 위한 회전 전극을 말한다.

- 영구자석 직류 모터의 동작을 나타내는 기본식은 다음과 같다.

  ① $T = K_T I$ 　모터가 발생하는 토크 T는 전류에 비례한다.

  ② $E = K_E \omega$ 　모터의 회전으로 생기는 전압 E(속도 기전력)는 회전수에 비례한다.

- 여기서 토크와 전류의 비례상수 K_T는 **토크 상수**라고 부른다. 또 속도 기전력과 회전수(ω)의 비례상수 K_E는 **기전력 상수**라고 부른다. 모두 각 모터의 구조와 구성에 따라 정해지는 상수이다.
- 토크 상수 K_T와 기전력 상수 K_E는 SI 단위계를 사용하는 경우 완전히 같은 수치가 된다.

영구자석 직류 모터의 등가회로

- 아래 그림의 회로에서 전압방정식을 구하면 다음과 같다.

$$V = E + RI$$

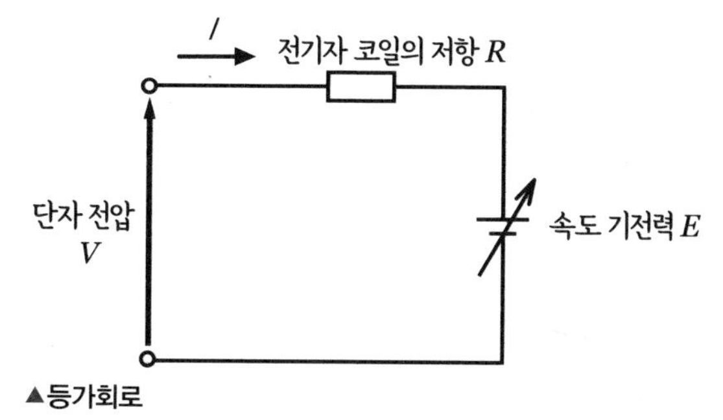

▲등가회로

- 모터의 토크, 전류는 다음과 같이 구한다.

$$T = \frac{K_T}{R}V - \frac{K_T K_E}{R}\omega$$

$$I = \frac{V - K_E \omega}{R}$$

6 인버터 사용법

계자(field) : 모터나 발전기에서 자계를 발생하는 부분.
전기자(armature) : 모터나 발전기에서 운동에너지와 전기에너지를 변환하는 부분.
전압방정식(voltage equation) : 전기회로의 전압과 전류의 관계를 나타낸 식. 회로방정식이라고도 한다.

직류 모터의 특성

- 직류 모터는 전압, 전류를 조절하는 것만으로도 회전수, 토크를 제어할 수 있다.
- 직류 모터의 토크는 전류에 비례하므로 토크를 직렬 제어할 수 있다.
- 토크를 제어함으로써 가속, 감속도 자유자재로 조절할 수 있다.
- 회전수는 전압을 조절하면 변화한다.

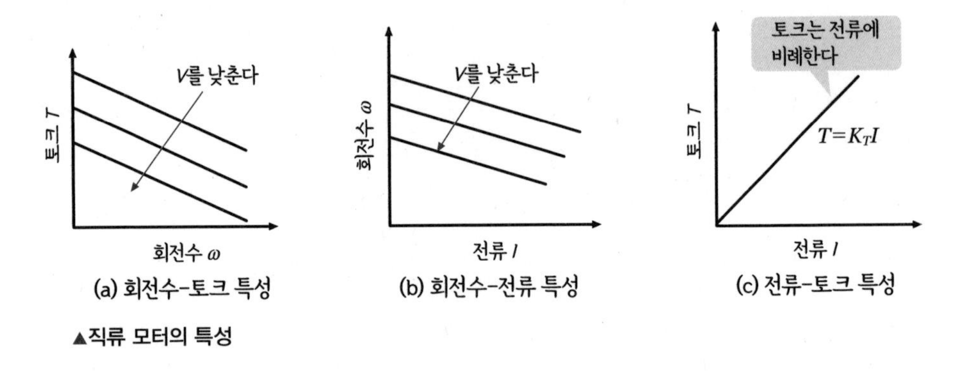

▲직류 모터의 특성

직류 모터의 제어

- 직류 모터(오른쪽 그림의 DCM)를 제어하려면 모터의 전압, 전류를 조절한다.
- 따라서 직류 전압을 조절할 수 있는 초퍼나 DCDC 컨버터를 이용하면 직류 모터의 제어가 가능하다.

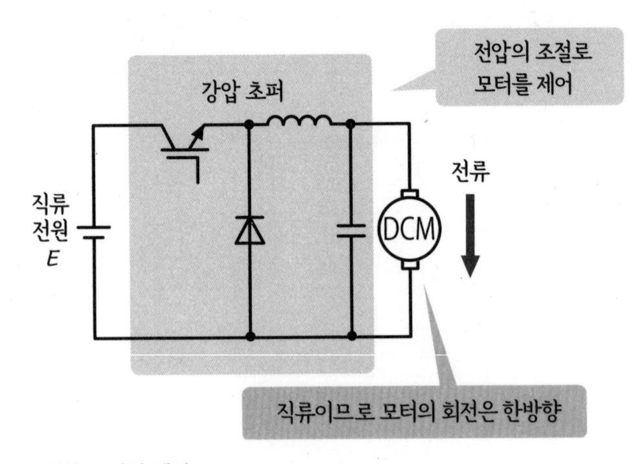

▲직류 모터의 제어

무부하 회전수(no-load speed) : 모터에 부하가 걸리지 않은 상태일 때의 회전수를 말한다. 즉, 모터의 발생 토크가 제로일 때의 회전수를 말한다.

직류 모터의 회전 방향 변경

- 직류 모터는 전류의 방향에 따라서 한 방향으로 회전하므로 직류 전원의 방향(플러스와 마이너스의 방향)을 변경하면 모터의 회전 방향을 역전시킬 수 있다.
- 파워 일렉트로닉스 회로를 사용해서 모터의 회전 방향을 제어하는 경우, H 브리지 회로를 사용한다. 또 초퍼로서 동작시키면 토크와 회전수도 제어할 수 있다.

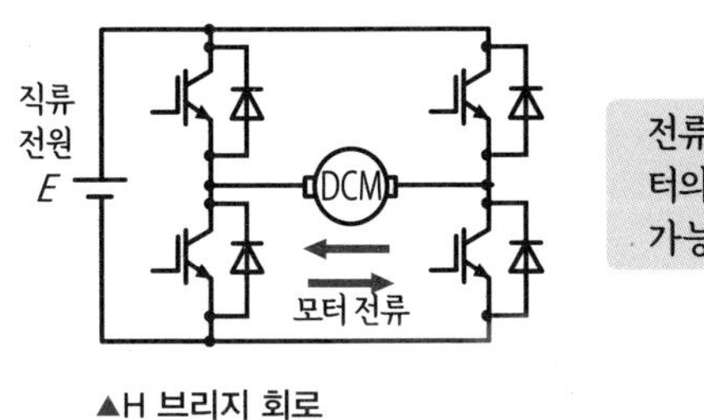

전류의 방향을 제어하면 모터의 회전은 양방향 모두 가능

▲H 브리지 회로

H 브리지 회로의 초퍼 동작 원리

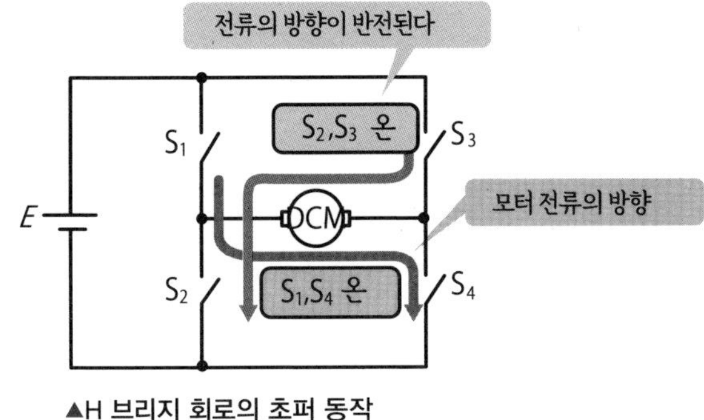

▲H 브리지 회로의 초퍼 동작

- S_1, S_4를 온, S_2, S_3를 오프로 하면 모터의 전류는 오른쪽 방향으로 흐른다.
- 반대로 S_1, S_4를 오프, S_2, S_3를 온으로 하면 모터의 전류는 왼쪽 방향으로 흐른다.
- 모터를 회전시키는 방향에 따라 S_1, S_4의 쌍 또는 S_2, S_3의 쌍을 사용한다.
- 각 스위치의 듀티 팩터를 제어하면 플러스, 마이너스 모두 출력할 수 있는 초퍼로 동작한다.

교류 모터

3상 교류 전류를 사용한 모터

교류 모터는 크게 나누어 동기 모터와 유도 모터로 분류된다. 어떤 교류 모터든 3상 교류 전류의 주파수에 대응한 회전수로 회전한다. 따라서 교류 모터는 인버터에 의해 전류의 주파수를 조절하면 회전수를 제어할 수 있다.

교류 모터의 원리

- 3상 교류 전류를 3상 코일에 흘리면 3상 전류가 만드는 각각의 자계를 합성한 자계가 교류 주파수에 따라서 회전한다.
- 이것을 **회전 자계**라고 한다. 교류 모터는 회전 자계를 이용해서 회전한다.

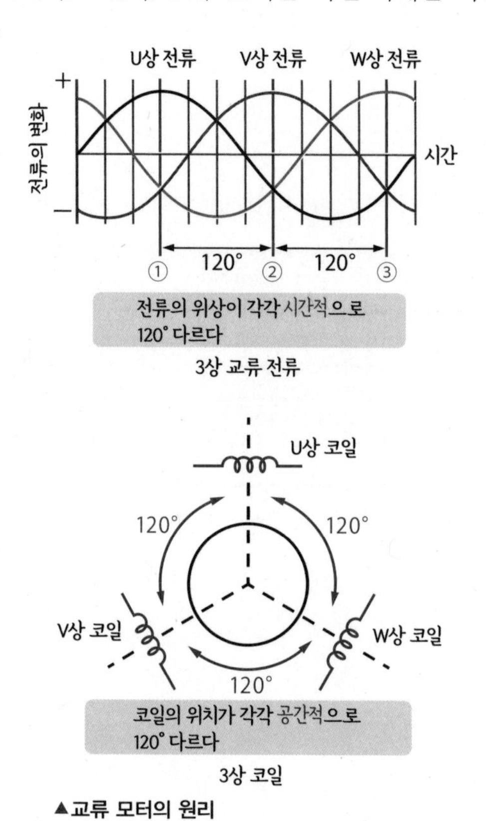

▲교류 모터의 원리

회전 자계(rotating field) : S와 N의 자극 쌍이 어느 회전축의 주변을 돌고 있는 것처럼 변화하는 자계를 말한다.
3상 코일(three phase windings) : 회전축의 주위에 공간적으로 120° 간격으로 배치된 코일.

인버터에 의한 교류 모터의 제어(교류 전원을 사용하는 경우)

- 인버터는 직류를 교류로 변환하는 파워 일렉트로닉스 회로이다. 따라서 상용 전원의 교류를 인버터의 전원에 사용하는 경우, 상용 전원의 교류를 정류회로에 의해 일단 직류로 정류해야 한다.
- 정류회로에서는 직류의 리플을 작게 하기 위해 **평활 콘덴서**를 사용한다. 이 평활 콘덴서는 인버터 장치 전체의 크기나 수명을 결정하기도 하므로 매우 중요한 부품이다.
- 일반적으로 정류회로를 가진 것이 **인버터 장치**로 시장에서 판매되고 있는데, 이 장치를 인버터라고 부르는 경우가 많다. 지금까지 설명한 **인버터 회로**도 인버터라고 불리므로 정확히 구별해야 한다.
- 전원이 배터리와 같은 직류 전원인 경우에는 인버터 회로만을 사용하면 되고 정류회로는 불필요하다.
- 상용 전원을 정류하면 일정 전압의 전류가 된다. 또한 정류회로와 인버터 회로 사이에 초퍼를 넣으면 이 직류 전압의 크기도 조절할 수 있게 된다.

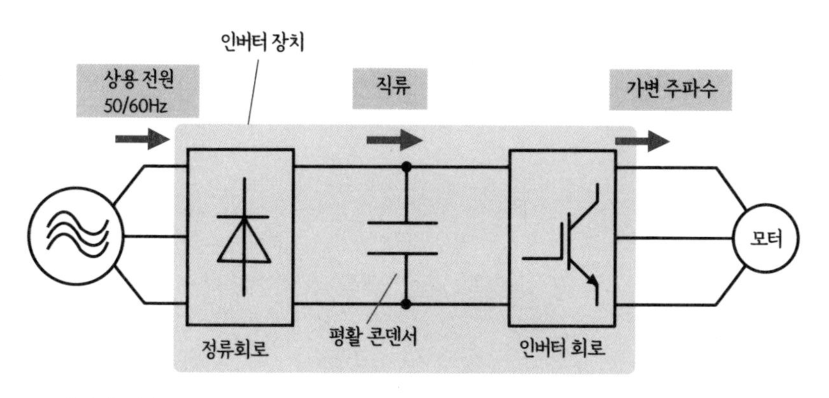

▲인버터 장치

컨버터(converter) : 정류회로. 교류를 직류로 변환하는 회로의 명칭.

6-6

유도 모터

회전 자계를 사용한 모터

유도 모터

- 유도 모터는 대표적인 교류 모터이다.

(a) 회전자(로터)

- 일렉트로닉스유도를 사용해서 회일렉트로닉스의 코일에 전류를 흘려 토크를 발생 시킨다. 때문에 토크가 변화하면 미미하게 회전수가 변화한다.

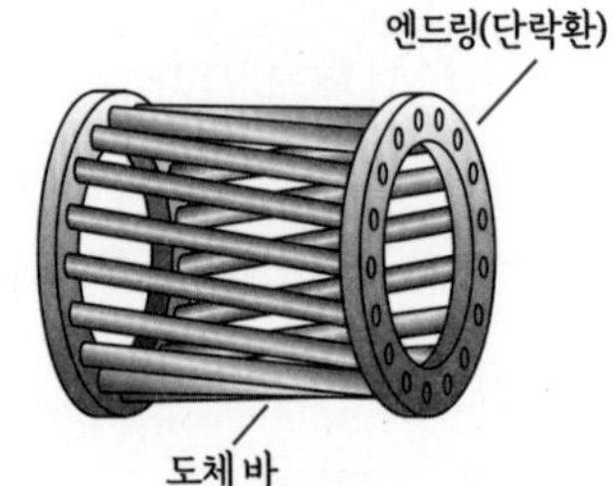

(b) 농형 도체

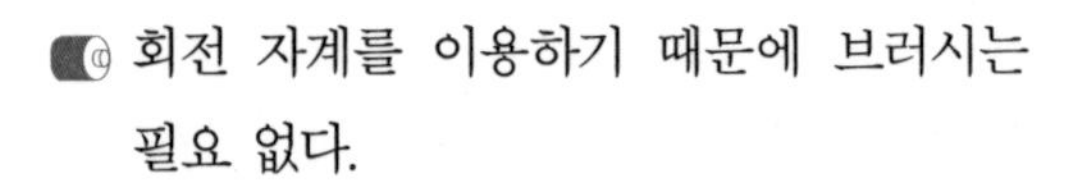

- 회전 자계를 이용하기 때문에 브러시는 필요 없다.

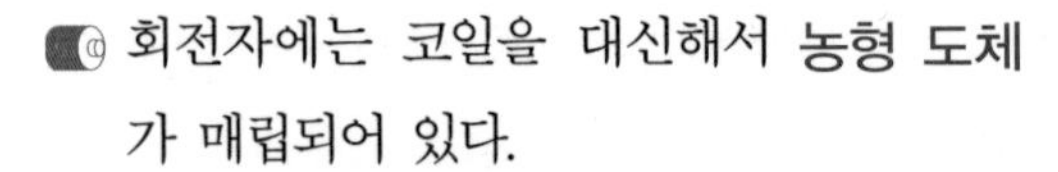

- 회전자에는 코일을 대신해서 농형 도체가 매립되어 있다.

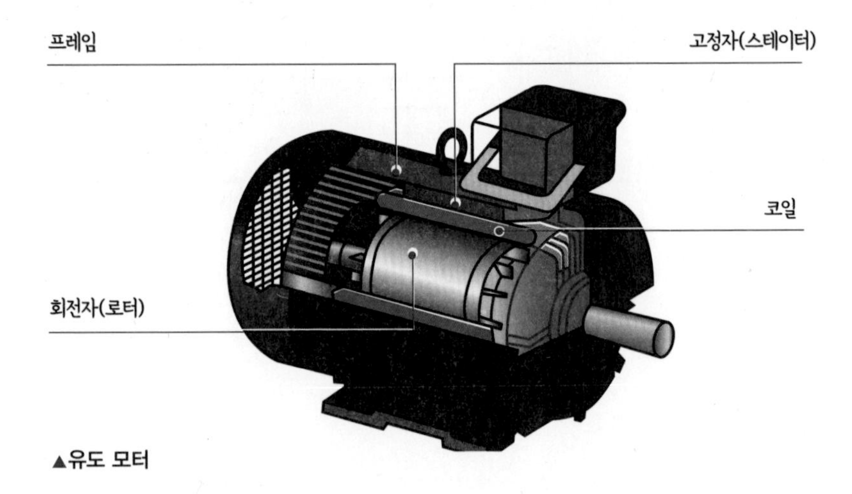

▲유도 모터

회전자(rotor) : 회전하는 부분. 자계, 전기자, 영구자석 등을 딱히 구별하지 않고 부른다.
농형 도체(squirrel cage) : 회전자의 도체로, 다수의 봉상 도체와 이들의 도체를 단부로 단락한 엔드링(단락환)으로 구성된다. 다람쥐용 쳇바퀴의 모양에서 유래된 명칭.

유도 모터의 회전수

- 유도 모터의 회전수는 교류 전류의 주파수와 거의 비례한다.
- 또한 유도 모터의 회전수는 동기 속도와 슬립에 의해서 결정된다.
- 교류의 주파수와 전압이 일정하면 유도 모터는 동기 속도보다 조금 느린 회전수로 회전한다.
- 슬립이란 아래에 나타내는 식과 같이 동기 속도와 실제 회전수의 차이를 나타내는 수치이다. 보통은 0.1 이하의 작은 값이다.
- 토크와 슬립은 거의 비례하므로 부하 토크가 클 때는 슬립이 커지고 회전수가 조금 내려간다.

[유도 모터의 회전수]

모터의 회전수는 주파수에 거의 비례한다.

$$\text{동기 속도}=\frac{120\times\text{주파수 } f\,[\text{Hz}]}{\text{극수 } P}\ [\text{min}^{-1}]$$

$$\text{모터의 회전수 } N=\text{동기 속도}\times(1-\text{슬립})\ [\text{min}^{-1}]$$

슬립은 유도 모터 특유의 수치. 보통 0.1 이하인 작은 값으로 토크에 거의 비례해서 변화한다.

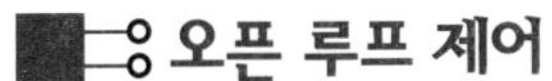

오픈 루프 제어

- 유도 모터는 부하의 토크가 변화하거나 교류 전압이 변화하면 슬립이 멋대로 변화해서 계속 돌아간다. 이때 회전수가 조금 변화할 뿐이다.
- 즉, 유도 모터에는 부하의 변화에 따른 제어가 불필요하다는 장점이 있다.
- 때문에 교류 전류의 주파수와 전압을 일정하게 하면 안정적으로 운전할 수 있다.
- 한편 유도 모터의 회전수를 제어하려면 인버터가 출력하는 주파수와 전압을 일정하게 해야 한다.
- 이렇게 해서 인버터와 모터를 3상의 전력선만으로 접속하면 모터를 제어할 수 있다. 이것을 **오픈 루프 제어**라고 한다.

고정자(stator) : 고정되어 있는 부분.
극수(number of poles) : 모터의 단면에 나타나는 자극의 수. N극과 S극이 있으면 극 수는 2
동기 속도(synchronous speed) : 회전 자계의 회전수. 모터, 발전기의 경우 회전수를 속도라고 한다.

범용 인버터

범용 인버터를 그동안 상용 전원의 3상 교류로 직접 구동하던 유도 모터(**표준 모터**)에 접속하기만 하면 회전수 제어가 가능해진다.

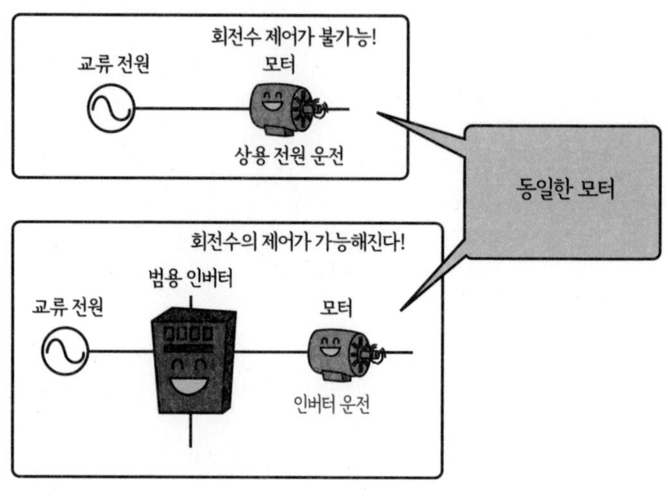

▲범용 인버터

V/f 일정 제어

- 유도 모터의 인버터 제어에서는 주파수와 전압의 비를 일정하게 해서 제어($\frac{V}{f}$ **일정 제어**)한다.
- 그 이유는 $\frac{V}{f}$를 일정하게 하면 주파수 f가 변화해도 모터의 자속이 일정해져 모터의 토크도 일정해지기 때문이다.

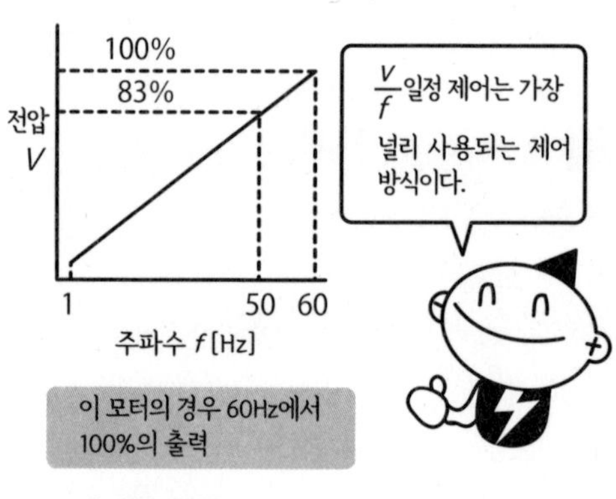

▲V/f 일정 제어

슬립(slip) : 회전자의 회전 속도(회전수)와 동기 속도의 차이를 나타낸 것. 보통은 [%]로 나타낸다.

$$(\text{슬립}) = \frac{(\text{동기 속도}) - (\text{실제의 회전 속도})}{(\text{동기 속도})} [\%]$$

VVVF 제어

- 시중에서 판매되는 범용 인버터는 VVVF 제어라고 불리는 제어를 하고 있다.
- $\frac{V}{f}$ 일정 제어라면 회전수에 제한이 생겨 버리기 때문이다. 이 상한 회전수를 **기저 회전수**라고 한다.
- 인버터는 입력의 전원 전압보다 높은 전압은 출력할 수 없다. $\frac{V}{f}$ 일정 제어에서는 전압의 상한이 회전수의 상한이 된다.
- **VVVF 제어**에서는 아래와 같이 제어한다.
  - 기저 회전수 이하에서는 $\frac{V}{f}$ 일정 제어(정토크 제어)로 한다.
  - 기저 회전수 이상에서는 전압을 일정하게 하고 주파수만을 변화시킨다(**정출력 제어**).
  - 때문에 기저 회전수 이상에서는 모터의 발생 토크는 회전수에 반비례해서 작아진다.

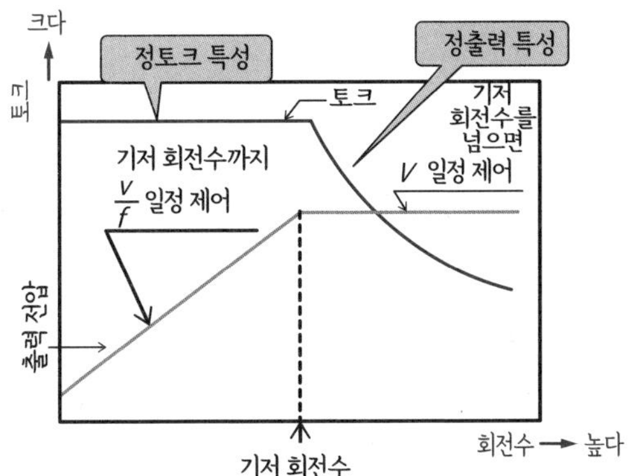

▲VVVF 제어

인버터 전용 모터

범용 인버터는 상용 전원에서 사용하는 표준 모터를 제어할 수 있지만, 인버터 전용 모터를 사용하면 한층 더 성능이 높아진다.

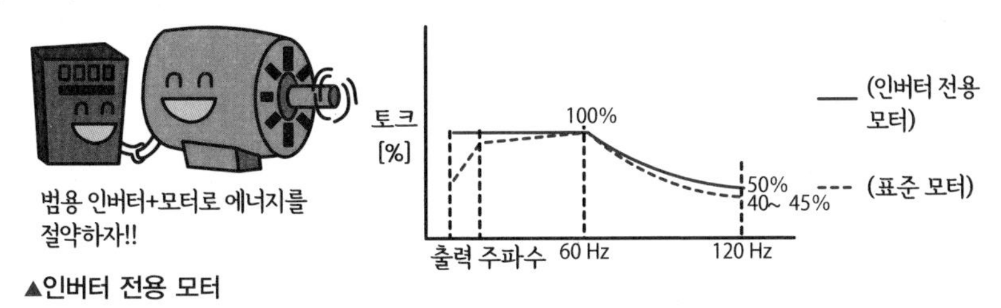

▲인버터 전용 모터

VVVF 제어(Variable Voltage Variable Frequency control) : 본문 참조.
범용 인버터(universal inverter) : 상용 전원으로 직접 구동하는 모터를 가변속 제어하기 위한 인버터. 주로 표준 모터와 조합하여 사용한다.

동기 모터

저회전에서도 효율이 높은 모터

여기에서는 동기 모터 중 영구자석 동기 모터에 대해 알아보자.

영구자석 동기 모터

- 영구자석 동기 모터란 최근 널리 사용되고 있는 회전자가 영구자석인 모터이다. PM 모터라고 불리기도 한다.
- 영구자석 동기 모터는 최근 네오듐 자석을 사용해서 크기를 줄이고 성능은 높이면서 많이 사용되고 있다.
- 이외에 영구자석을 사용하지 않는 **권선형 동기 모터**도 있다.

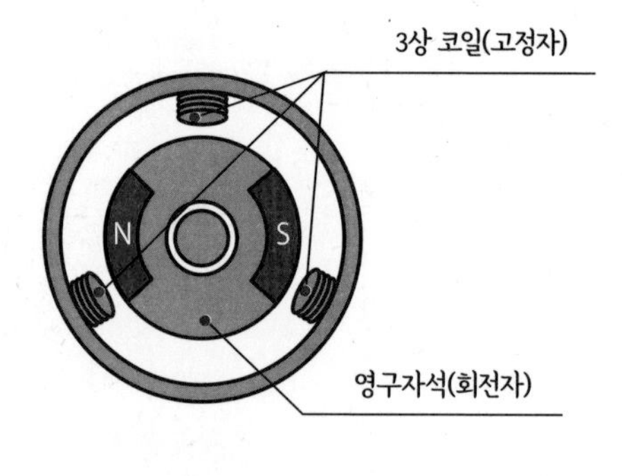

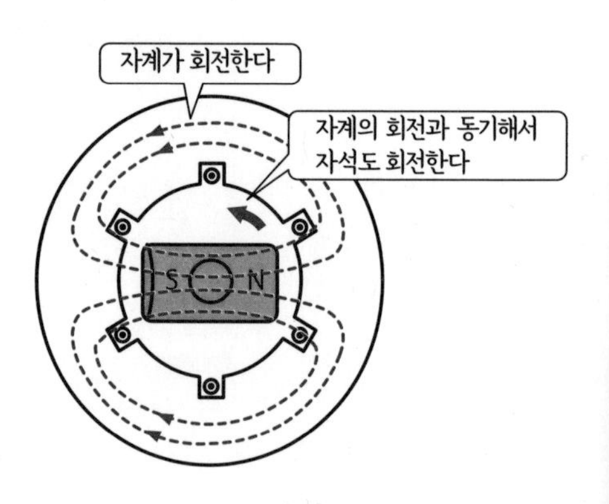

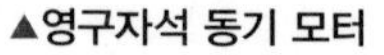
▲영구자석 동기 모터

영구자석 동기 모터의 제어

- 영구자석 동기 모터는 회전 자계와 같은 회전수로 자석이 회전하는 원리이므로 전류의 주파수와 회전수가 일치하지 않으면 토크를 낼 수 없다.
- 따라서 회전하고 있는 영구자석의 회전 각도를 검출하는 센서를 사용해서 인버터가 출력하는 교류의 주파수와 위상을 회전에 맞춰서 조절해야 한다.
- 주파수와 위상을 조정해야 하기 때문에 오픈 루프 제어는 불가능하다. 피드백 제어이기 때문에 반드시 회전자 위치 검출 센서가 필요하다.

기저 회전수(base speed) : 본문 참조.
표준 모터(standard motor) : JIS 등의 규격으로 치수 등이 자세하게 정해진 모터로, 범용 용도에 사용할 수 있는 모터. 범용 모터라고도 한다.

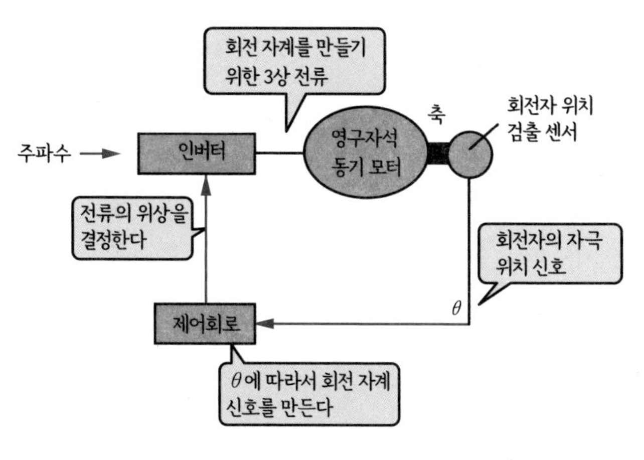

▲영구자석 동기 모터의 제어

영구자석 동기 모터의 성능

- 영구자석 동기 모터는 구조상 전류를 정밀하게 제어함으로써 토크나 회전수를 정밀하게 제어할 수 있다.
- 또한 회전수가 변해도 효율이 크게 변하지 않고 저회전에서도 효율이 높으므로 다이렉트 드라이브가 가능하다.
- 영구자석 동기 모터는 다음 식과 같이 동기 속도로 회전한다.

$$N = \frac{120f}{P}$$

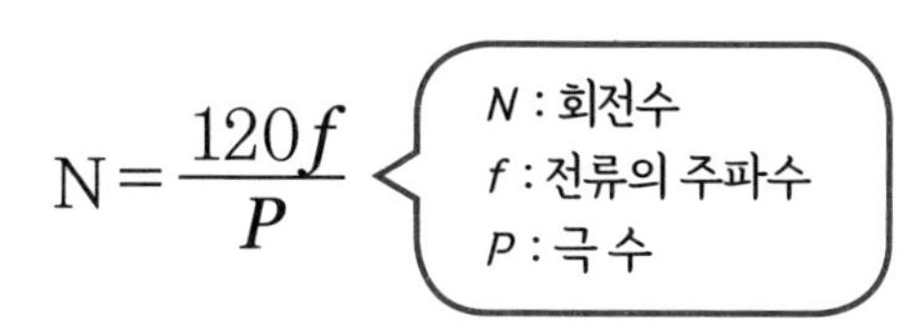

- 다시 말해, 회전수 N은 전류의 주파수 f에 정확하게 비례한다.

영구자석 동기 모터의 응용

- 영구자석 동기 모터는 네오듐 자석을 사용함으로써 크기를 줄이고 성능을 높일 수 있게 됐기 때문에 널리 사용되고 있다.
- 가전, 전기자동차, 하이브리드 자동차, 엘리베이터 등 많은 분야에서 영구자석 동기 모터의 이용이 확산되고 있다.

PM 모터(Permanent Magnet motor) : 본문 참조.
다이렉트 드라이브(direct drive) : 감속기를 거치지 않고 모터로 기기를 직접 회전시키는 방식. 모터를 저속에서도 정밀하게 제어할 필요가 있다.

6-8

브러시리스 모터

파워 일렉트로닉스 제어로 노 브러시!

브러시리스 모터

- 브러시리스 모터란 직류 모터의 브러시를 없애고, 대신에 파워 일렉트로닉스로 제어하여 브러시와 정류자로 전류의 전환을 하는 것과 동일한 기능을 하는 모터이다. 직류를 사용하기 때문에 **브러시리스 직류 모터**라고도 불린다.
- 브러시리스 모터에서는 영구자석이 회전자에 있고 코일이 고정자에 있다. 즉 브러시가 있는 영구자석 직류 모터와는 구조가 반대이다.
- 브러시가 있는 영구자석 직류 모터는 브러시가 마모되면 성능이 열화하고 회전 시에 브러시에서 불꽃이 나온다는 단점이 있다. 브러시리스 모터는 이처럼 브러시로 인한 단점을 해소할 수 있는 모터이다.
- 한편, 브러시리스 모터의 구성은 영구자석 동기 모터와 아주 비슷하다. 브러시리스 모터가 영구자석 동기 모터와 다른 점은 회전자 위치의 피드백이 불필요하다는 점이다.
- 즉, 브러시리스 모터는 회전하는 영구자석의 N/S 자극을 검출할 뿐이고 회전자의 회전 위치까지는 검출하지 않는다. 자극의 N/S에 따라서 그 위치의 코일에 흐르는 전류의 극성(플러스/마이너스)을 전환한다.
- 브러시리스 모터는 자석의 회전에 의해서 전류의 방향을 자동으로 전환하는 것만으로 회전하고 있는 것이다.
- 따라서 브러시가 있는 영구자석 동기 모터와 같이 정현파의 교류 전류를 흘리지 않아도 되고, 코일의 전압을 플러스/마이너스로 전환하기만 할 뿐이므로 비교적 저렴하게 제조할 수 있다.

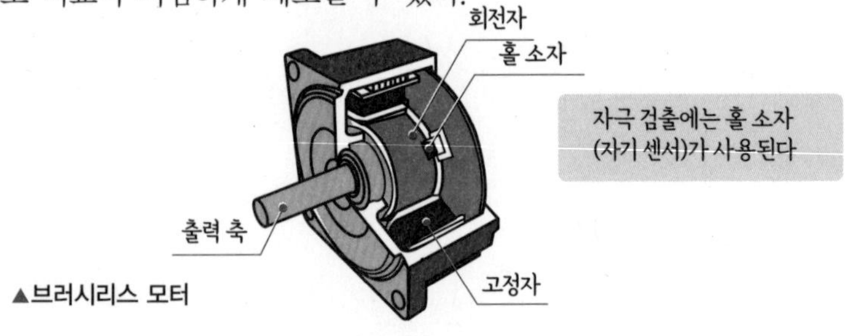

▲브러시리스 모터

홀 소자(Hall element) : 홀 효과(자계에 의해 전압이 변화한다)를 이용해서 자계의 크기를 전기신호로 변환하는 자기 센서.

브러시리스 모터의 원리

- 브러시리스 모터는 영구자석의 회전자, 코일의 고정자, 자석의 극성 N/S를 검출하는 홀 소자 그리고 전류의 전환 회로로 구성되어 있다.
- 브러시리스 모터의 전류 전환 회로는 인버터 회로와 구성이 같지만, 코일에 흐르는 전류의 방향을 회전자의 위치에 따라 전환하는 역할을 할 뿐이다.

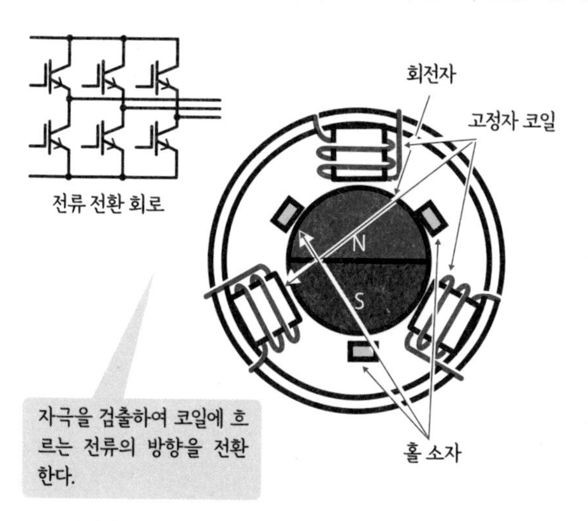

▲브러시리스 모터의 원리

브러시리스 모터의 사용법

- 브러시리스 모터도 브러시가 장착된 직류 모터와 마찬가지로 입력의 직류 전압을 조절하면 브러시가 장착된 직류 모터와 마찬가지로 제어할 수 있다.
- 즉, 브러시가 장착된 직류 모터의 특성식이 거의 그대로 적용된다.

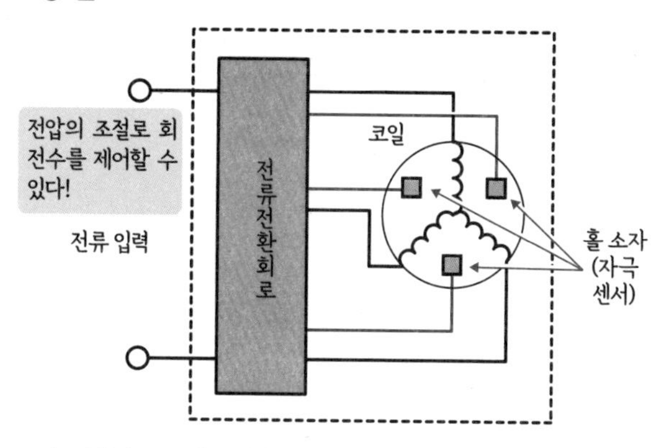

▲브러시리스 모터의 사용법

벡터 제어

플레밍의 왼손법칙을 활용한다

벡터 제어란 교류 모터를 정밀하게 제어하기 위해 교류 전류를 벡터로 취급하여 제어하는 방법이다.

플레밍의 왼손법칙

직류 모터는 플레밍의 왼손법칙 방향으로 발생하는 힘을 이용하기 때문에 구조적으로 자계와 코일이 직교(Orthogonal)되어 있다.

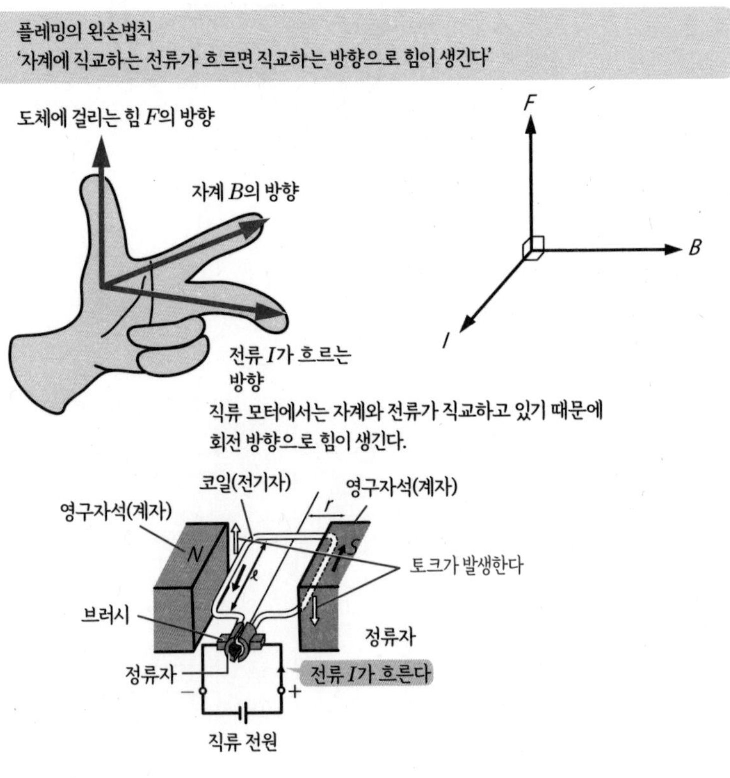

▲플레밍의 왼손법칙

벡터 제어(vector control) : 본문 참조. field orientation control이라고도 한다.

플레밍의 왼손법칙(Fleming's left hand rule) : 자계 중의 전류가 흐르고 있는 도체에 힘(로렌츠 힘)이 발생할 때의 각 방향의 관계를 나타낸 것.

벡터 제어란

- **벡터 제어**는 전류와 자계의 직교 관계를 교류 모터로 성립시키는 제어 방식이다.
- 자계가 발생하는 자속 벡터와 전류 벡터가 항상 직교하도록 인버터로 교류 전류를 제어한다.
- 때문에 벡터 제어에서 인버터는 전류 벡터의 크기와 방향을 제어한다. 교류 모터의 동기 모터, 유도 모터 모두 벡터 제어가 가능하다.
- 또한 벡터 제어는 토크를 제어할 수 있기 때문에 정밀하고 응답성이 좋다는 특징이 있다.
- 특히 영구자석 동기 모터는 벡터 제어를 하지 않으면 제대로 돌아가지 않는다(한편, 브러시리스 모터는 벡터 제어를 해서는 안 된다).

벡터 제어의 구조

- 벡터 제어를 하기 위해서는 인버터에서 전류 벡터의 크기와 방향을 제어하기 때문에 정확한 회전 각도 검출에 의한 회전자 위치 피드백뿐 아니라 전류 파형의 정확한 검출에 의한 전류 피드백도 필요하다.

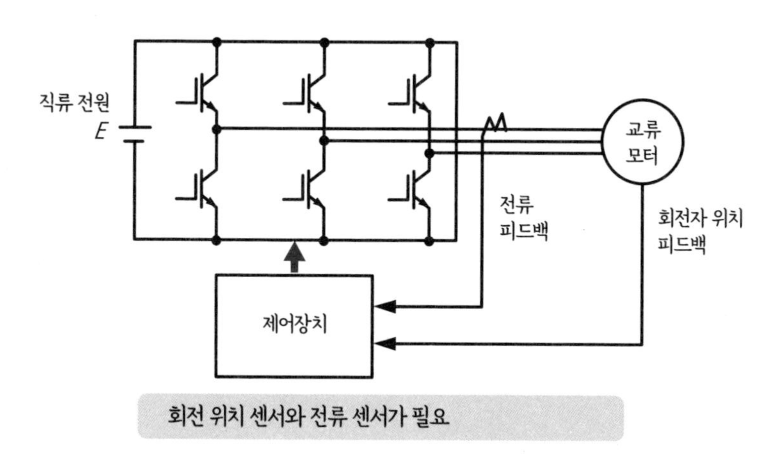

▲벡터 제어

회전자 위치 피드백(rotor position feedback) : 회전자의 회전각을 검출한다. 센서에는 인코더, 리졸버라고 불리는 센서를 이용한다.

파워 컨디셔너

인버터를 교류 전원으로 사용한다

직류를 발전하는 태양전지나 연료전지, 항상 변화하는 풍차 등의 자연에너지를 상용 전원으로 바꾸어 안정된 교류 전원으로 사용하려면 항상 정전압, 정주파수의 교류를 유지해야 한다. 이것을 CVCF 제어라고 한다.

독립전원과 계통 연계

- 인버터가 출력하는 교류만을 전원으로 사용하는 경우 **독립전원(자립운전)**이라고 한다. 이 경우 주파수, 전압은 항상 일정하게 제어된다.
- 인버터가 출력하는 교류를 전력계통에 접속하고 전력계통에 전력을 공급하거나 양자를 함께 사용하는 경우를 **계통 연계**라고 한다.
- 계통 연계를 위해서는 전력계통의 전압, 주파수에 완전하게 동기할 수 있도록 인버터의 출력을 제어시켜야 한다.

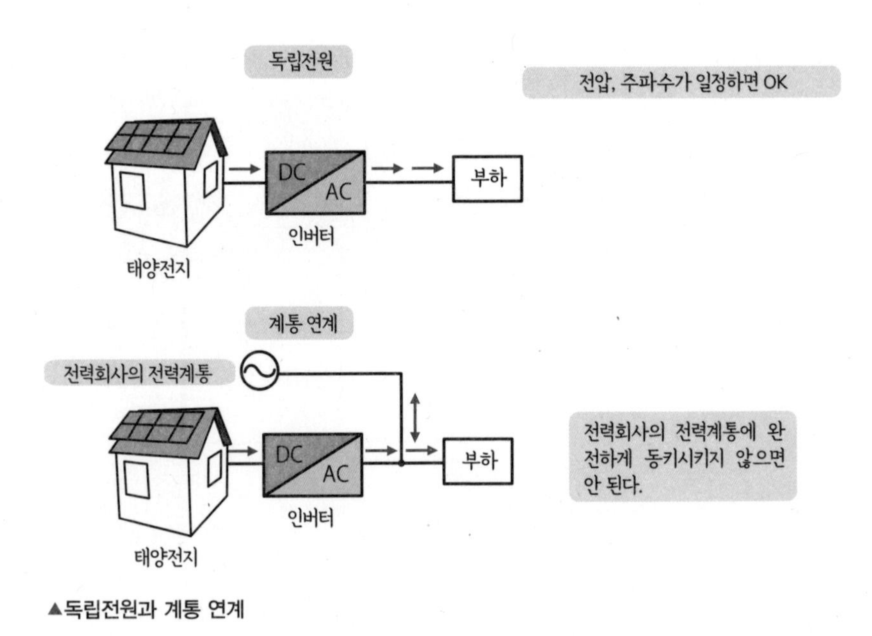

▲독립전원과 계통 연계

CVCF 제어(Constant Voltage Constant Frequency) : 정전압 정주파수의 교류를 출력하는 제어.
전력계통(power grid) : 발전, 송전, 변전, 배전을 아우른 시스템.

파워 컨디셔너(계통 연계 인버터)

- 태양광발전의 분산형 전원은 인버터로 전력계통과 계통 연계를 하고 있다.
- 계통 연계하는 다양한 기술 요건(기술적으로 필요한 조건)을 계통의 상태에 맞춰야 한다.
- 기술 요건을 만족하면 전력을 **계통**(전력회사)에 매전(전기를 파는 것)할 수 있다.
- 이러한 기능을 가진 계통 연계 인버터를 포함한 장치를 **파워 컨디셔너**라고 한다.

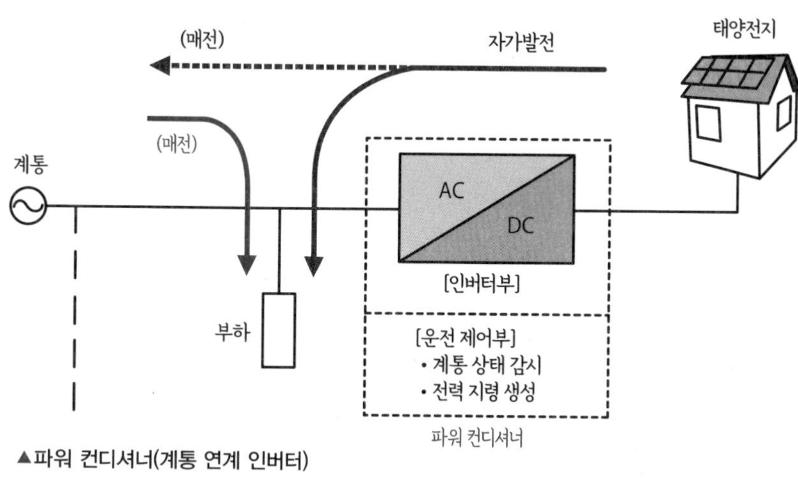

▲파워 컨디셔너(계통 연계 인버터)

계통 연계

- 계통 연계에는 세 가지 전력 흐름이 있다.
  ① 자가발전하지 않고 전력회사의 전력만을 사용한다.
  ② 자가발전하지만 그 전력만으로는 부족하기 때문에 전력회사의 전력도 함께 사용한다.
  ③ 자가발전한 전력이 남기 때문에 전력회사에 매전한다.
- 가정에서는 220/380V의 단상 교류(가정의 콘센트에서 취할 수 있는 교류)에 계통 연계한다. 메가솔라 등의 발전사업자이면 22.9kV의 3상 교류에 계통 연계한다.

계통 연계(grid connection) : 본문 참조. 전력회사로 부터 수용가로 향하는 전력의 흐름을 조류(潮流)라고 하고, 수용가가 매전하는 경우를 역조류라고 한다.

6-11 PWM 컨버터

인버터를 정류회로로 사용한다

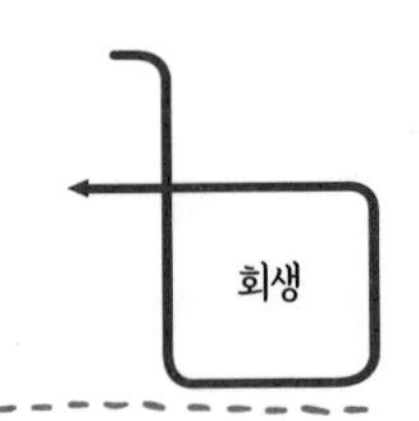

PWM 컨버터란

- 인버터 회로를 사용한 정류회로를 PWM 컨버터라고 한다.

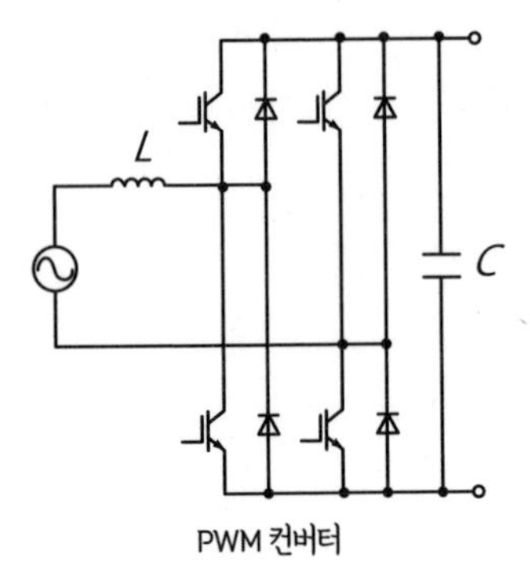

▲PWM 컨버터

PWM 컨버터의 원리

- 오른쪽 아래의 그림에서 S2를 온으로 하면 빨간색 선의 화살표와 같이 전류가 흐른다. 이때 전류의 경로는 다음과 같다.
  【교류 전원】→【L】→【S_2】→【D_4】→【교류 전원】

- 이 경로를 잘 보면 승압 초퍼의 회로로 돼 있다.
- 따라서 S_2를 온으로 했을 때 인덕턴스 L에 축적되어 있던 에너지가 회색 화살표로 나타낸 것처럼
  【L】→【D_2】→【C】
  로 흘러 콘덴서를 충전하여 부하에 직류를 공급한다.
- 다시 말해 PWM 컨버터는 S_2의 오프 기간에 부하에 전류를 보낸다. 따라서 PWM 컨버터는 스위치의 온/오프로 입력 전류 파형을 제어할 수 있다.

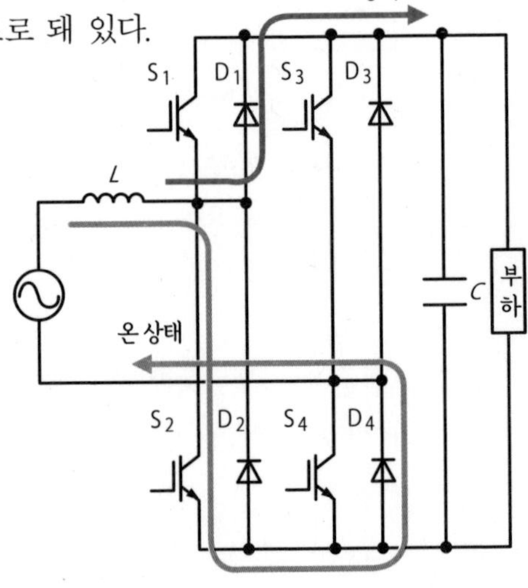

▲PWM 컨버터의 원리

PWM 컨버터(PWM converter) : PWM 제어에 의해 교류 전류 파형을 제어하는 정류회로를 말한다.

PWM 컨버터의 효과

- 교류를 직류로 정류하는 다이오드의 정류회로를 사용하면 교류 측에 흐르는 전류는 아래 그림의 왼쪽과 같이 비 정현파로 변한다.
- 전류가 비 정현파라는 것은 고조파를 포함하게 되므로 전력계통에 여러 가지 문제가 생긴다.
- 그러나 PWM 컨버터를 사용하면 교류 측을 흐르는 전류가 정현파가 되도록 제어할 수 있다.
- 또한 PWM 컨버터에 의해 교류 전압과 완전히 같은 위상의 정현파로 제어할 수 있다.
- 더구나 PWM 컨버터의 회로는 인버터 회로를 좌우 반전한 회로로 구성되어 있다. 이것은 그림의 오른쪽 직류에서 왼쪽으로, 인버터에 의해서 전력을 변환해서 교류를 공급할 수 있게 된다.
- 모터를 감속, 정지시킬 때는 모터를 발전기로 사용해서 회전에 의한 운동에너지를 전기에너지로 변환한다. 이때 발생한 전력을 재이용하는 것을 **회생**이라고 한다(전기자동차의 브레이크이다).
- PWM 컨버터를 인버터로 동작시킬 수 있으면 회생전력을 교류로 변환해서 전력계통에 공급할 수 있게 된다.
- 한편 교류 전압과 교류 전류가 모두 정현파이고 위상이 같은, 경우 역률이 1이 된다.

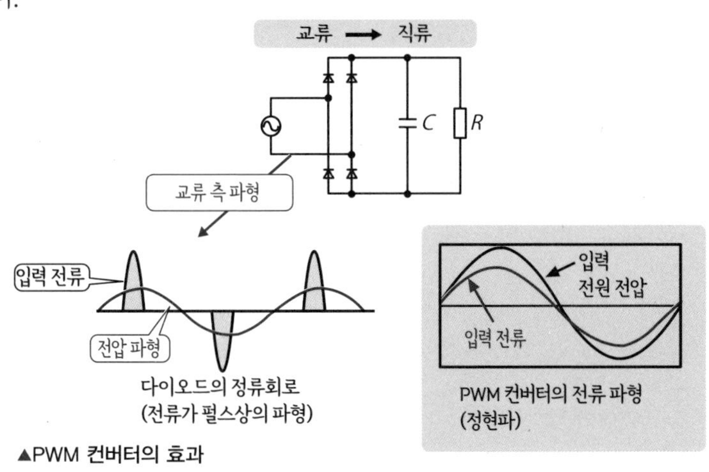

▲PWM 컨버터의 효과

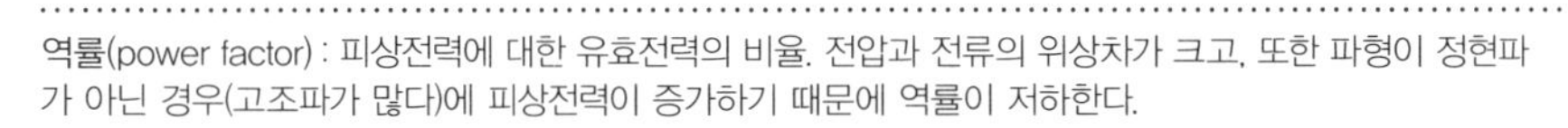
역률(power factor) : 피상전력에 대한 유효전력의 비율. 전압과 전류의 위상차가 크고, 또한 파형이 정현파가 아닌 경우(고조파가 많다)에 피상전력이 증가하기 때문에 역률이 저하한다.

Help Yourself
At HOME.

제 7 장

가정 속의 파워 일렉트로닉스

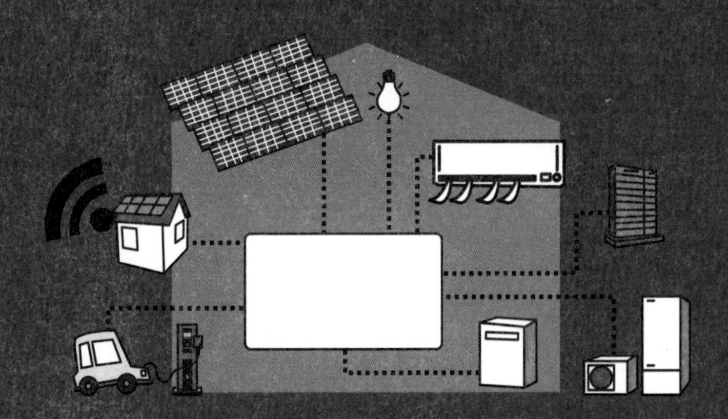

에어컨

가장 친숙한 파워 일렉트로닉스

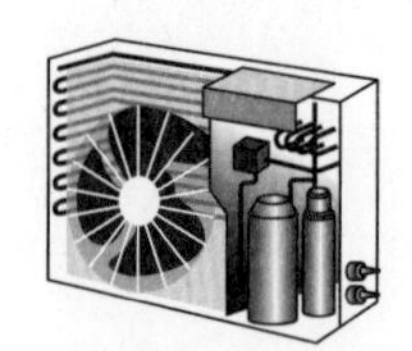

에어컨, 냉장고, 세탁기 등은 백색가전이라고 불리는데, 애초에 흰색 기기가 많았기 때문에 붙은 이름이다. 백색가전은 비교적 전기를 많이 사용하는 가전이라는 의미도 있다.

백색가전의 대다수는 파워 일렉트로닉스 기기이다. 그래서 백색가전은 생활가전이라고 부르기도 한다.

에어컨

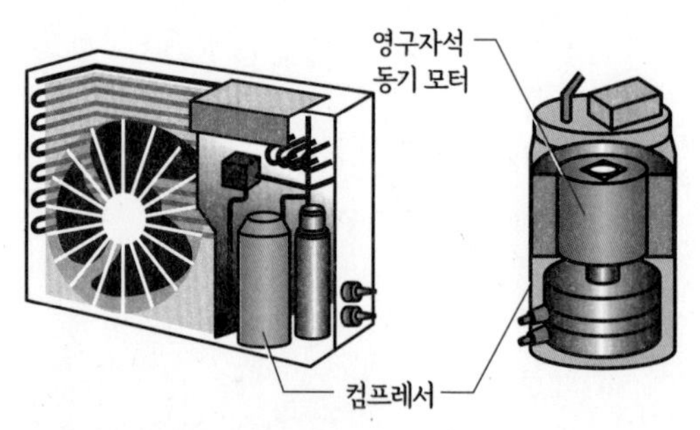

▲에어컨 실외기 내부의 컴프레서

- 에어컨은 일반 가전 중 가장 소비전력이 크기 때문에 일찍부터 파워 일렉트로닉스가 도입되어 빠르게 에너지 절약이 추진됐다.
- 이전에는 서모스탯으로 컴프레서의 모터를 온/오프했지만 현재는 인버터에 의해 컴프레서의 회전수를 제어하고 있다.
- 한편 인버터로 컴프레서 모터의 회전수를 제어함으로써 고속운전에서 급속 냉난방이 가능해지고, 또한 설정 온도 가까이가 되면 서서히 저속운전을 해서 소비전력을 낮출 수 있다. 그 결과 에너지를 크게 절약할 수 있게 됐다.

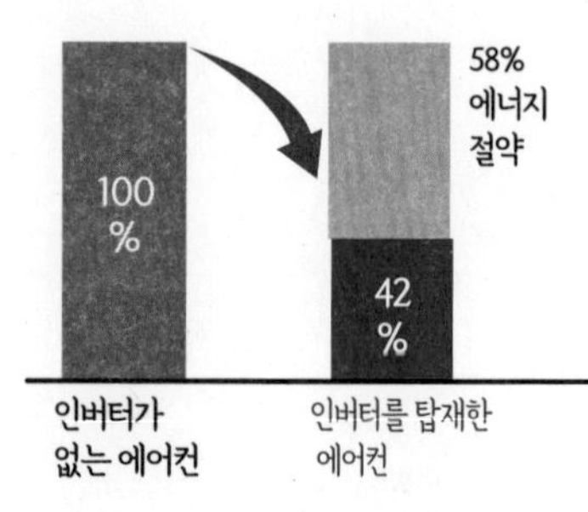

▲인버터의 에너지 절약 효과

컴프레서(compressor) : 압축기. 기체의 압력을 높여 송출하는 장치. 에어컨의 경우 냉매 가스를 압축한다.

에어컨 컴프레서의 모터

- 에어컨의 컴프레서는 제1세대라고 불리는 초기 제품에서는 유도 모터의 온/오프 제어가 이루어졌다.
- 그 후 제2세대가 되면 유도 모터의 인버터 제어로 바뀐다.
- 현재 에어컨의 컴프레서에서는 영구자석 동기 모터가 인버터 구동되고 있다. 영구자석 동기 모터는 운전 시간이 긴 저속운전을 전문으로 하며 모터 효율이 높다.

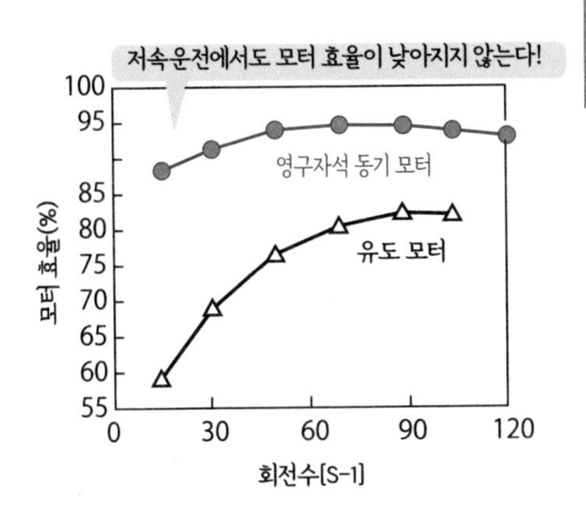

▲회전수에 의한 모터 효율의 변화

에어컨의 인버터

- 에어컨은 가정에서는 단상 220V 전원을 사용하기 때문에 배전압 정류회로를 사용해서 380V급의 3상 모터를 구동한다. 이 방법으로 전압을 380V로 하면 모터에 흐르는 전류는 220V일 때의 약 1/2이 된다.

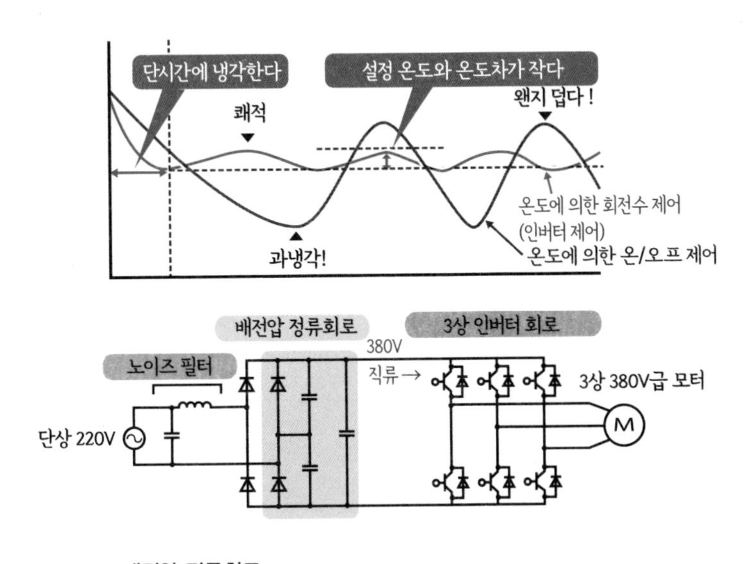

▲배전압 정류회로

배전압 정류회로(voltage doubler) : 변압기를 이용하지 않고 전압을 두 배로 높일 수 있는 정류회로. 다이오드와 콘덴서를 조합해서 한다. 다단식의 것은 콕크로프트-월턴(cockcroft walton) 회로라고 한다.

냉장고

파워 일렉트로닉스를 사용하는 현명한 에너지 절약

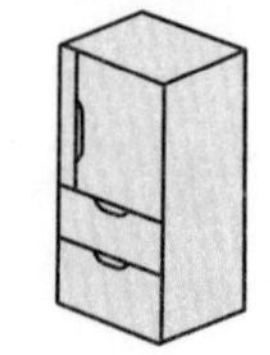

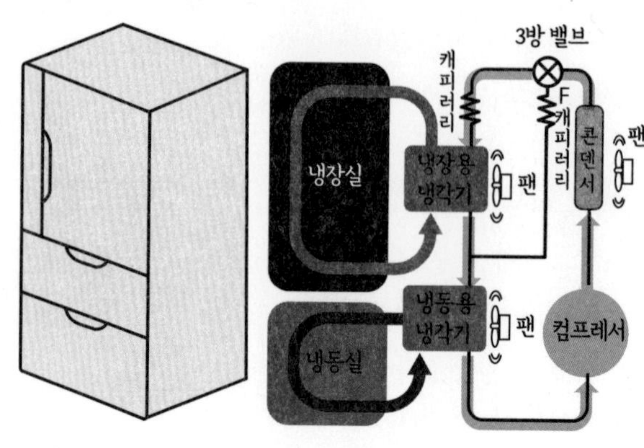

▲냉장고

- 주택에서 사용되는 가전 중 운전 시간이 가장 긴 것이 **냉장고**이다.
- 냉장고도 파워 일렉트로닉스가 사용되기 이전에는 에어컨과 마찬가지로 컴프레서의 모터를 서모스탯으로 온/오프했다.
- 인버터 제어로 바꾸어 냉장고 내 온도에 맞춰 회전수로 제어할 수 있게 됨으로써 소비하는 전력량, 문 개폐 시의 온도 변동, 야간의 운전 소음 저감 등에 큰 효과가 있었다.

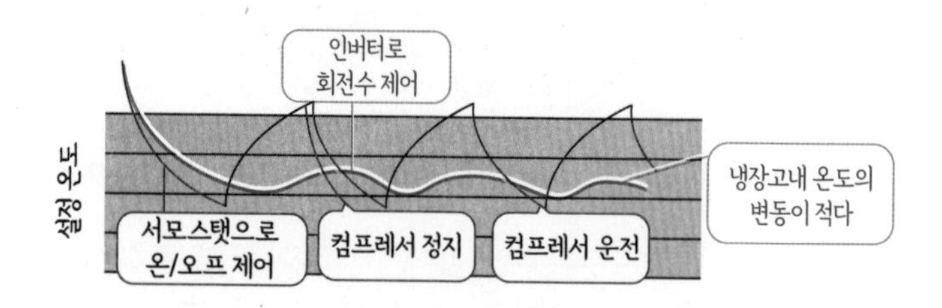

▲냉장고의 구조

전력량(power consumption) : 전력[W]은 순간적인 값이며, 전력에 시간[s]을 곱한 것이 전기에너지[J]를 나타낸다. 전기에너지는 전력량이라고 불리며 일반적으로는 [kWh]의 단위가 사용된다.

냉장고의 인버터

- 일반적인 냉장고에서는 배전압 정류회로로 380V급의 3상 모터를 회전수 제어하고 있다.
- 모터에는 유도 모터나 영구자석 동기 모터도 사용하고 있다.
- 주요 원리가 같기 때문에 에어컨과 마찬가지로 기술의 향상에 따라 성능이 좋아진다.

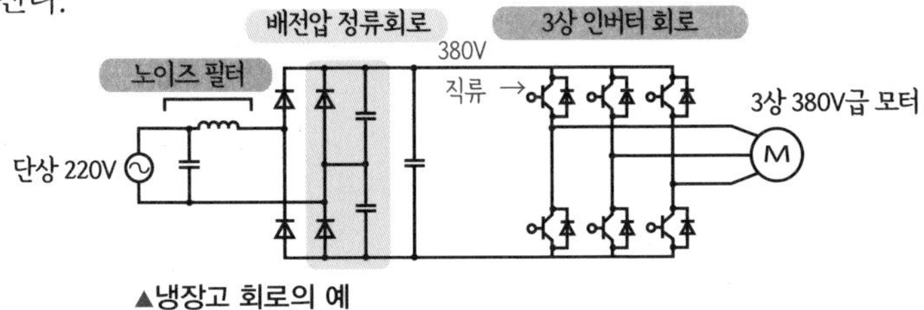

▲냉장고 회로의 예

에어컨, 냉장고의 공통 냉각 원리

- **냉동 사이클**이란 아래 그림과 같이 열역학의 원리를 이용하여 열을 이동시키는 구조(**히트펌프**)를 말한다. 열의 이동은 냉매가스를 컴프레서로 압축시킴으로써 일어난다.

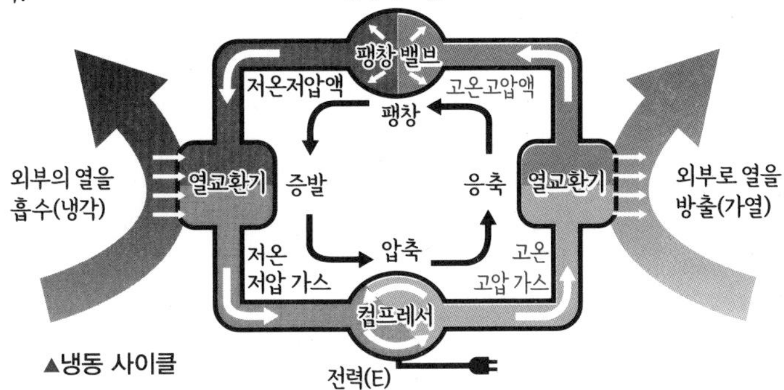

▲냉동 사이클

- 에어컨과 냉장고는 냉각하는 온도가 다를 뿐, 완전히 동일한 냉동 사이클을 사용하고 있다.
- 냉매(온도에 따라서 가스 또는 액체 상태가 된다)에 흡열/방열시키고, 그 냉매를 이동시켜서 냉각/가열을 한다.
- 냉동 사이클이 소비하는 전력은 이동하는 열에너지가 아니라 열의 이동을 위해 사용되는 에너지에 비례한다. 때문에 소비전력 에너지보다 훨씬 큰 열에너지를 이동시키는 것이 가능하다.

냉매(refrigerant) : 열을 이동시키기 위해 이용되는 열매체. 보통은 프레온이 사용되지만 최근에는 CO2 등도 사용된다. 열의 이동을 위해 액화, 기화 등을 한다.

세탁기

인버터로 조용하게 파워풀

통돌이 세탁기

- 세탁기는 세탁물을 위에서 넣고 꺼내는 통돌이 세탁기와 앞에서 넣고 꺼내는 드럼 세탁기가 있다.
- 통돌이 세탁기는 세탁 운전 시에는 회전이 낮고 모터의 토크가 커지는 한편 탈수 운전 시에는 회전수가 많고 모터의 토크가 작아진다.
- 따라서 통돌이 세탁기에 사용되는 모터를 제어하는 일은 운전 조건이 크게 달라 어려웠기 때문에 이전에는 모터에 감속기를 달아 세탁과 탈수에서 회전수를 전환하였다.

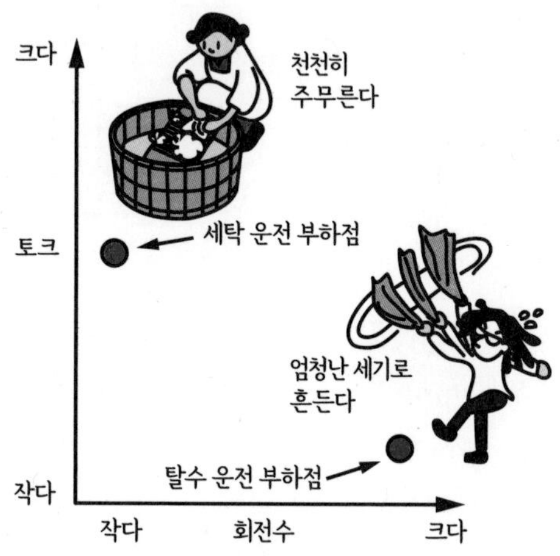

▲세탁 운전과 탈수 운전의 부하점

- 또한 주택 내에서 사용하기 때문에 감속기의 소음이 문제였지만 파워 일렉트로닉스로 구동하는 다이렉트 드라이브의 영구자석 동기 모터를 탑재하여 감속기가 필요없어지고 소음이 줄었다.

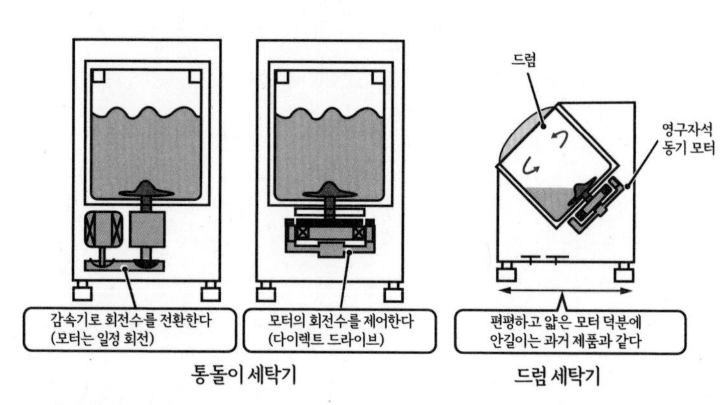

▲세탁기의 다이렉트 드라이브

열교환기(heat exchange) : 열을 교환하기 위한 장치. 가열, 냉각 등에 사용한다. 에어컨, 냉장고에서는 냉매와 공기의 열을 교대로 이동시킨다.

세탁기의 인버터

- 세탁기의 인버터는 배전압 정류회로로 380V급의 3상 모터의 회전수를 제어한다.
- 세탁기의 모터는 다이렉트 드라이브로 회전수를 제어한다.

다이렉트 드라이브와 드럼 세탁기

- 드럼 세탁기는 모터를 드럼(세탁조) 뒤쪽에 설치해야 해서, 이전 기술로는 주택의 일반적인 세탁기 공간에는 들어가지 않았다.
- 한편 영구자석 모터로 편평하고 얇은 모터를 탑재할 수 있게 돼 안길이가 짧아져 가정에도 드럼 세탁기를 보급할 수 있게 됐다.
- 드럼 세탁기에서는 편평하고 얇은 영구자석 동기 모터를 다이렉트 드라이브 방식으로 사용하고 있다.

히트펌프 건조기

- 히트펌프 건조기는 세탁기에 인버터 구동 히트펌프를 내장하여 온풍으로 건조를 시킨다.

▲히트펌프 건조기의 구조

히트펌프(heat pump) : 가열, 냉각을 열의 이동에 의해 하므로 펌프라고 불린다. 특히 가열, 난방을 히트펌프라고 부르는 경우가 많다.
팽창 밸브(expansion valve) : 액체 냉매를 통과시킴으로써 저온·저압으로 쉽게 증발하도록 하는 밸브.

청소기

인버터로 사이클론

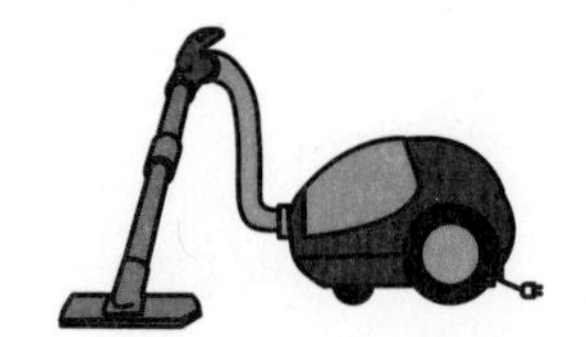

청소기는 모터를 회전시켜 먼지를 흡입하는 단순한 방식이지만, 사이클론이나 코드리스식의 새로운 청소기에는 파워 일렉트로닉스 기술이 속속 도입되고 있다.

기존 방식(종이팩식)

- 기존 방식(종이팩식)의 청소기에서는 상용 전원으로 그대로 고속 회전이 가능한 유니버설 모터를 사용했다.
- 일반적인 기존 방식(종이패식) 청소기의 모터는 1분간에 1만 회전정도이다.
- 기존 방식(종이패식)의 청소기에는 파워 일렉트로닉스를 사용하지 않았다.

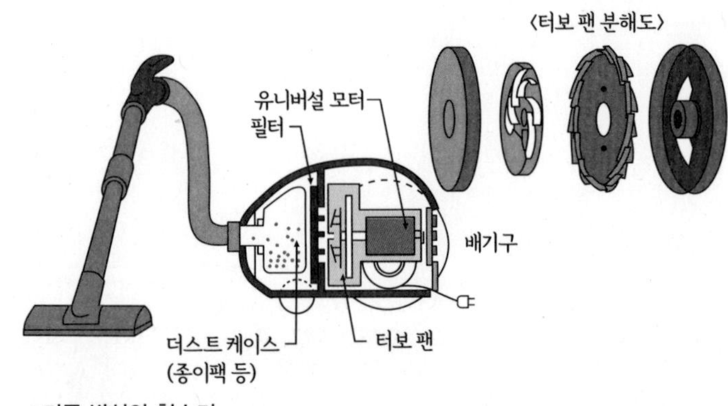

▲기존 방식의 청소기

사이클론식

- 사이클론식 청소기는 영구자석 동기 모터 등 파워 일렉트로닉스를 사용해서 돌리는 모터를 사용하고 있다.
- 때문에 모터의 회전수는 1분간에 5만 회전 이상이 되고, 그중에는 1분간에 10만 회전 이상으로 회전하는 것도 있다.

선회류(swirl flow) : 돌면서 진행하는 흐름을 말한다. 소용돌이를 생각하면 된다.

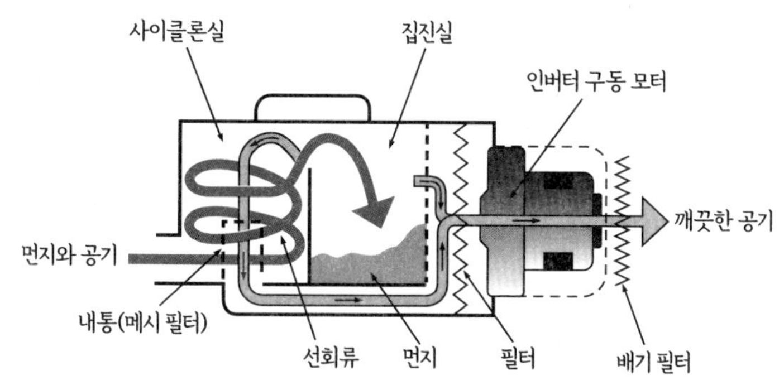

▲사이클론식 청소기의 구조

코드리스식

- 코드리스식 청소기는 배터리를 내장함으로써 필요한 전력을 미리 충전해 둔다.
- 이 충전기는 교류→직류로 변환하고 DCDC 컨버터로 충전 제어하는 파워 일렉트로닉스 회로이다.
- 배터리가 출력하는 직류로, 교류 직교 겸용 유니버설 모터를 그대로 돌리는 방식의 코드리스식 청소기도 있다.
- 사이클론식의 경우 인버터로 고속 회전하는 교류 모터를 구동한다.

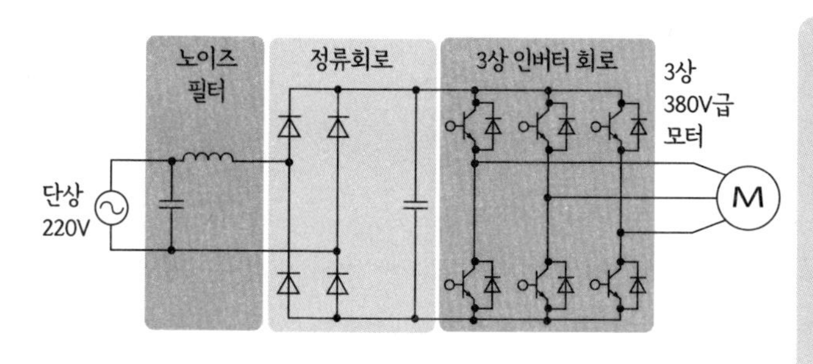

일반적인 가정용 청소기의 모터 출력은 약 1kW이고, 고전압을 가하면 보다 회전수를 높일 수 있다. 그러나 코드리스화에 대응하기 위해 배터리 전압과 균형을 맞추기 위해 배전압은 사용하지 않는다. 따라서 상용 전원을 그대로 정류한 레벨의 220V급 3상 모터를 사용하고 있다.

▲청소기의 회로

정류(rectify) : 교류를 직류로 변환하는 것(p.65 참조).

고주파(high frequency) : 주파수가 높은 것을 가리킨다. 분야에 따라서 고주파라 부르는 주파수가 다르다. 파워 일렉트로닉스의 경우 스위칭 주파수(kHz)보다 높은 주파수를 고주파라고 부르는 경우가 많다.

전자레인지

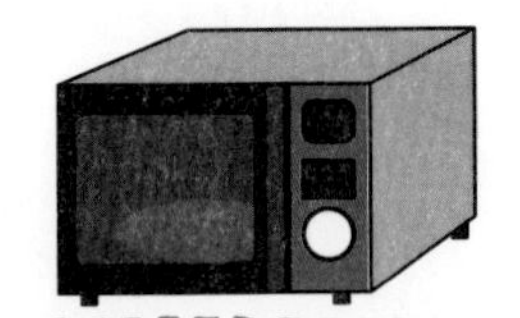

파워 일렉트로닉스로 가열 출력을 자유자재로 변화

전자레인지나 토스터 등은 조리가전이라고 한다. 이름대로 데우거나 굽는 요리에 사용하는 가전이다. 조리가전에도 파워 일렉트로닉스 기기가 늘고 있다.

전자레인지

- **전자레인지**는 식품의 수분이 **마이크로파**(주파수 2.4GHz의 전자파)를 흡수하면 발열하는 원리를 이용하고 있다.
- 마이크로파를 얻기 위해서는 마그네트론(진공관)이 필요하다.

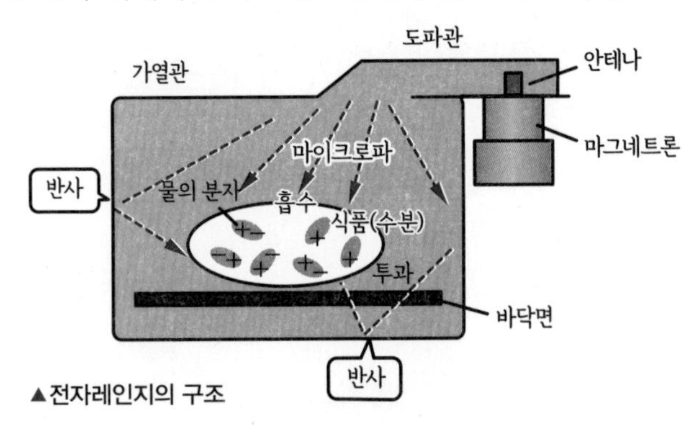

▲전자레인지의 구조

마그네트론

- **마그네트론**은 진공관의 일종으로 고전압에서 마이크로파를 만들어낸다. 금속성의 프레임 박스 안쪽에서 마이크로파를 발생하고, 상부의 안테나에서 전파를 낸다.

▲마그네트론

- 마그네트론은 수천 V의 고전압을 가하지 않으면 동작하지 않는다. 때문에 상용 전원의 단상 220V로는 불충분하기 때문에 변압기로 승압해야 한다.
- 파워 일렉트로닉스를 사용하기 이전에는 마그네트론을 직접 온/오프 제어했기 때문에 조리가 제대로 되지 않는 일도 있었다.

고주파 변압기(high frequency transformer) : 고주파용 변압기는 철심에 페라이트 등의 주파수 자기 특성이 좋은 재질을 이용해서 제작한다.

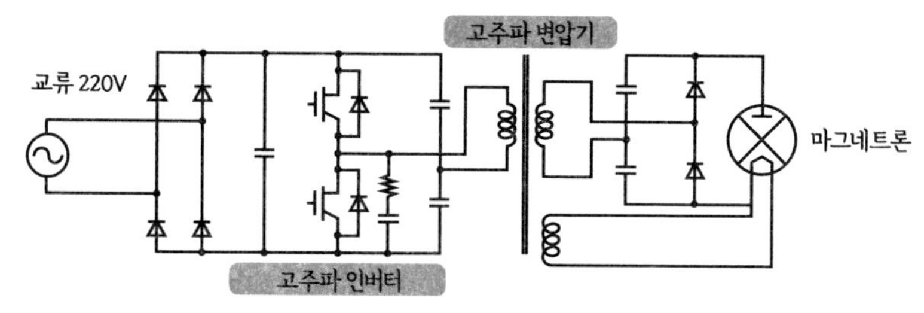

▲전자레인지 안의 인버터

전자레인지의 인버터

- 마그네트론에 필요한 고전압으로 승압하기 위한 변압기는 고주파 인버터를 사용하면 소형화가 가능하다.
- 또 인버터의 제어에 의해 마그네트론의 동작 전압을 조절할 수 있기 때문에 온/오프가 아니라 가열 출력을 연속적으로 변화시킬 수 있다.
- 전자레인지의 경우 인버터 도입 효과는 온/오프 제어에서 연속 제어되는 것이다. 전자레인지의 운전 시간은 비교적 짧기 때문에 파워 일렉트로닉스 기기에 의한 에너지 절약 효과는 크지 않다.

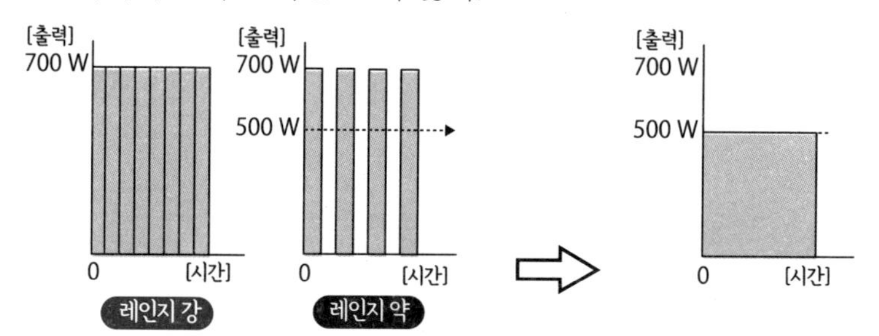

▲전자레인지의 인버터 도입 효과

고주파를 사용하면 왜 소형화가 가능할까?

자계에 의해서 코일에 전자유도가 일어난다. 이 전자유도에 의해 생기는 기전력의 크기는 자계의 변화 속도(주파수의 높이)에 비례한다. 즉, 주파수가 높으면 같은 전압을 발생시키기 위한 자속이 적어도 되기 때문에 작은 코일이라도 큰 코일과 같은 기전력을 유도할 수 있다.

예를 들면 큰 양동이로 한 번에 푸는 양을, 몇 번으로 나누면 작은 양동이로도 풀 수 있다는 얘기이다. 고주파로 스위칭한다는 것은 1초간의 스위칭 횟수가 늘어난다는 얘기이다. 따라서 L과 C의 값은 작아도 된다. 이것에 의해 소형화가 가능해 진다.

고주파 인버터(high frequency transformer) : 인버터가 출력하는 교류의 주파수가 높은 것을 말한다. 일반 인버터보다 스위칭 주파수가 높아지기 때문에 각부를 고주파용으로 설계해야 한다.

IH

와전류로 Let's cooking!

IH란 유도가열을 말하며, 전자유도를 이용한 가열 장치이다(p.55 참조).

IH 쿠킹 히터

- 전자유도는 시간당 자속의 변화(N과 S의 교대) 횟수에 비례해서 커지므로 주파수가 높은, 즉 자속의 변화 횟수가 큰 주파수를 사용하면 발열이 커진다.
- 따라서 IH 히터는 20~90kHz의 고주파 자계를 사용한다.

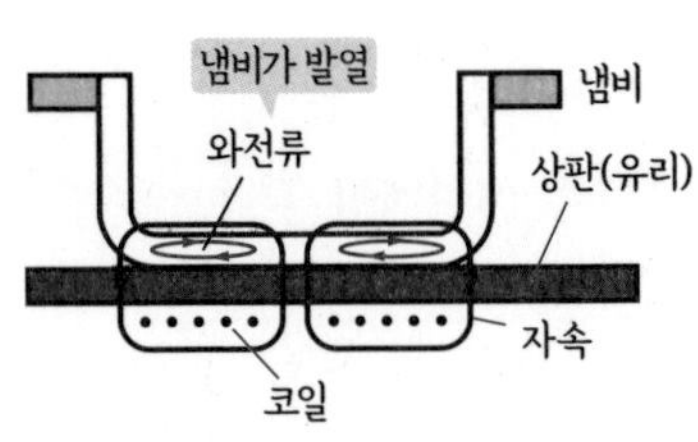

▲IH 쿠킹 히터의 구조

IH 쿠킹 히터에 의한 가열

- IH 쿠킹 히터에 의한 가열 원리는 다음과 같다.

  ① 전자유도에 의해 냄비 내부에 기전력이 생긴다.

  ↓

  ② 금속(냄비) 내부에 와전류가 흐른다.

  ↓

  ③ 와전류의 줄열에 의해 금속(냄비)이 발열한다.

- 이때 냄비에 생기는 기전력 e는 오른쪽 식으로 구할 수 있다(p.42 참조).

$$e=-L\frac{dI}{dt}$$

코일에 흐르는 전류의 매초 변화

유도가열(induction heating) : 전자유도에 의해 금속 내부에 와전류를 흘리고 와전류에 의한 줄열을 이용하여 금속을 가열하는 방법.

IH 쿠킹 히터의 인버터

- 하나의 스위칭 소자를 사용한 **일석식(一石式)** 공진형 인버터도 사용되고 있다.
- **공진형 인버터**는 코일의 인덕턴스 L에 맞춘 LC 공진 주파수로 인버터를 동작시킨다.

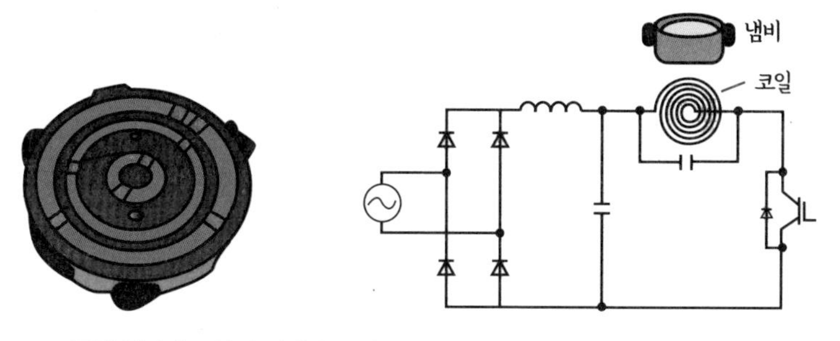

▲IH 쿠킹 히터의 코일과 인버터의 회로

IH 밥솥

- IH 밥솥는 IH 쿠킹 히터와 같은 원리로 일석식 공진형 인버터를 사용한다.
- 고급 제품의 경우는 바닥, 측면, 뚜껑에 각각 코일을 배치하고 각각의 인버터를 제어하여 가열 분포도 제어하고 있다.

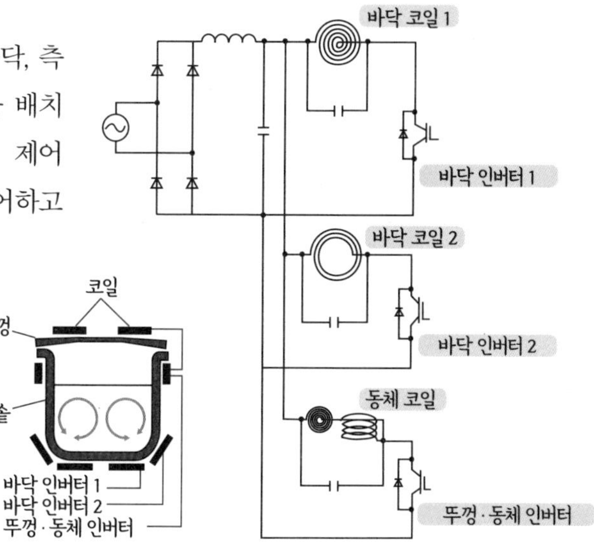

▲IH 밥솥의 구조와 인버터

일석식 인버터(single-piece inverter) : 하나의 스위치를 온/오프해서 직류를 교류로 변환하는 회로를 말한다. 반도체에 사용하는 실리콘의 원료가 돌이기 때문에 반도체 디바이스를 '돌'이라고 부르기도 한다.

조명

파워 일렉트로닉스가 밝히는 조명

LED 조명

- LED는 다이오드의 일종이며 반도체의 발광을 이용한 것이다.
- 즉 LED 조명에서는 LED에 흐르는 직류 전류를 제어해야 한다.
- LED는 와전류에서는 소손되기 때문에 파워 일렉트로닉스 없이는 사용할 수 없는 조명이다.

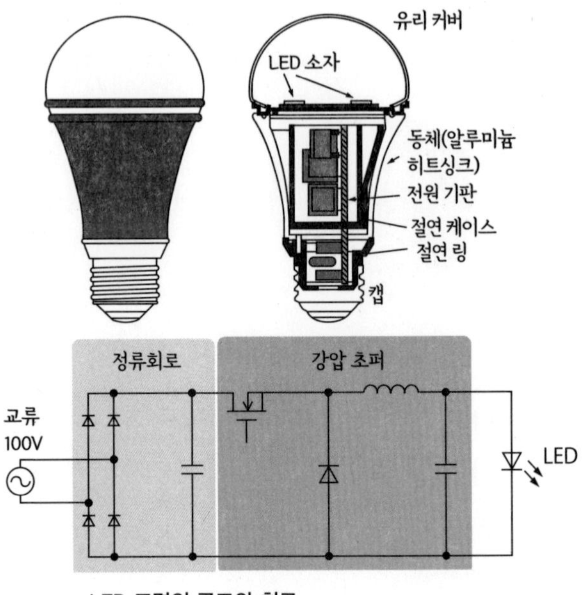

▲LED 조명의 구조와 회로

LED 조명의 구동 방식

- LED 조명의 구동 방식은 아래와 같이 두 가지가 있다.
- **DC 구동 방식**은 교류를 정류해서 직류로 변환한 후에 강압 초퍼로 LED에 흐르는 직류 전류의 크기를 제어한다.
- **펄스 구동 방식**은 펄스 열로 구동한다. 펄스의 폭과 펄스의 수 등으로 조광(調光)한다. 한편 점멸하는 빛이 계속 점등하는 빛보다 사람의 눈에는 밝게 느껴진다.

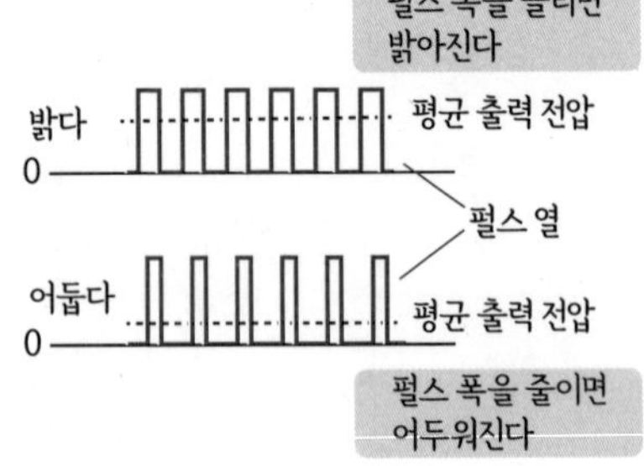

▲펄스 구동 방식

공진(resonance) : 코일과 콘덴서 간의 에너지 이동 횟수가 어느 특정 주파수(공진 주파수)가 되는 것을 이용하는 회로. 공진 주파수는 인덕턴스 L과 정전용량 C의 크기에 따라 결정된다. LC 공진이라고도 한다.

형광램프

- 형광램프(형광등)는 관내에서 아크 방전을 해서 자외선을 발생시킨다. 이 자외선이 유리관의 안쪽에 칠해진 형광물질에 닿으면 가시광(눈에 보이는 빛)이 발생해서 주위를 밝게 비춘다.
- 따라서 형광램프를 상용 전원에서 사용하려면 관내에 아크 방전을 시작하도록 하는 **글로 램프 스위치**(스타터)와 아크 방전 전류를 안정시키기 위한 **초크 코일**(안정기)이 필요하다.
- 한편 인버터를 사용하면 스타터, 안정기의 역할 양쪽 모두 인버터로 할 수 있다.
- 또 인버터를 사용하면 주파수를 제어할 수 있기 때문에 고주파로 점등시킬 수 있고 깜박거림도 없어진다.

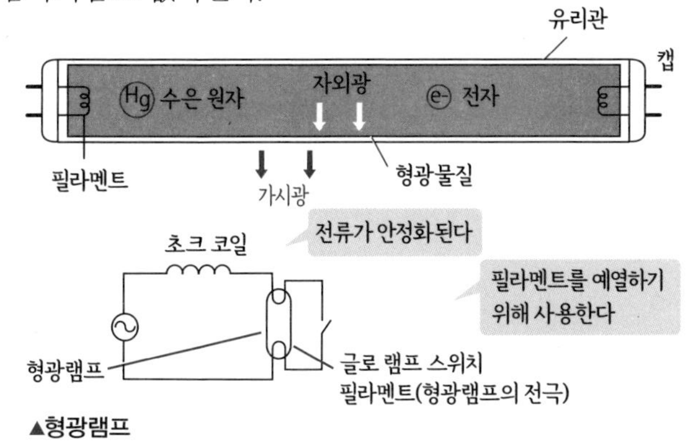

▲형광램프

형광램프의 인버터

- 형광램프를 인버터로 점등시키려면 40kHz 이상의 고주파로 점등시켜야 하기 때문에 공진형 인버터를 이용한다.
- 이때 주파수를 변경해서 밝기를 조절할 수 있다.

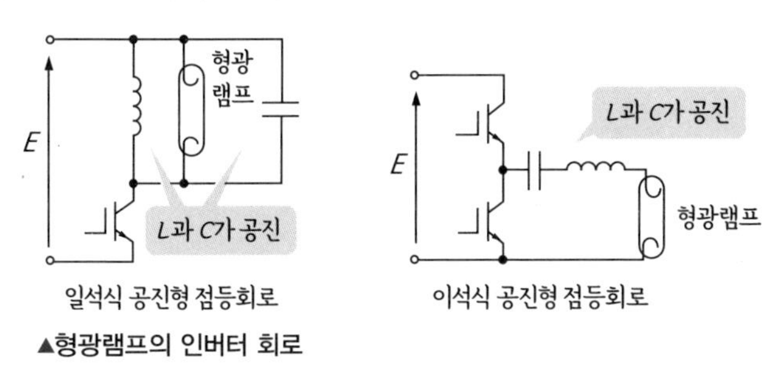

▲형광램프의 인버터 회로

LED(Light Emitting Diode) : 발광 다이오드. 전류를 흘리면 빛나는 반도체를 말한다. 반도체의 구성 재료에 따라서 방출하는 빛의 파장(색)이 다르다.

AC 어댑터와 충전기

비슷한 듯하나 조금 다르다

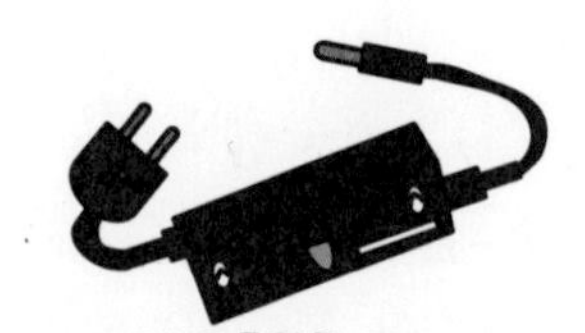

컴퓨터나 스마트폰 등 배터리에 충전해서 사용하는 기기에서는 충전기와 AC 어댑터를 사용한다. 이들 기기 내부의 전자회로는 저전압의 직류로 동작하기 때문에 상용 전원을 직접 연결할 수는 없다.

AC 어댑터

- AC 어댑터는 배터리를 사용하는 노트북 퍼스널컴퓨터 등의 휴대기기를 상용 전원으로 사용할 때 상용 전원의 교류를 소정의 직류(13V)로 변환시키는 변환기이다.

AC 어댑터의 원리와 회로

- AC 어댑터는 교류를 변압기로 절연·강압 시킨 후 정류회로로 정류한다.
- 간이 AC 어댑터로는 전압을 안정시킬 수 없다.
- 변압기가 내장되어 있기 때문에 AC 어댑터는 크고 무겁다.

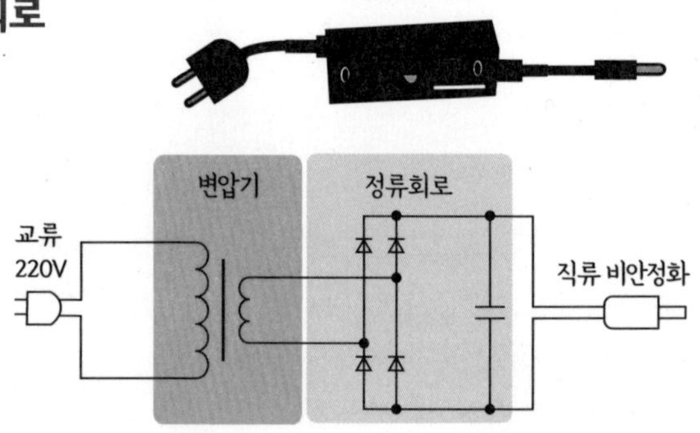

▲AC 어댑터의 회로

고주파 컨버터(절연형 DCDC 컨버터)

- **고주파 컨버터**란 상용 전원을 직류로 변환하고, 다시 절연형 DCDC 컨버터를 이용하는 것이다.
- 고주파를 사용하기 때문에 변압기를 소형·경량화할 수 있다.
- 또한 출력 전압과 출력 전류를 제어할 수 있기 때문에 정전압, 정전류로 할 수 있다.

아크 방전(arc discharge) : 전극 간의 기체가 절연 파괴해서 이온이 되고, 전극 간에 전류가 흘러 전극 간이 발광해서 고온이 되는 연속적인 현상을 말한다. 스파크라고 불리는 것은 순간적인 방전이다.
절연형 DCDC 컨버터(isolated DCDC converter) : 3–6항(p.80) 참조.

충전기

- 충전기는 스마트폰이나 태블릿 등의 내장 전지를 상용 전원으로 충전할 때에 사용한다.
- 충전기도 AC 어댑터와 마찬가지로 교류를 소정의 직류로 변환하는 변환기이지만, AC 어댑터와는 배터리의 충전 상태에 맞춰 전류를 제어한다는 차이가 있다.

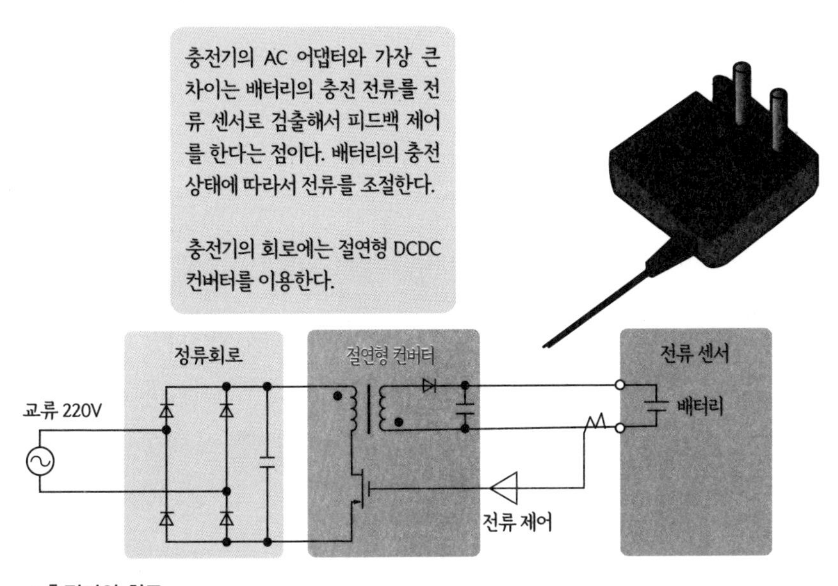

▲충전기의 회로

휴대기기의 충전 제어

- 배터리를 탑재한 휴대기기는 충전 초기에 정전류 제어를 하고 후기에는 정전압 제어를 한다.
- 이런 제어 패턴은 충전 시간의 단축, 전지의 소모, 충전기의 용량 등 다양한 요소를 반영하여 적절하게 사용할 수 있도록 만들었다.

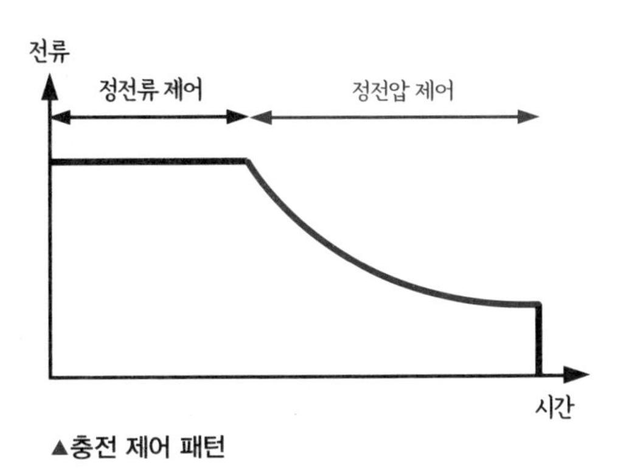

▲충전 제어 패턴

충전기(battery charger) : 충전이 가능한 배터리(2차 전지)를 충전하기 위해 사용한다.
리튬 이온 전지(Lithium-ion battery) : 배터리 내부의 전극 간을 리튬 이온이 이동하는 것을 이용해서 에너지를 축적하는 배터리. 소형, 경량이므로 널리 사용되고 있다.

정보기기, 영상기기

섬세한 ICT, IoT 기술을 실현시키는 기기

전자기기

- 마이크로컴퓨터나 전자회로를 사용하는 모든 전자기기에는 전자회로용 전원이 내장되어 있다.
- **전자회로용 전원**이란 상용 전원에서 절연해서 직류 5V, 12V 등을 전자회로에 안정 공급하는 전원을 말한다.

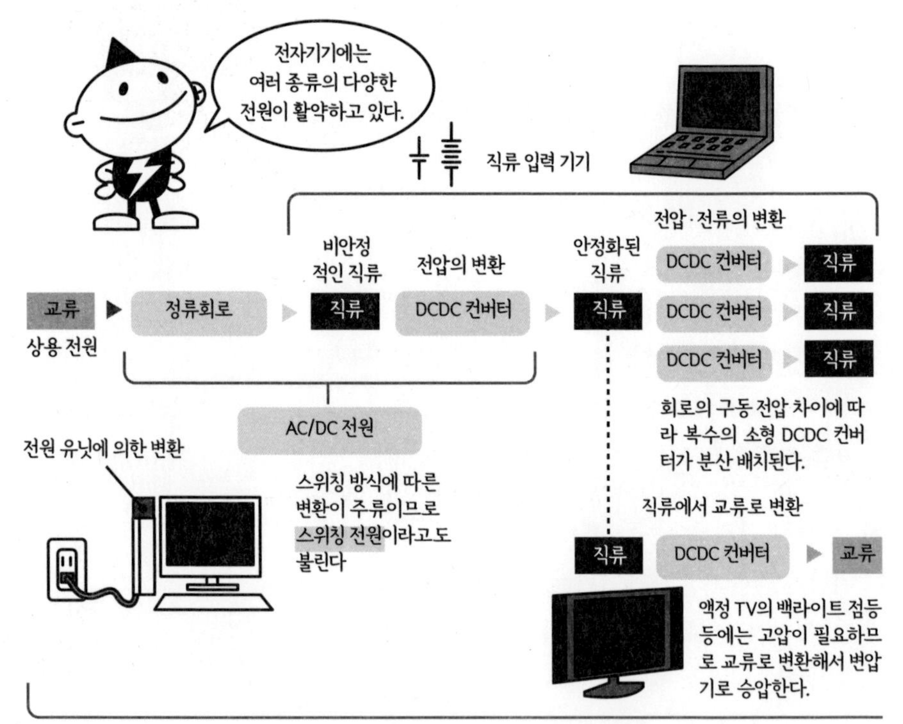

▲전자기기 내부의 전력 변환 디바이스

IC(Integrated Circuit) : 집적회로. 실리콘 기판상에 트랜지스터나 저항 등의 회로 소자를 만들어 넣고 내부를 배선하면 어떤 기능을 가진 전자회로로 기능한다.
DVD(Digital Versatile Disc) : 레이저광으로 판독하는 기억매체를 말한다.

프린트 기판의 전원

- IC와 기판사이에는 몇 개의 전원 회로가 있다. 5V의 안정화 회로, 5V에서 3.3V를 만드는 회로, 5V에서 2.5V를 만드는 회로 등이 사용된다.

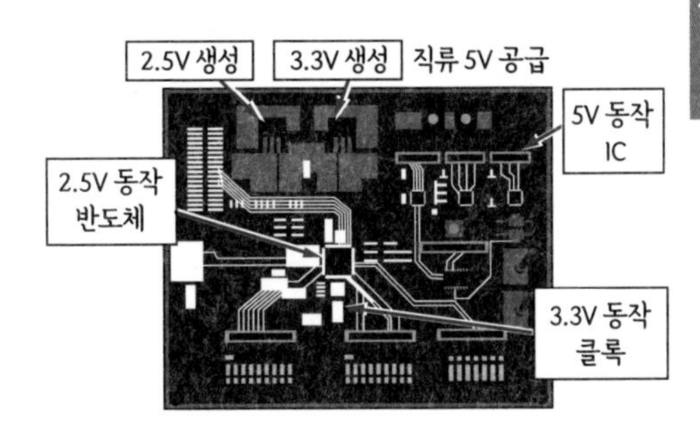

▲프린트 기판 예

액정 디스플레이

- 액정 디스플레이에는 전자회로용 전원 외에 액정을 구동하기 위한 전원이 겸비되어 있다.
- 또 액정으로 화상을 표시하려면 약 10V의 전압이 필요하므로 승압회로가 있다.

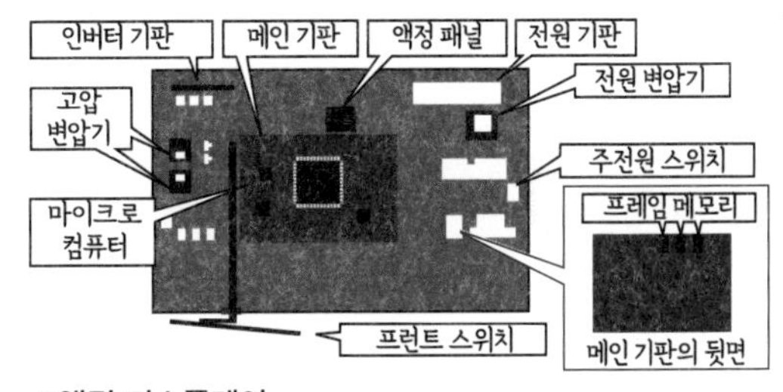

▲액정 디스플레이

디스크 드라이브

- DVD나 HDD의 디스크 드라이브에는 디스크를 회전시키는 스핀들 모터 및 헤드를 이동시키는 보이스 코일 모터가 사용된다.
- 모두 정밀한 제어가 필요하여 파워 일렉트로닉스 기기에 의해 서보 제어되고 있다.
- 그 외에 디스크 트레이의 이동 등을 담당하는 모터도 있다.
- DVD나 HDD의 디스크는 내주(안쪽 원)와 외주(바깥쪽 원)의 반경이 다르다. 따라서 어디에서나 읽기와 쓰기가 동일 선속도(Constant Line Velocity)가 되도록 회전수를 제어하고 있다.

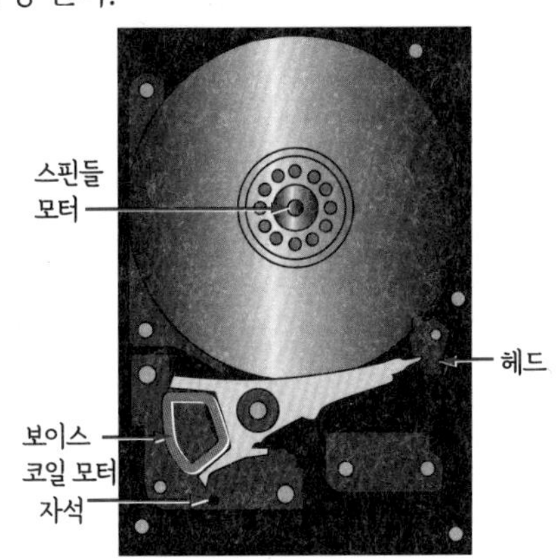

▲하드디스크의 구조

HDD(Hard Disk Drive) : 자기를 이용한 기억매체를 사용한 기억장치를 말한다.
스핀들 모터(spindle motor) : 모터와 회전 부분(스핀들)이 일체화된 모터. 사용 목적으로 부터 붙여진 명칭이다.

가정용 태양광발전과 에네팜

파워 일렉트로닉스 없이는 불가능하다

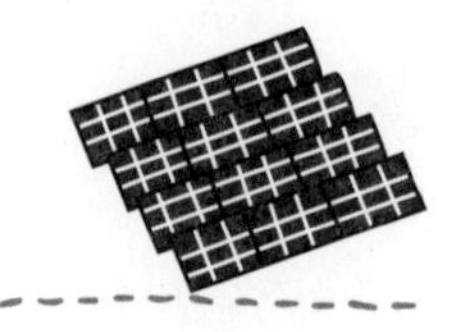

가정용 태양광발전

- 태양전지는 파워 컨디셔너(계통 연계 인버터)로 계통과 접속된다(6-10항, p.156 참조).
- 파워 컨디셔너 출력은 단상 3선식 220/380V 계통에 접속되어 있다.
- 솔라패널의 발전량은 일사량에 따라 변화하기 때문에 불안정하다. 때문에 발전 전압을 승압 초퍼에 의해 400V 이상으로 승압하고 일정 전압으로 안정화한다. 그리고 인버터로 교류로 변환한다.

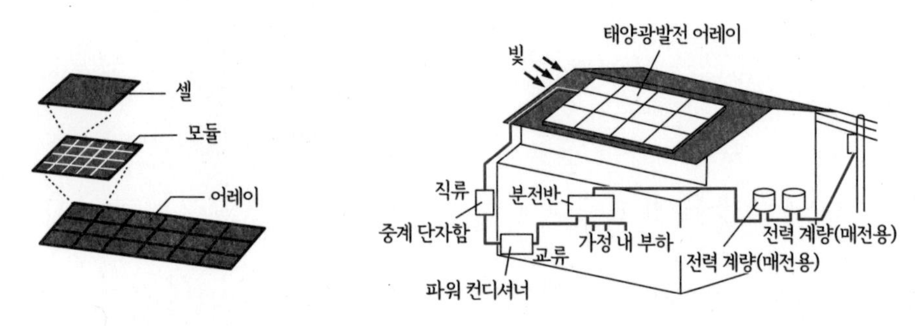

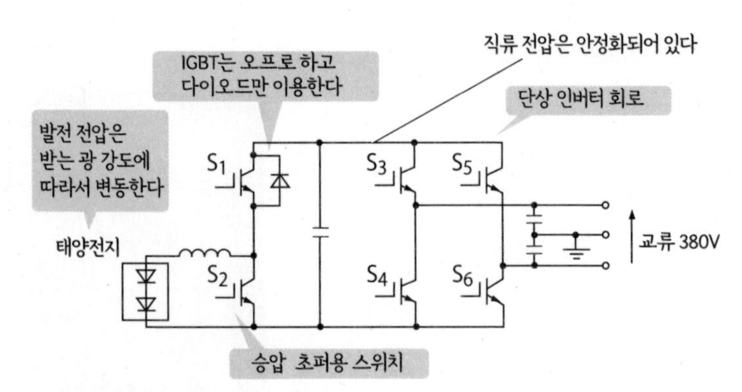

▲가정용 태양광발전의 구조와 회로도

태양전지 셀(solar cell) : 태양전지의 기본 단위. 빛이 닿으면 기전력이 생기는 반도체를 이용한 발전장치.
태양전지 모듈(solar cell module) : 셀을 여러 개 접속하여 유리, 수지 등으로 보호한 것.
태양전지 어레이(solar array) : 모듈을 여러 개 접속하여 지지대에 올린 것

MPPT 제어

- 태양전지는 일사 강도에 따라 전압, 전류의 특성이 변화하기 때문에 최대 전력을 얻을 수 있는 전압도 일사 강도에 따라 변화한다.
- 따라서 일사강도의 변화에 따라서 최대 출력을 얻을 수 있도록 파워 일렉트로닉스를 사용해서 솔라패널의 동작 전압을 조절한다. 이것을 **MPPT 제어**라고 한다.
- 솔라패널이 발전하는 전력은 (전압)×(전류)가 된다.
- 따라서 오른쪽 그림에서와 같이 일사 강도가 변화하면 발전 전력이 최대인 전압도 변화해 버린다.
- 일사가 변화해도 최대 전력을 발전할 수 있도록 솔라패널의 전압을 조절하기 위해 MPPT 제어가 사용되고 있다.

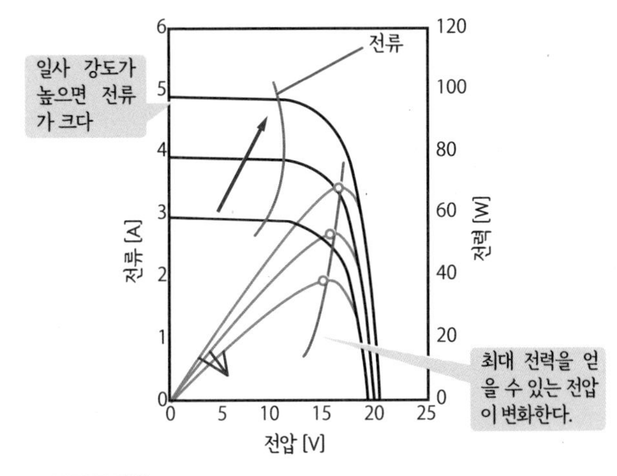

▲MPPT 제어

- MPPT 제어에서 자주 사용되는 것이 **등산법**이다. 등산법은 전압을 조금 늘려보아 전력이 증가하면 다시 전압을 높이고, 전력이 줄면 전압을 낮추는 방법이다. 전력의 피크를 산의 정상으로 간주하면 그 정상 부근을 왔다 갔다 하도록 해서 제어하는 것이 등산법이다.

일사 강도(intensity) : 빛의 강도를 나타낸다. 단위는 [kW/m²]이다. 일사량은 일정 시간의 태양광 에너지를 나타낸다. 단위는 [kWh/m²] 또는 [J/m²]이다.
MPPT 제어(Maximum Power Point Tracking) : 최대 전력 추종 제어. 본문 참조.

에네팜

- 도시가스, LP가스 등을 사용한 연료전지 발전 시스템을 말한다.
- 연료전지는 발전 시의 배열(排熱)이 많기 때문에 배열로 온수를 만들어 저장했다가 급탕에 사용한다. 이것을 **코제너레이션(열병합)**이라고 한다.
- 가정용 연료전지를 사용한 코제너레이션을 에네팜이라고 부른다.

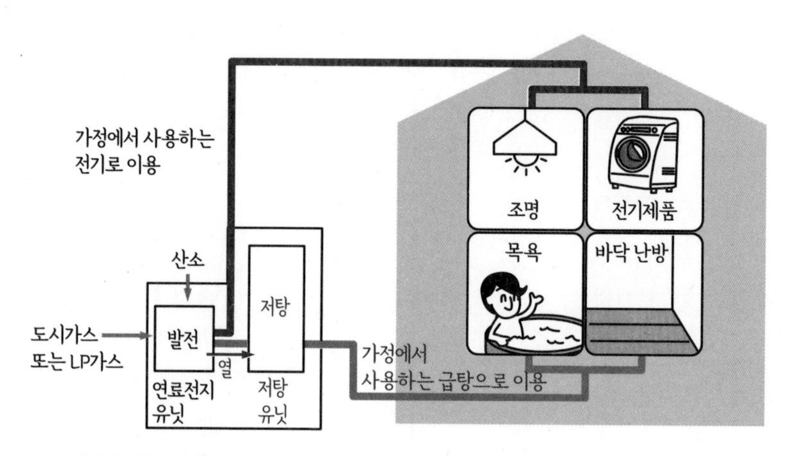

▲코제너레이션 이미지

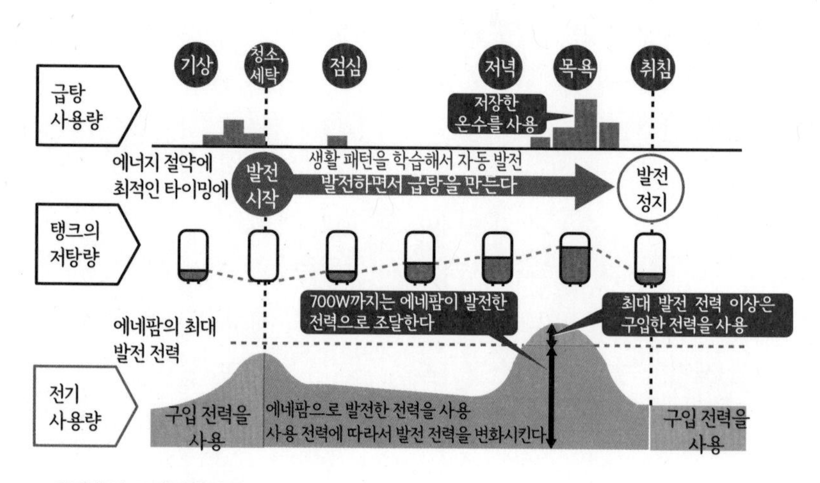

▲에네팜의 코제너레이션

연료전지(fuel cell) : 수소와 산소의 화학반응에 의해서 전력을 꺼내는 발전장치.
BMU(Battery Management Unit) : 배터리의 전압, 온도 등으로 부터 배터리를 감시하는 관리 유닛을 말한다.
배열(排熱) : 연료전지를 발전시켜서 사용한 후 남은 열

에네팜의 파워 컨디셔너(계통 연계 인버터)

- 에네팜을 계통 연계할 때의 연료전지는 발전 전력이 낮기 때문에 승압 초퍼를 사용한다.

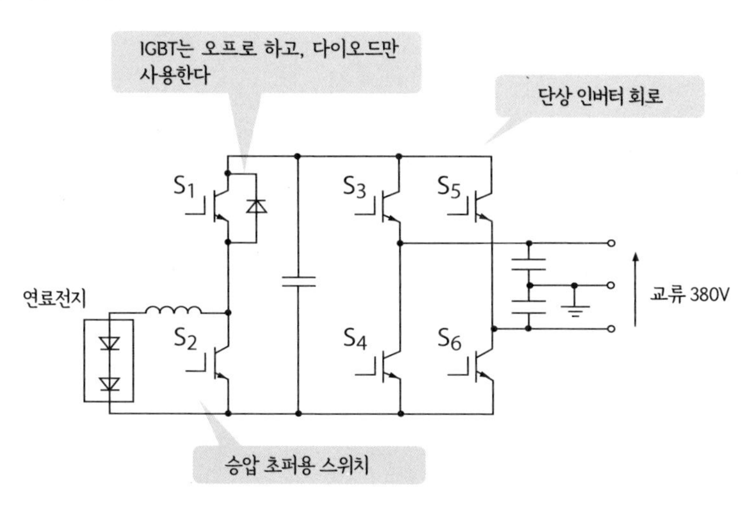

▲에네팜의 인버터 회로

축전과 저열

- 연료전지로 발전하면 배열이 나온다.
- 전기는 저장하는 것이 어렵지만 열로 물을 데워 온수를 저탕조에 간단히 저장할 수 있다.
- 이렇게 해서 전기를 사용하는 동시에 열(온수)을 저장해 둔다.

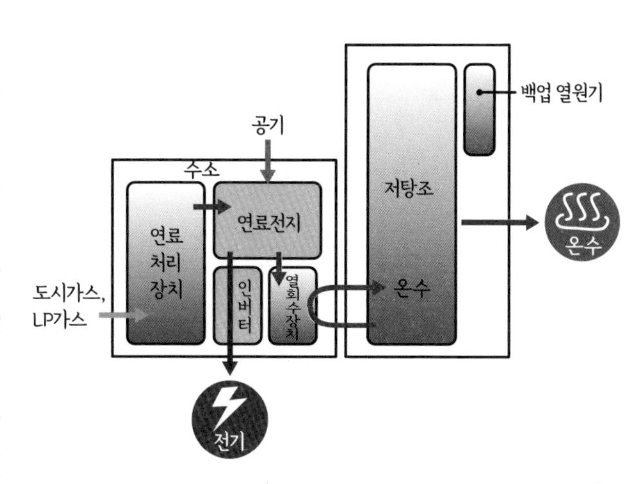

▲에네팜의 축전과 저열

HEMS와 스마트그리드

가정에서 에너지를 관리한다

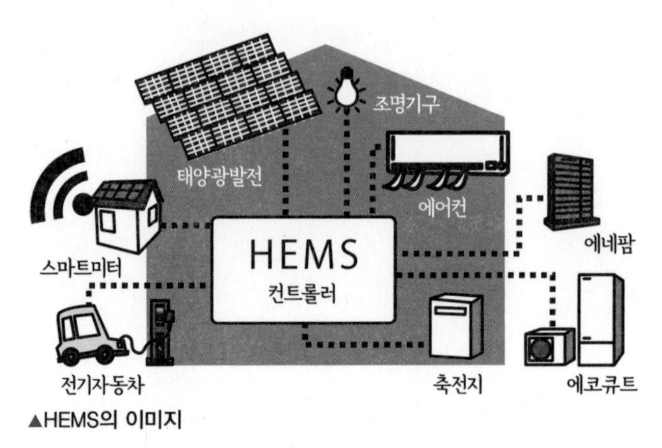

▲HEMS의 이미지

HEMS와 파워 일렉트로닉스

- HEMS란 가정의 에너지 관리 시스템을 말하며 가전, 태양광발전, 축전지, 전기자동차 등을 하나로 관리하는 것을 말한다.
- 구체적으로는 에너지 사용량을 모니터 화면에 나타낸 다음 가전기기를 자동으로 제어한다.
- 이 때 교류와 직류의 변환, 직류 전압의 변환, 배터리의 충방전 제어 등이 필요하기 때문에 HEMS는 파워 일렉트로닉스 없이 실현할 수 없다.

가정용 축전 시스템

- HEMS를 실현하기 위해서는 발전 전력을 일단 저장해야 한다.
- 따라서 가정 내의 축전 시스템이 필요하다.
- 이를 위한 축전지를 구입하는 방법 이외에 전기자동차의 배터리를 이용하는 것도 고려할 수 있다(V2H).

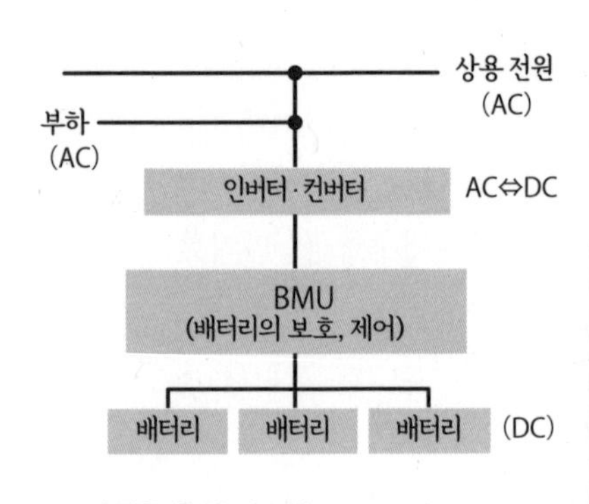

▲가정용 축전 시스템

HEMS(Home Energy Management System) : 본문 참조.

스마트그리드

- 스마트그리드란 정보 네트워크를 이용하여 전력의 흐름을 공급·수요 양쪽에서 제어하는 것이다.
- 즉, 스마트그리드는 전력의 이용을 최적화할 수 있는 송전망이다.

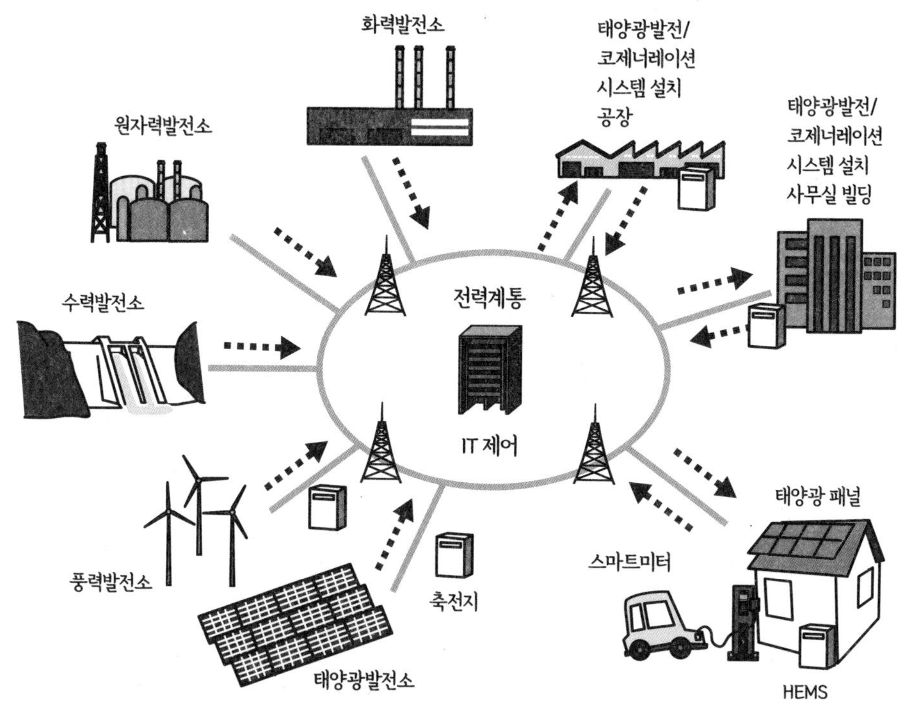

▲스마트그리드의 이미지

스마트그리드(smart grid) : 전력의 흐름을 공급과 수요측 양쪽에서 제어하고 최적화할 수 있는 송전망. 전용 기기나 소프트웨어가 송전망의 일부에 내장되어 있다.
V2H(Vehicle to Home) : 전기자동차에 탑재된 배터리의 전력을 가정의 전력으로 사용하는 시스템을 말한다.

흑과 백

백색가전이란 냉장고, 세탁기, 에어컨 등을 총칭하는 말이다. 가정 내에서 비교적 소비전력이 큰 기기를 가리킨다. 초기에 이들 기기의 색상이 흰색인 경우가 많았기 때문에 백색가전이라 불리게 됐다.

이에 비해 흑색가전은 영상, 정보기기 등 소비전력이 비교적 작은 기기를 가리킨다. 마찬가지로 이들 기기의 색이 대부분 검은색 이었기 때문이다.

이외에 생활가전(청소기, 다리미), 조리용 가전(전자레인지, IH 쿠킹 히터)이라는 이름도 사용한다.

하지만 모두 속칭일 뿐 이들 단어가 공식적으로 정의된 적은 없다. 다만 대형 가전제품 매장에서 제품 안내를 위해 해당 단어를 사용한다면 편리할 것이다.

백색가전

흑색가전

▲백색가전과 흑색가전

정전 이외의 전원 이상

정전 이외의 전원 이상에 대해 아래에 정리한다.

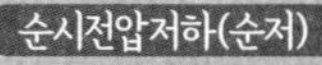

전원 이상의 종류	파형
순시정전 1초 미만의 정전을 말한다. 전력회사에서 송전선 루트를 바꿀 때 발생한다.	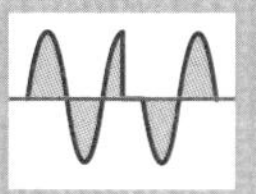
순시전압저하(순저) 0.07초에서 0.2초 정도의 정전. 낙뢰나 눈으로 인한 재해 등에 의한 플래시오버 등으로 송전선의 전압이 강하해서 발생한다.	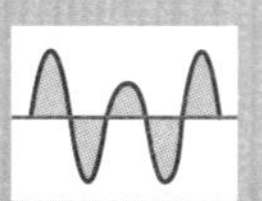
전압 변동 전압이 상승·하강하는 것. 전압 강하는 전원설비 용량이 작은 경우에 다른 큰 전력을 가동시켰을 때 주로 발생하고, 전압 상승은 외부의 잡음 등이 원인이 되어 주로 일어난다.	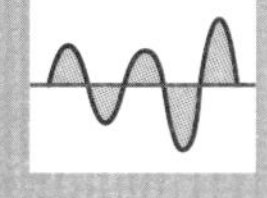
서지 1차적인 전압의 상승(과전압)이나 과전류 전반을 가리킨다. 벼락 서지나 배전계통의 전환에 의해 발생한다.	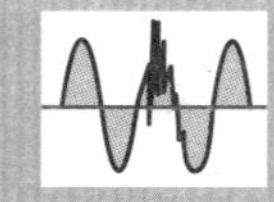
노이즈 전원 파형의 혼란을 말한다. 낙뢰나 산업기기, 발전기, 무선기, 전자기기 등 모든 전기기기에서도 발생한다.	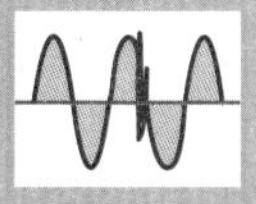

▲전원 이상의 종류와 각각의 파형

TRANS, Everywhere.

제 8 장

교통수단과 파워 일렉트로닉스

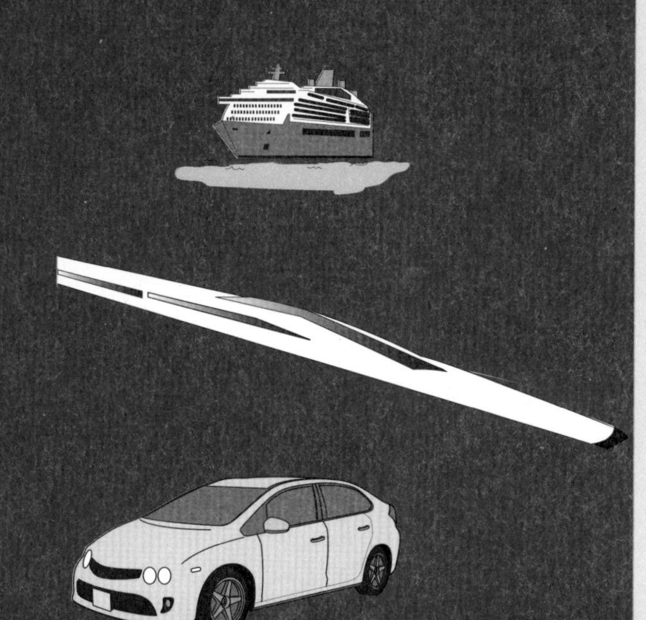

철도 차량

철도는 파워 일렉트로닉스의 우등생

전차의 구조

- **전차**는 팬터그래프(Pantograph)에서 전기를 수전하여 모터로 주행한다.
- 전차의 지붕에 장치한 팬터그래프는 하나의 **가선**(전차의 위로 둘러친 전선)에 접해 있다.
- 전기를 통하게 하려면 플러스와 마이너스 두 개의 배선이 필요하지만, 전차의 경우 선로의 레일이 또 다른 하나의 전선으로 되어 있다.
- 대다수의 일본 전차는 가선의 전기에 직류 1500V를 사용한다.
- 또한 모터도 유도 모터가 사용된다.
- 이 모터는 전차 바닥의 대차에 설치되어 있다. 대차는 1차량에 두 쌍씩 장착되어 있고, 하나의 대차에는 차축이 두 개 있다. 모터는 차축마다 장착되어 있다. 다시 말해, 대차는 1량에 2쌍 장착되어 있으므로 1량의 차량에 모터가 4 대 있다.
- 몇 량의 전차를 연결해서 편성할 때는 그중의 몇 량에는 모터가 탑재되지 않은 차량이 사용되기도 한다.

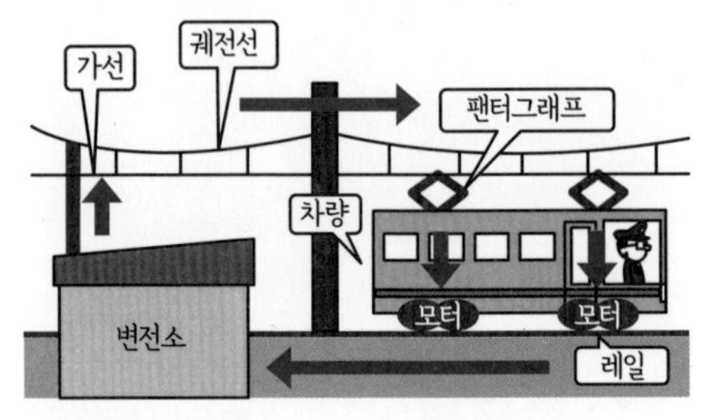

▲전차의 전류 흐름

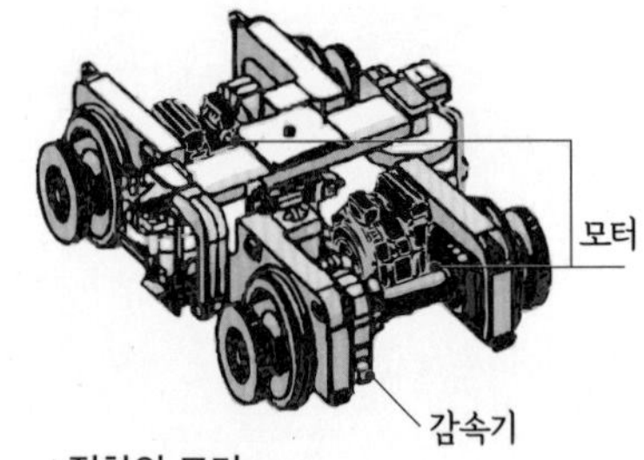

▲전차의 모터

VVF(주행용 인버터)

- 일반적인 일본의 전차에서는 출력 150kW급의 유도 모터(IM)를 인버터로 벡터 제어(6-9항, p.154 참조)하고 있다. 즉, 인버터의 제어에 의해 유도 모터의 토크를 제어하고 있다.

팬터그래프(pantograph) : 전차의 지붕에 설치해서 가선의 전류를 받아들이는 집전장치. 마름모꼴이나 Z형으로 수축하는 기구를 말한다.
궤전선(feeder) : 가는 가선에 변전소에서 전송된 전류를 흘려 넣기 위한 전선

- 전차의 경우 인버터 자체를 VVVF라고 부르는 경우가 많다. 그러나 6-6항(p.148)에서 설명한 바와 같이 유도 모터의 VVVF 제어란 모터의 회전수를 제어하는 방법을 말한다. 정확히는 전차의 인버터는 벡터 제어에 의해서 모터의 토크를 제어한다.
- 전차의 경우 1차량분의 모터 4대를 1 대의 인버터로 제어하는 경우가 많다.

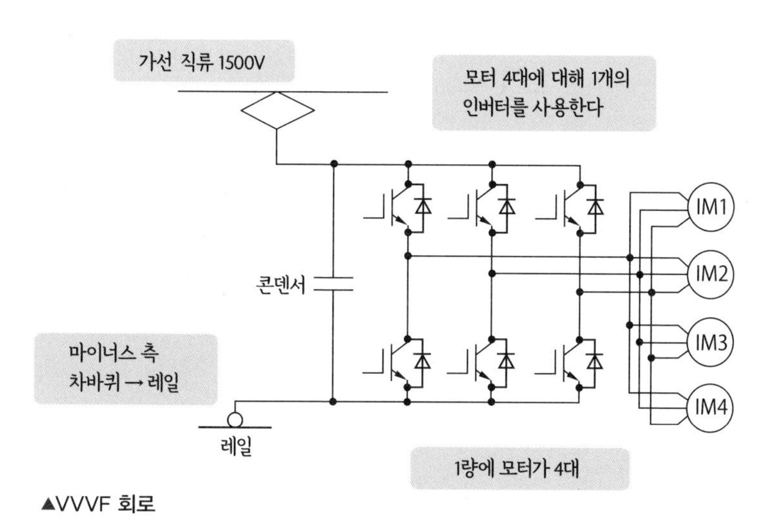

▲VVVF 회로

SIV(보조전원용 인버터)

- SIV는 팬터그래프에서 공급되는 직류를 차내의 조명, 공조 등에 이용하기 위해 교류로 변환하는 인버터이다.
- SIV에는 200V와 400V 출력의 것이 있고, CVCF 인버터를 사용한다(p.156 참조).

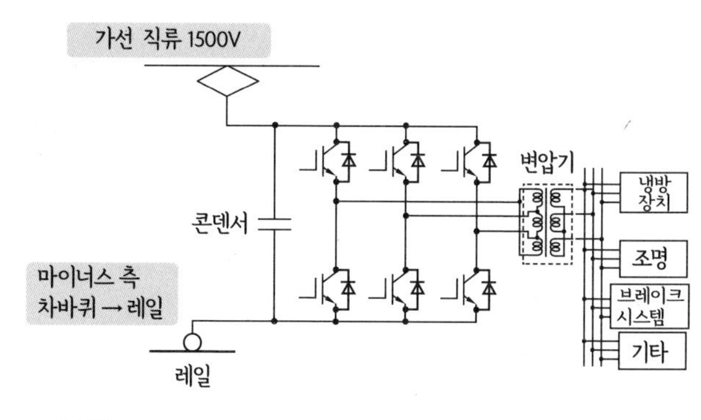

▲SIV 회로

가선(overhead wire) : 공중을 가로질러 놓인 전선. 여기서는 철도 차량에 팬터그래프를 통해서 급전하는 접촉 전선을 가리킨다. 트롤리선.
차축(axle) : 차량의 차바퀴를 장착하기 위한 축. 차바퀴의 축. 심봉.

인버터에 의한 회생

- 전차의 인버터에는 주행 시에 모터를 구동하는 역할뿐 아니라 **회생 브레이크**라는 중요한 역할도 있다(p.243도 참조).
- 감속할 때 모터를 발전기로 사용하면 발전에 가해지는 부하(負荷)가 브레이크력이 되고, 나아가 전력을 만들어낼 수 있다. 이러한 기능을 **회생**이라고 한다.
- 회생된 전력은 가선을 통해서 동시간에 주행하고 있는 다른 전차가 사용한다. 한편 회생에 대해 모터로 주행하는 것을 **역행**(力行)이라고 한다.

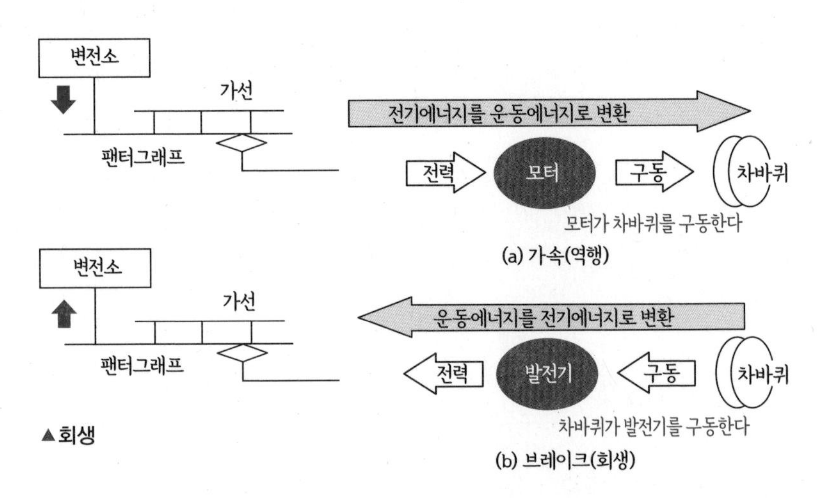

▲회생

회생 브레이크의 구조

- 원래 전차의 인버터(IGBT)를 모두 오프로 하면 회로는 3상의 정류회로가 된다.
- 즉, 모터가 발전하는 3상 교류는 인버터의 피드백 다이오드에 의해 직류로 정류된다.
- 이때 발생하는 직류 전압이 가선의 전압보다 높으면 전력은 가선에 보내진다.
- 회생 브레이크는 상황에 따라서 기계식 브레이크와 함께 사용된다.

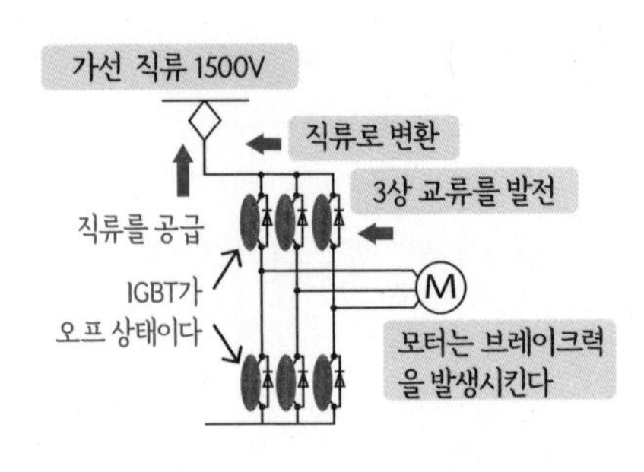

▲회생 원리

SIV(Static InVerter) : 철도 차량용 보조전원장치. 영어로는 APU(Auxiliary Power Unit)라고 한다.

전차에 탑재되는 파워 일렉트로닉스 기기

전차에는 주행 시스템, SIV 이외에

- 에어컨의 인버터 제어
  (컴프레서뿐 아니라 실내외 팬도 제어한다)
- 전동문 제어(회전형 모터뿐 아니라 리니어 모터도 사용된다. 기존에는 공기압을 사용해서 문을 개폐했다)
- 공기 브레이크용 압축기의 인버터 제어

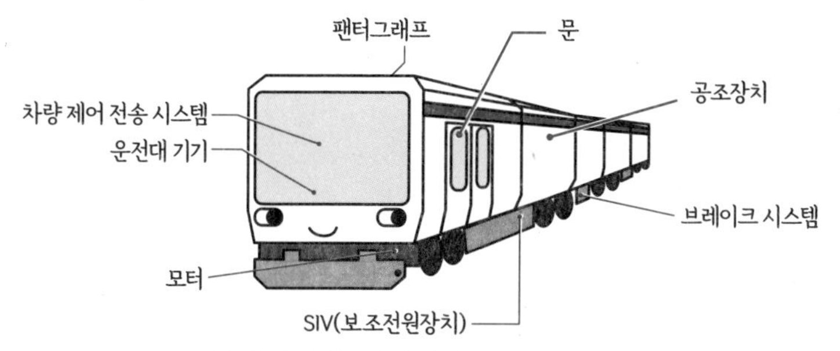

▲전차에 탑재되는 파워 일렉트로닉스 기기

전차용 인버터를 제어할 때는 펄스 모드 전환이라는 것이 사용된다. 이것은 PWM 제어에 사용하는 반송파(캐리어파[5-4항, p.127 참조]) 주파수를 전환하는 방법으로, 반송파의 주파수가 신호파 주파수(모터에 가하려는 주파수)의 정수배가 되도록 하는 것이다. 이렇게 하면 주파수가 변화해도 신호파의 1주기 동안 펄스 수가 일정해진다.

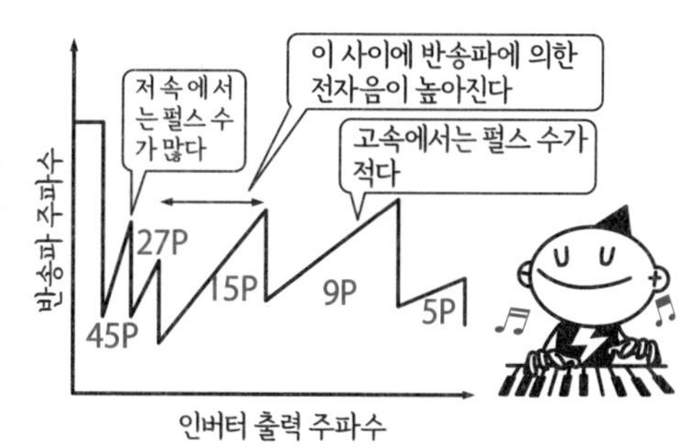

▲도레미파 인버터

즉, 펄스 모드 전환은 반송파의 주파수가 일정 범위에 들어가도록 펄스 수를 변경한다. 이렇게 하면 전차가 가속할 때 모터의 자기 소음의 음색이 변화한다. 도레미파 인버터는 모터가 반송파의 주파수로 자기 소음을 낼 때, 그 음의 변화가 음계가 되는 주파수로 설정되어 있는 것이다.

신칸센

파워 일렉트로닉스의 최첨단을 달린다

신칸센의 전력 공급

- 신칸센에는 25kV(2만 5000V)의 교류가 가선에서 공급되고 있다.
- 같은 전력을 공급하는 것이라면 전압이 높으면 전류는 작아진다. 이렇게 하면 고속으로 주행하는 신칸센의 팬터그래프를 흐르는 전류를 작게 할 수 있다. 또 전류가 작기 때문에 설비도 가는 선을 사용할 수 있는 등 여러 가지 장점이 있다.
- 가선에서 공급되는 고전압의 교류는 차내의 변압기에서 1000V 정도로 강압하고 나서 차내의 장치에 공급한다.
- 신칸센에서는 변압기와 인버터는 차체의 바닥에 탑재되어 있다. 유도 모터는 재래선과 마찬가지로 대차 안에 탑재되어 있다.

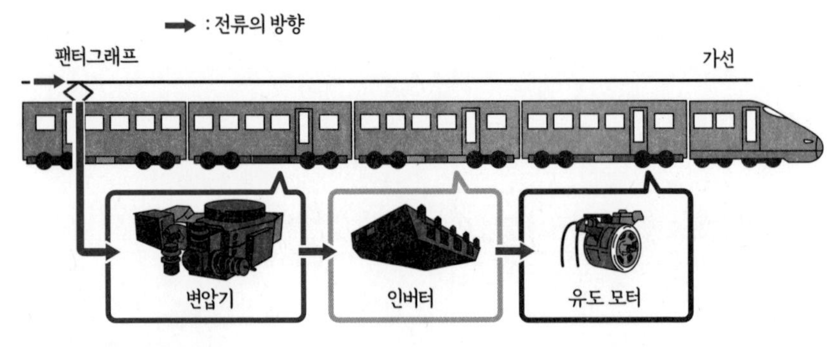

▲신칸센의 구동 시스템

- 신칸센의 경우 약 300kW의 구동 모터(유도 모터, IM)가 1량에 4대, 구동 모터를 탑재한 차량은 14량(16량 편성된 경우)이므로 모터의 합계는 56대, 즉 1편성에 약 1만 7000kW의 출력이 된다.

NPC 인버터(Neutral Point Clamp Inverter) : 파워 디바이스에 가해지는 전압이 절반이 되도록 고안된 인버터 회로. 3레벨 인버터라고도 한다(이에 대해 일반 인버터 회로는 2레벨 인버터이다).

PWM 컨버터의 채용

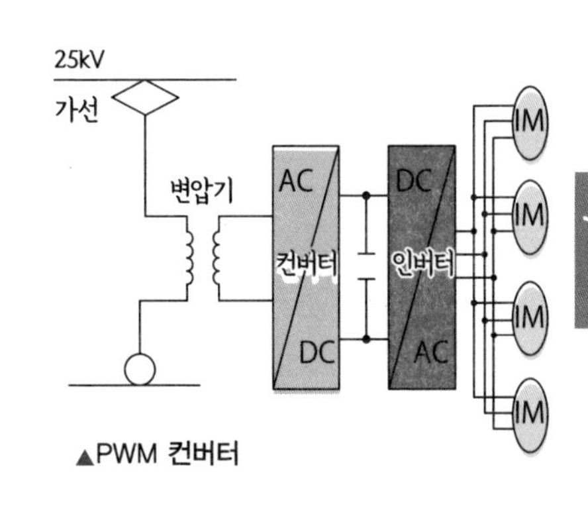

▲PWM 컨버터

- 신칸센에서는 PWM 컨버터(6-11항, p.158 참조)에 의해 팬터그래프를 흐르는 전류를 정현파로 제어하고 있다.
- PWM 컨버터를 사용하면 가선의 전류가 정현파가 된다. 이때 고조파의 전류가 흐르지 않기 때문에 그만큼 전류가 적어진다. 즉 역률이 1이 된다.
- 한편 전차의 역률이 1이 아니라 고조파의 전류도 흐르는 경우 변전소에서 고조파의 전류를 공급하지 않으면 안 된다. 다시 말해, PWM 컨버터를 전차의 차량에 탑재하면 지상의 변전소 부담도 적어진다. 이로써 변전소의 용량이 같아도 많은 전차를 달리게 할 수 있게 된다.

3레벨 인버터(N700계)

- 신칸센의 경우 2000년 무렵에는 1200V급 파워 디바이스를 사용했는데, 공급 전압이 너무 높아서 디바이스의 내압이 부족하기 때문에 인버터, 컨버터 모두 NPC 인버터(3레벨 인버터)를 채용됐다.
- 그 후, 3.3kV급 파워 디바이스가 개발되어 일반 인버터 회로(2레벨 인버터)를 사용할 수 있게 됐다.
- 2020년에 등장한 N700S에서는 2레벨 인버터에 SiC 파워 디바이스를 채용했다.

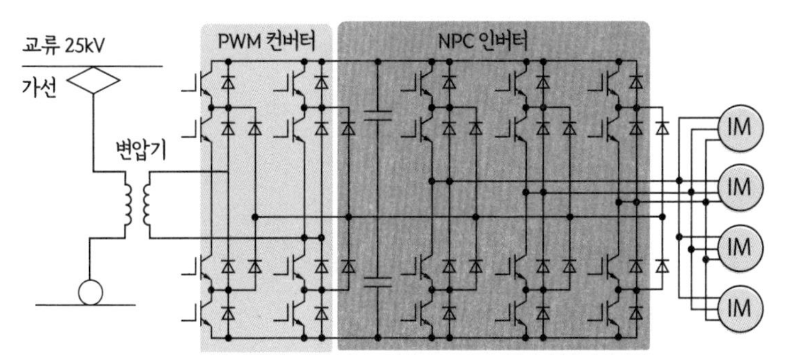

▲N700계의 3레벨 인버터

SiC(Silicon Carbide) : 와이드밴드 갭 반도체 소재의 일종으로, 이것을 사용하면 현재의 Si(실리콘제) 반도체보다 고성능의 반도체를 만들 수 있을 것으로 기대된다(11-6항 참조, p.264).

리니어 모터 카

회전자가 고정자로!

리니어 모터 카란 문자 그대로 리니어 모터에 의해 주행하는 차량을 말한다. 리니어 모터 카라고 하면 자기부상식이 떠오르지만 주행에 리니어 모터를 사용하는 차륜식 리니어 모터 카가 이미 많이 운행되고 있다.

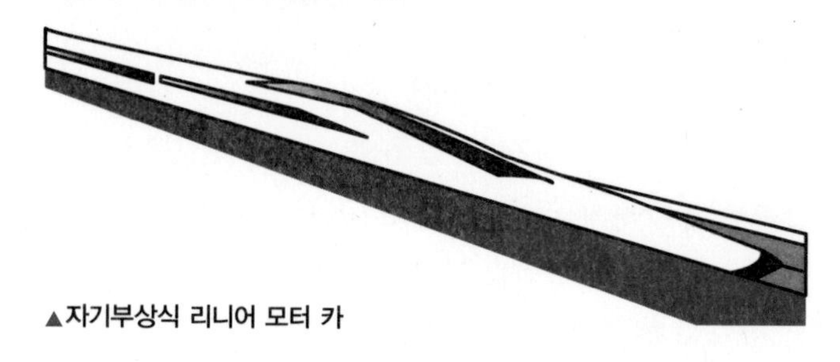

▲자기부상식 리니어 모터 카

회전형 모터와 리니어 모터

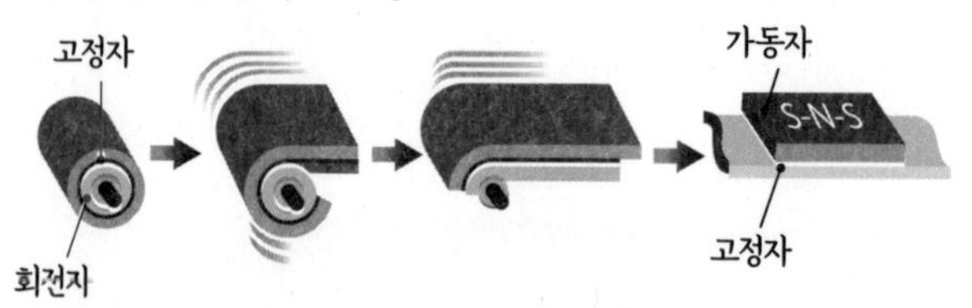

▲리니어 모터 이미지

- 직선 방향으로 힘을 발생시키는 모터는 모두 리니어 모터라고 불린다. 또 추력의 발생 원리에 의해서 리니어 유도 모터, 리니어 동기 모터, 리니어 직류 모터, 리니어 스테핑 모터 등으로 구분되지만, 추력의 발생 원리는 회전형 모터와 동일하다.
- 리니어 모터는 가동자와 고정자로 구성된다. 리니어 모터카의 경우 가동자를 차상 측이라고 부르기도 한다. 한편 리니어 모터는 회전하지 않기 때문에 베어링이 필요 없어, 모터 부분을 회전형보다 작게 구성할 수 있다.
- 그러나 감속기를 사용할 수 없으므로 일반적으로는 발생 추력을 높여야 한다. 철도 차량 이외에도 각종 산업기계와 공작기계, 가전품(전기면도기), 카메라의 오토포커스 유닛 등 폭넓은 분야의 기기에서 사용되고 있다.

가동자(mover) : 리니어 모터의 가동 부분. 회전기의 회전자에 대응해서 사용된다. 이동자라고도 불린다.
감속기(reducer, reduction gear) : 기어 등에 의해 회전수를 감속해서 출력하는 장치를 말한다.

차륜식 리니어 모터 카

- 차륜식 리니어 모터 카에는 유도 모터의 회전자(로터)를 직선상으로 연장한 리니어 유도 모터가 지상에 배치되어 있다.
- 회전형 모터의 고정자(스테이터)는 리니어 모터에서는 가동자가 된다. 이것을 차상 코일이라고 한다.
- 회전형 모터의 회전자는 리니어 모터에서는 고정자(스테이터)가 된다. 이것을 리액션 플레이트라고 한다.

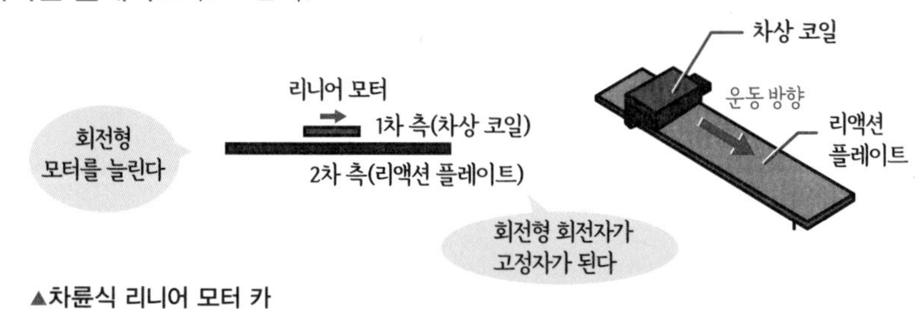

▲차륜식 리니어 모터 카

리니어 지하철

- 이미 많은 지하철 선로에서 리니어 모터가 사용되고 있다(리니어 지하철).
- 리니어 모터를 사용하면 차량의 바닥에 모터를 두는 공간이 불필요하고 작은 차바퀴를 사용할 수 있다. 터널의 단면적을 작게 할 수 있기 때문에 터널을 만드는 공사가 간편하고 비용을 줄일 수 있어 경제적이다. 또 리니어 모터는 차바퀴와 레일의 마찰력이 필요 없기 때문에 급커브나 급경사의 노선을 만들 수 있어 성능 면에서 우수하다.
- 사실, 일반 철도 차량은 차바퀴와 레일의 접촉면 마찰에 의해서 추력을 얻는다. 때문에 모터를 강력하게 해도 차바퀴와 레일의 마찰 한계를 넘어 버리면 차바퀴가 공전하기 때문에 등판 성능에 한계가 있다.

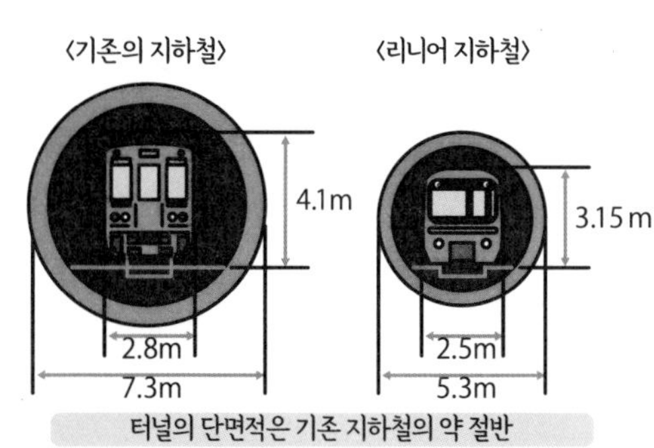

▲기존의 지하철과 리니어 지하철의 차체 치수 비교

자기부상식 리니어 모터 카

- **자기부상식 리니어 모터 카**는 자기로 차체를 부상시키고 또한 리니어 모터에 의해 주행하는 차량을 말한다. 대형 차량을 고속으로 주행시키기 위해 초전도 코일을 사용해서 대전류가 흐르게 된다.

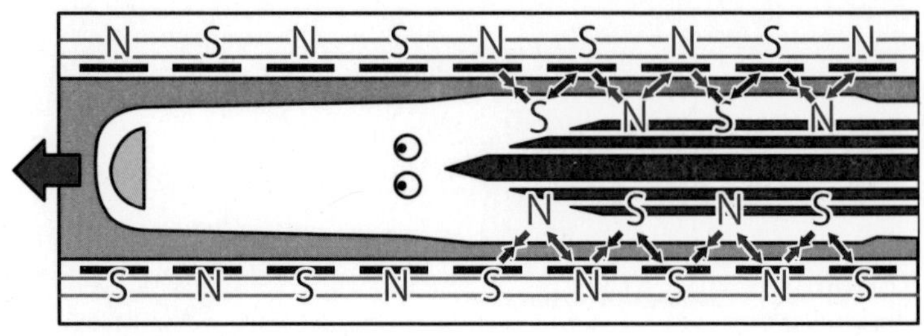

▲자기부상식 리니어 모터 카

- 차량의 초전도 코일에는 N극과 S극의 자극이 교대로 생긴다. 지상의 측벽에 있는 추진 코일에 교류 전류를 흘리면 차량의 주행 방향으로 흡인력과 반발력이 생기는 자극을 만든다. 이에 의해 추력을 얻는다.
- 차상에 있는 강력한 초전도 자석이 고속으로 통과하면 전자유도에 의해 지상의 부상 코일에 전류가 흐른다. 이 유도전류에 의한 자극과 초전도 코일 사이에 생긴 흡인력과 반발력에 의해서 부상한다.
- 진행 방향을 조정하는 데는 부상과 유사한 원리를 사용한다. 즉, 차량이 중심에서 벗어나면 자동으로 차량이 멀어져간 쪽에 흡인력, 가까워진 쪽에 반발력이 작용하여 차량을 항상 중앙으로 되돌아오게 한다.

▲3가지 원리

BEV(Battery Electric Vehicle) : 배터리식 전기자동차. 배터리에 충전해서 모터만으로 주행하는 자동차.
HEV(Hybrid Electric Vehicle) : 하이브리드 전기자동차. 모터 외에 엔진 등을 탑재하여 두 종류의 원동기로 주행하는 자동차.

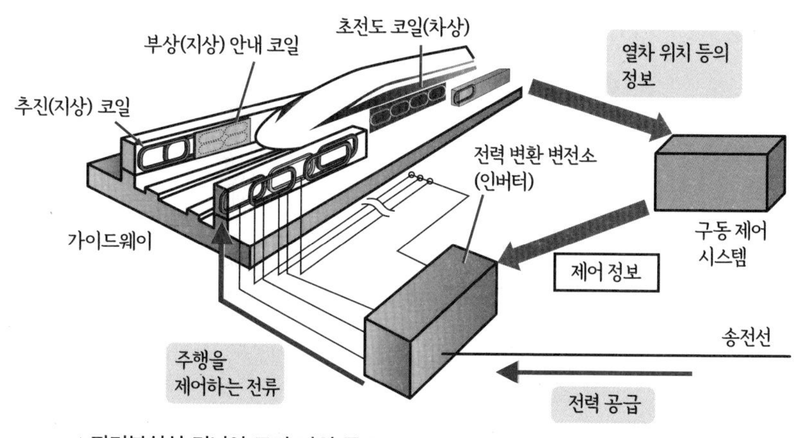

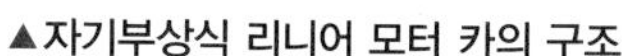
▲자기부상식 리니어 모터 카의 구조

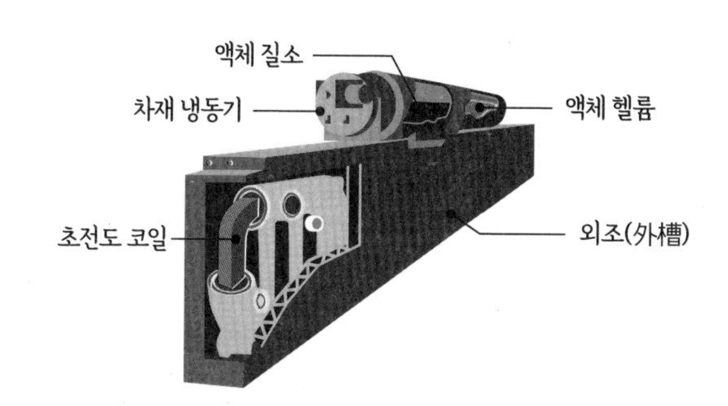

▲자기부상식 리니어 모터 카의 차상 코일 구조

- 초전도 코일은 액체 헬륨으로 항상 −269℃까지 냉각해야 한다.
- 자기부상식 리니어 모터 카의 또 하나의 어려움은 '차량에서 사용하는 전기를 어떻게 공급하는가'이다. 구조적으로 팬터그래프를 설치할 수 없고 또한 차량이 부상해 있기 때문에 선로를 전선 대신으로 사용할 수도 없어 전류를 차량에 공급하는 루트가 없다. 처음에는 차량에 가스터빈 발전기를 탑재하는 방법도 고려됐다.
- 현재는 **비접촉 전력 전송**이라는 기술이 사용되고 있다. 스마트폰의 '두기만 하면 충전'되는 것과 같은 원리이다. 이 기술을 이용하여 주행 중인 차량에 조명 공조에 사용하는 전력을 보내고 있다.

PHEV(Plug-in Hybrid Electric Vehicle) : 하이브리드 전기자동차 중 배터리를 외부에서 충전할 수 있는 것.
FCV(Fuel Cell Vehicle) : 연료전지의 발전에 의해 주행하는 자동차를 말한다.

전기자동차

파워 일렉트로닉스 덕에 전기로 달리는 자동차

전기자동차의 공통점 파워 일렉트로닉스

- 전기자동차(BEV, HEV, PHEV)에 공통점은 것은 배터리, PCU, 모터이다.
- PCU는 파워 일렉트로닉스 기기의 유닛이다.
- 또한 BEV, PHEV에는 그 외에 충전기가 있다.
- PHEV, HEV에는 엔진이 있다.

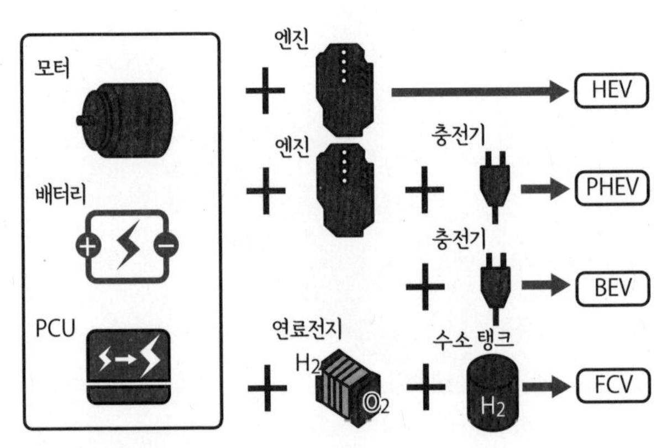

▲전기자동차의 공통점인 파워 일렉트로닉스

- 전기자동차의 PCU에는 필요한 파워 일렉트로닉스 기기가 모두 내장되어 있다(인버터, DCDC 컨버터 등).

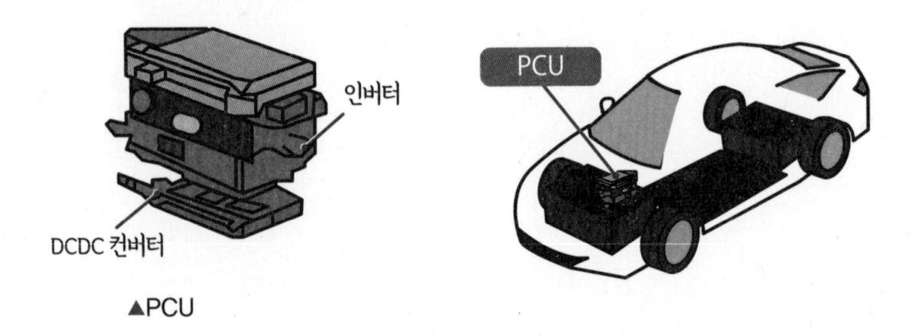

▲PCU

PCU(Power Control Unit) : 자동차의 전력 제어유닛. 인버터 등이 내부에 있다. 자동차의 제어유닛은 ECU(Electronic Control Unit)라고 불리지만 파워를 취급하므로 이렇게 불린다. 정식 명칭은 아니다.

전기자동차의 인버터, 모터, 기어 부분을 파워 트레인이라고 부른다.

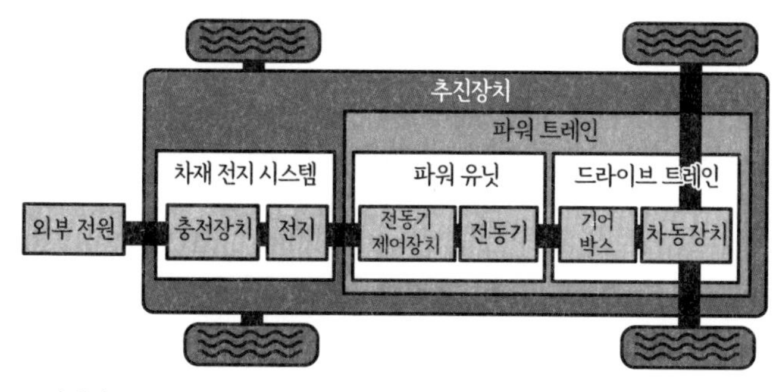

▲전기자동차의 구성

전기자동차의 전기적 구성

전기자동차의 전기적 구성은 아래 그림과 같다.

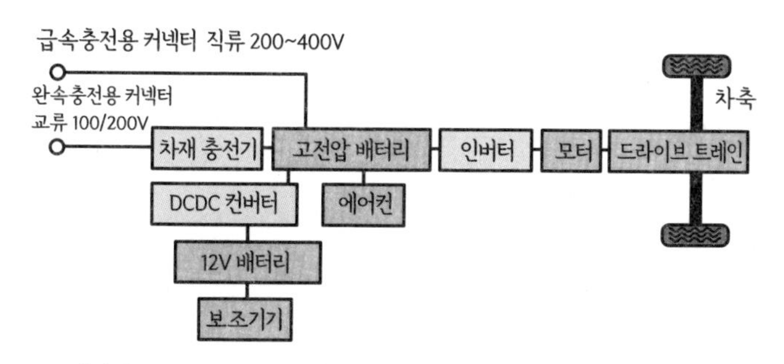

▲전기자동차의 전기적 구성(BEU)

전기자동차의 주행 모터

전기자동차의 주행 모터 출력은 일반적인 승용차가 80~100kW급이다.

전기자동차는 엔진 차량과 마찬가지로 모든 운전이 가능해야 한다. 언덕길에서 발진(등판발진)할 때는 뒤로 밀리는 힘에 지지 않고 발진하기 위해 큰 토크를 낼 수 있는 모터가 필요하다. 또한 고속으로 주행하려면 토크는 작아도 되지만 고속으로 회전할 수 있는 모터가 필요하다. 두 기능을 하나의 모터로 하기 위해서는 토크와 회전수가 넓은 범위에서 효율적으로 회전하는 모터가 필요하다.

추진장치(propulsion system) : 모터, 인버터, 기어 등을 포함하는 자동차의 추진시스템 전체를 가리킨다. JIS에서 사용하는 용어.
보조기기(auxiliary equipment) : 주기기(엔진) 이외의 부속기기를 말한다.

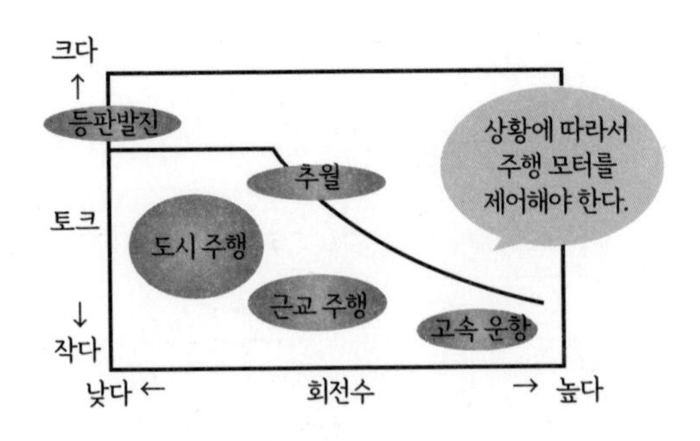

▲주행 모터의 토크와 회전수

전기자동차의 충전

- 전기자동차의 충전 구조를 오른쪽 그림에 나타낸다.
- 완속충전은 가정용 콘센트 등에서 교류 100V 또는 200V를 연결하는 방법이다. 차재 충전기를 사용해서 천천히 충전한다. AC 방식이라고도 한다.
- 급속충전은 전용 충전소에 설치된 지상 충전기를 사용해서 차상의 배터리에 직접 직류 전류를 충전하는 방법이다. 급속충전이라면 대전류로 충전할 수 있기 때문에 단시간에 충전이 완료된다. DC 방식이라고도 한다.
- 완속충전은 가정의 콘센트를 사용하므로 100V인 경우 15A가 최대 전류가 된다. 따라서 충전할 수 있는 전력은 100×15=1500W이다. 이것은 1시간에 1.5kWh의 에너지가 되고 전기자동차의 배터리가 15kWh인 용량으로 하면 만충전까지 10시간 필요하다.
- 반면 급속충전의 경우 직류 200V에 125A로 충전한다고 하면 25kW의 전력으로 충전하게 된다. 따라서 불과 6분 만에 6kWh의 에너지를 충전할 수 있다. 이것은 15kWh 배터리 용량의 40%에 해당한다.
- 다만 급속충전으로 만충전 가까이까지 충전하면 배터리가 손상될 수 있으므로 보통은 80% 정도까지만 충전할 수 있도록 설정되어 있다.

PFC(Power Factor Correction) : 교류 전류의 파형을 전압과 같은 위상의 정현파로 하는 파워 일렉트로닉스 회로. 파형이 정현파가 되면 역률(Power Factor)이 1이 된다.

단상 100V/200V 입력 출력 3.3kW

회로 구성
단상 정류회로
PFC 회로
고주파 인버터
고주파 변압기
고주파 정류회로

전류가 작아
천천히 충전

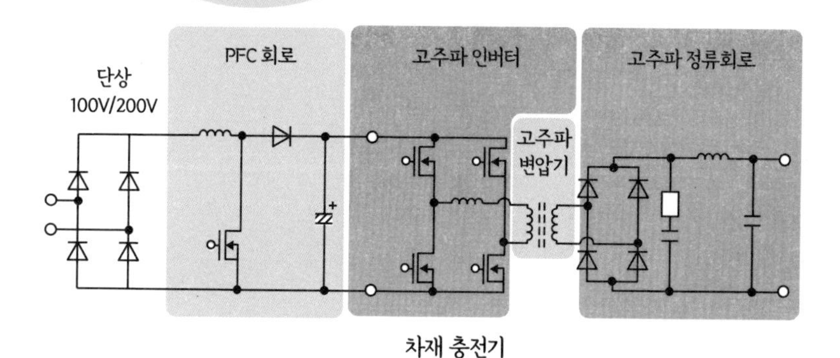

차재 충전기

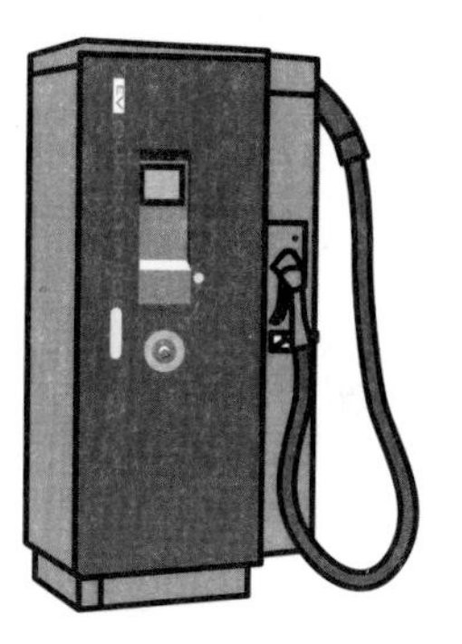

3상 200V 입력 출력 30~50kW

회로 구성
PWM 컨버터
고주파 인버터
고주파 변압기
고주파 정류회로

전류가 커
단시간에 충전할
수 있다!

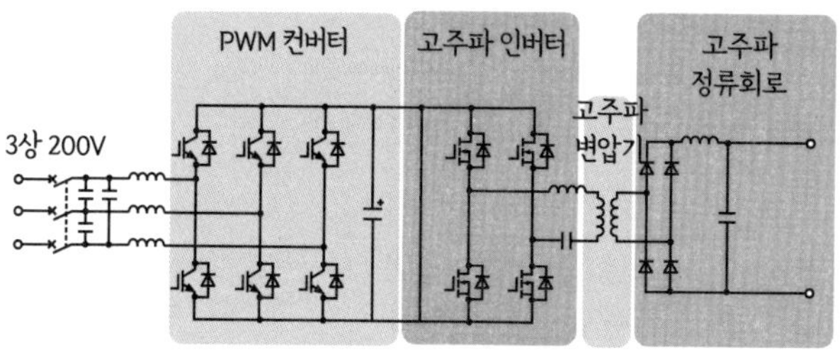

지상 충전기

▲차재 충전기와 급속충전기

배터리와 모터

배터리의 중량과 성능은 전동 차량의 성능에 크게 영향을 미친다. 그 다음은 모터의 성능이 미치는 영향이 커진다. 다음과 같은 모델 케이스를 들어 생각해 본다.

전기자동차의 사양

- 배터리를 제외한 차량 중량 600kg
- 차재 배터리 20kWh
- 배터리의 에너지 밀도 50Wh/kg
- 배터리의 중량은 400kg(따라서 차량의 전체 중량은 1000kg)

주행용 모터의 성능

- 이 전기자동차가 40km/h로 주행하고 있을 때 모터의 출력은 5kW
- 모터 효율은 100%라고 가정한다(출력=입력)
- 모터의 최대 출력 10kW

주행 성능

40kW/h로 정속 주행할 수 있는 거리를 항속거리라고 하면, 20[kWh]/[5kW]=4[h]이므로 4시간 주행할 수 있다. 따라서 160km가 항속거리가 된다. 여기서 차량의 주행 에너지 U는 차량의 중량 m과 속도 v의 곱에 비례한다고 가정한다.

$$U \propto mv$$

또한 최고 속도는 모터의 최대 출력이 10kW이므로 모터 출력에 비례한다고 하면 80km/h가 된다.

케이스 1 탑재 배터리를 배로 늘린 경우

배터리를 두 배로 늘리면 40kWh, 800kg이 된다. 이때 차량의 전체 중량은 1400kg이 된다. 차량의 주행 에너지는 중량에 비례한다고 했기 때문에 40km/h로 주행하기 위한 모터 출력은 5×(1400/1000)=7[kW]이다. 따라서 항속 가능한 시간은 40/7=5.7[h], 항속거리는 40×5.7=228[km]로 늘어난다. 한편 모터의 최대 출력이 10kW이므로 최고 속도는 40×(10/7)=57[km/h]로 저하한다. 즉, 배터리를 두 배로 늘려도 중량이 증가하므로 항속 거리는 1.4배에 불과하고 최고 속도는 1/1.4로 저하한다.

케이스 2 배터리의 성능이 배로 늘어난 경우

배터리의 에너지 밀도가 두 배인 100[Wh/kg]으로 개선됐다고 하자. 이때 20kWh의 배터리 중량은 200kg으로 저하한다. 따라서 전체 중량은 600+200=800[kg]이 된다. 이때 40km/h로 주행하는 데 필요한 모터 출력은 5×(800/1000)=4[kW]로 저하한다.

그 결과 항속 시간, 거리는 각각 5시간, 200km가 된다. 또한 최고 속도는 100km/h로 증가한다.

즉, 배터리의 성능이 배로 늘어나면 차의 성능이 모두 1.25배로 향상한다.

케이스 3 케이스 1에서 원래 차량의 최고 속도를 확보하는 경우

케이스 1에서는 항속거리는 늘어났지만 최고 속도가 낮아지므로 모터 출력을 높여서 동등한 성능을 확보시키려고 한다. 이때 80km/h의 최고 속도를 얻기 위해서는 중량의 증가분에 따른 모터 출력이 필요하므로 모터의 최대 출력은 14kW가 된다. 즉 차량의 중량이 증가하는 것에 비례해서 모터 출력을 높여야 한다.

모터의 출력을 높이면 비례해서 모터의 중량도 늘어나지만, 일반 모터의 중량은 수십 kg이기 때문에 차량 중량에는 영향을 미치지 않는다고 생각해도 좋다.

전동냉동차

- 냉동 트럭은 짐받이가 냉동고(냉장고)로 돼 있는 트럭인데, 냉동고 내는 컴프레서를 사용한 냉동기로 냉각되어 있다.
- 기존의 냉동 트럭에서는 컴프레서를 돌리기 위해 엔진을 사용했다. 그러나 트럭의 주행용 엔진을 함께 사용하는 경우, 정지 중에도 냉동기를 가동하기 위해 주행용 엔진을 계속 돌려야 했다. 게다가 고속도로 등을 달릴 때 엔진이 고속으로 회전하면 컴프레서도 고속 회전해 버렸다. 때문에 서브 엔진이라 불리는 냉동기 구동을 위한 전용 엔진을 따로 탑재하기도 했다.
- 반면 큰 배터리를 탑재해서 냉동기를 모터로 돌리는 것이 **전동 냉동 트럭**이다. 전동화에 의해서 냉동고 내의 온도 변화가 작아지고 냉동/냉장한 물품의 품질 열화를 방지할 수 있다. 배터리의 충전을 위해 엔진을 돌려야 하지만 정차 시에 외부의 콘센트에서 전기를 얻으면 엔진을 장시간 멈추어도 냉동기를 돌릴 수 있다.
- 또한 하이브리드 트럭의 경우 주행용 배터리의 전력을 사용해서 냉동기도 구동할 수 있다.

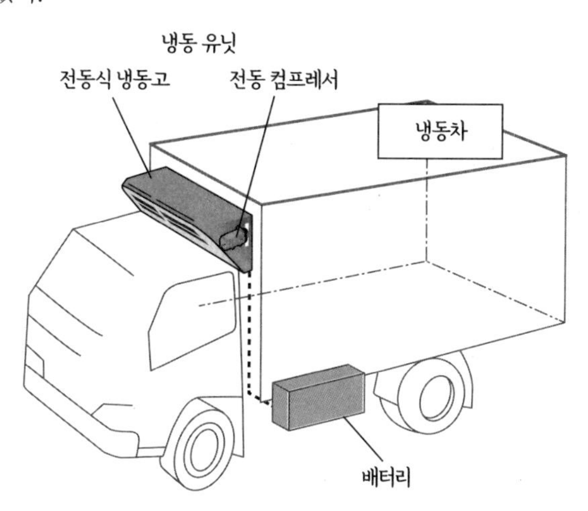

▲전동 냉동 트럭

하이브리드 전기자동차

낭비가 적은 자동차의 구조

하이브리드 전기자동차(HEV)

- 하이브리드 전기자동차(HEV)는 엔진과 모터를 탑재하고 있다.
- 그중 패러렐 하이브리드 전기자동차는 엔진과 모터의 출력이 각각 구동 축에 접속되어 있다. 따라서 엔진 또는 모터만으로도 주행이 가능하지만, 양쪽의 토크를 합쳐서 급가속을 한다.
- 시리즈 하이브리드 전기자동차는 엔진으로 발전기를 구동하고 그 전력과 배터리의 전력을 합쳐서 모터만으로 주행한다.

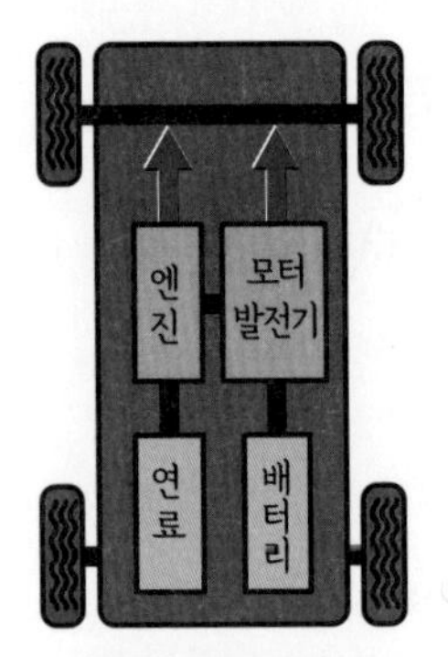

패러렐 하이브리드

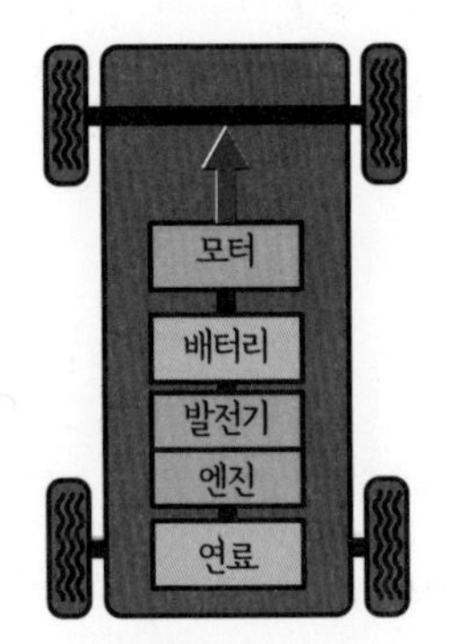

시리즈 하이브리드

▲하이브리드 전기자동차의 구성

패러렐 하이브리드 전기자동차

- 패러렐 하이브리드 전기자동차는 엔진, 모터 모두 구동 축에 연결되어 있다.

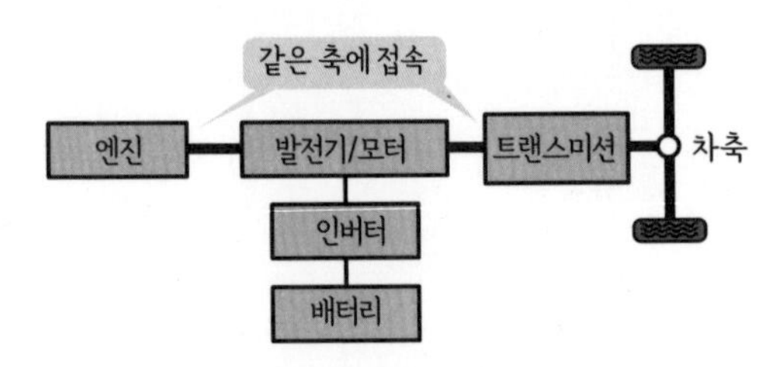

▲패러렐 하이브리드 전기자동차의 구성

시리즈 하이브리드 전기자동차

시리즈 하이브리드 전기자동차의 경우, 엔진은 발전기를 돌릴 뿐이므로 어디에나 배치할 수 있다.

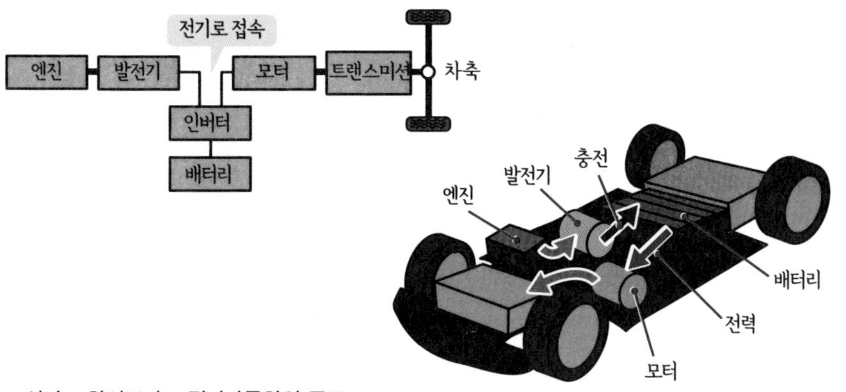

▲시리즈 하이브리드 전기자동차의 구조

시리즈 패러렐 하이브리드 전기자동차

시리즈 패러렐 하이브리드 전기자동차(2모터 하이브리드)는 엔진, 모터, 발전기를 다양한 방법으로 조합해서 사용할 수 있다.

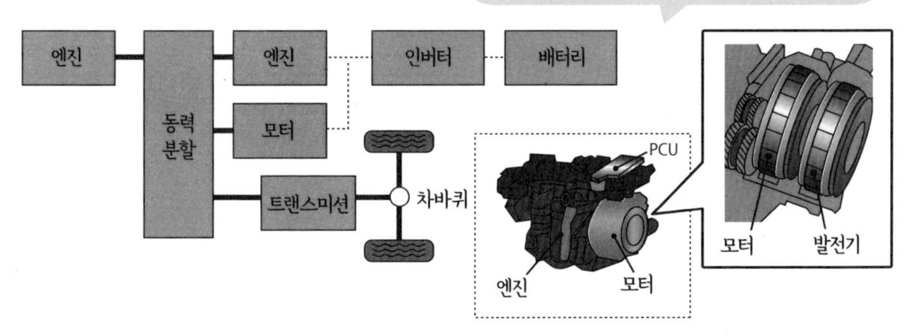

▲시리즈 패러렐 하이브리드 전기자동차의 구조

증발기(evaporator, 에바포레이터) : 에어컨에서 냉각을 하기 위한 열교환기로, 냉매의 증발로 흡열하므로 증발기라고 불린다.

시리즈 패러렐 하이브리드 자동차의 쌍방향 컨버터

- 시리즈 패러렐 하이브리드는 차축에 연결된 모터와 엔진에 연결된 발전용 모터, 두 개의 모터를 조합해서 제어하는 방식이다.
- 배터리의 전압이 너무 높으면 신뢰성이 저하되므로 250V로 한다. 그리고 모터와 발전기의 인버터에는 직류 650V를 입력한다. 이렇게 하면 모터, 발전기의 전압이 높아져서 전류가 줄고 효율이 높아진다.
- 그 사이에 승압·강압을 하는 쌍방향 컨버터가 들어간다.
- 쌍방향 인버터는 승압 초퍼와 강압 초퍼를 조합한 회로이다.

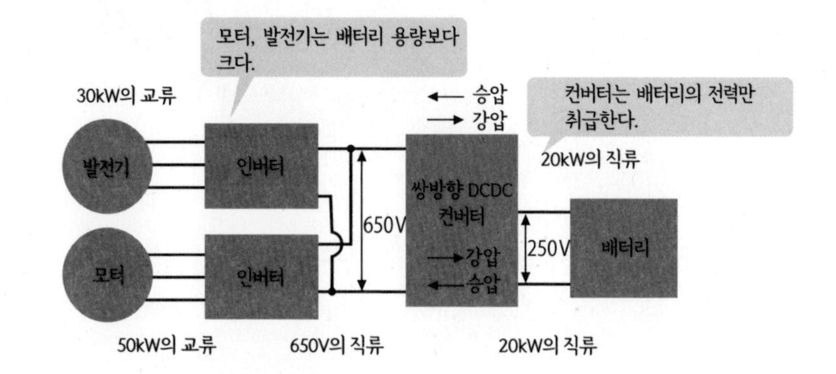

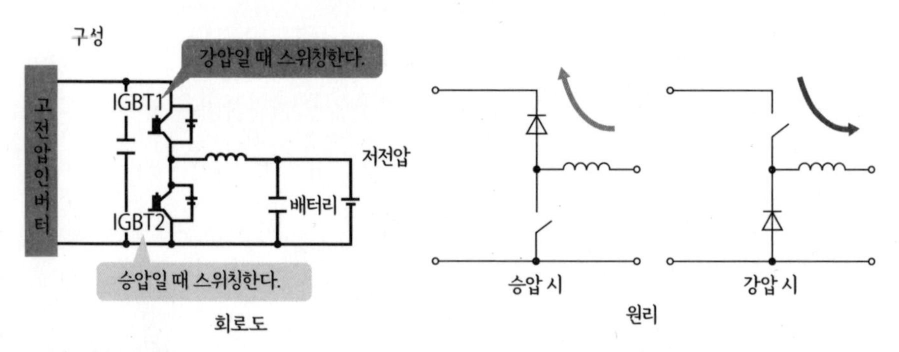

▲쌍방향 컨버터의 구조

콘덴서(condensor) : 에어컨에서 방열을 하기 위한 열교환기. 냉매를 액화시켜 방열하기 때문에 응축기라고도 한다. 전하를 저장하는 커패시터와는 다른 장치를 말한다.

전동 카 에어컨

- 전기자동차와 하이브리드 자동차에는 전동 카 에어컨이 사용된다.
- 엔진 차량의 에어컨 컴프레서는 벨트를 사용해서 엔진으로 구동시킨다. 그러나 엔진으로 컴프레서를 돌리면 엔진의 회전수에 따라서 컴프레서의 회전수가 변화하므로 고속 운전 시에 너무 냉각되거나 저속 운전 시에 냉각되지 않기도 한다. 또 엔진을 멈추면 에어컨도 멈춘다.
- 반면 전기자동차에는 엔진이 없기 때문에 전동 카 에어컨이 된다. 전동 카 에이컨은 주행용 배터리의 전력을 사용해서 인버터로 컴프레서의 모터를 구동한다. 가정용 에어컨과 유사한 구조이다.
- 전동 카 에어컨의 경우 컴프레서를 인버터 제어하므로 배터리의 전력을 사용하면 항상 온도 조정이 가능하다.
- 때문에 엔진이 있는 하이브리드 자동차도 전동 카 에이컨을 사용하는 경우가 많다.

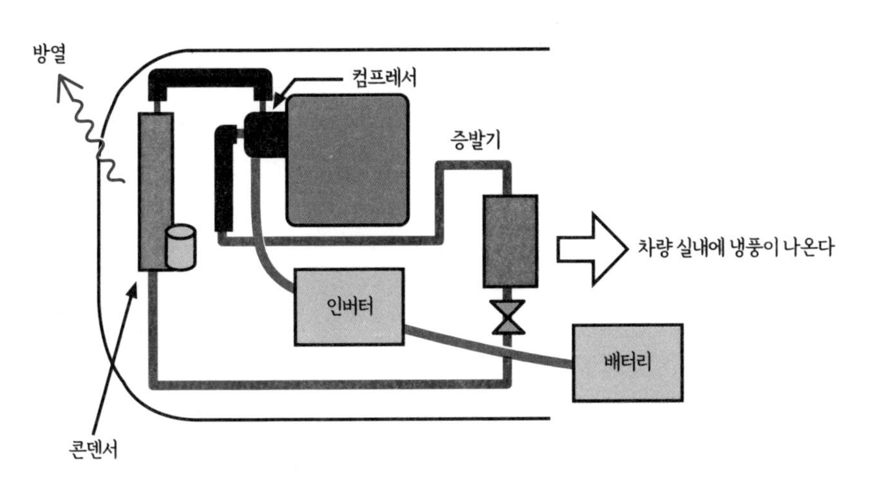

▲전동 카 에이컨의 구성

전기자동차의 난방

- 엔진 차량의 난방에는 엔진이 발생하는 열이 사용된다. 따라서 난방을 위해 여분의 연료를 사용하지 않는다.
- 반면 전기자동차에는 엔진이 없기 때문에 배터리의 전력을 사용해서 전기 히터로 난방한다. 난방에 의해 배터리의 전력을 소비하므로 주행 가능 거리가 줄어든다.
- 또한 하이브리드 자동차는 엔진이 있기 때문에 엔진의 열로 난방하는 것도 가능하다.

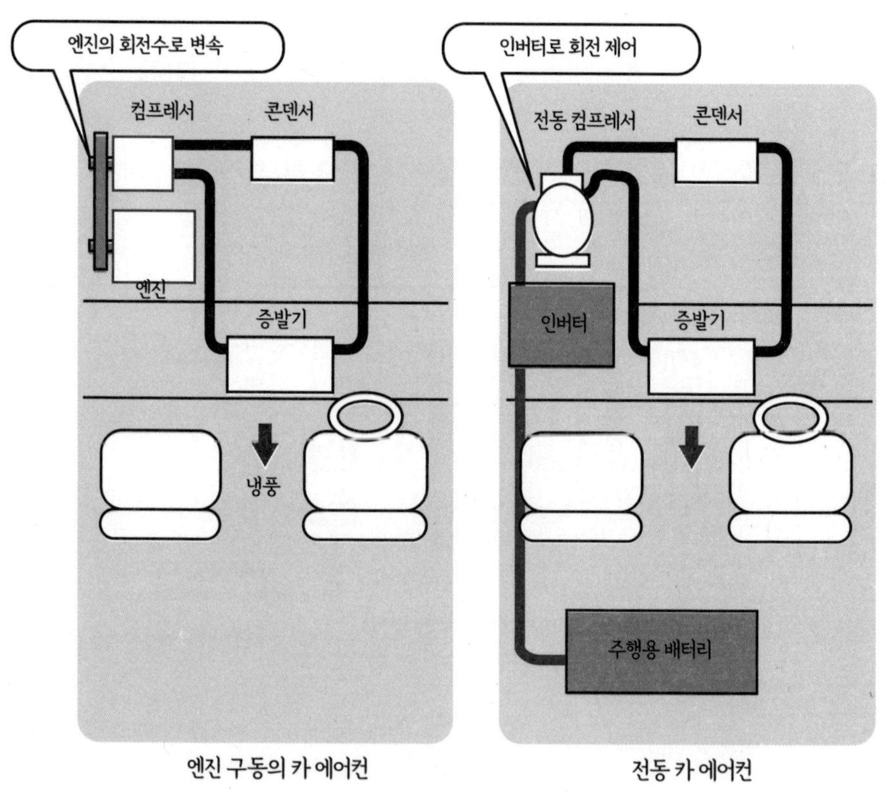

▲엔진 구동의 카 에어컨과 전동 카 에어컨의 차이

교류 직류 논쟁

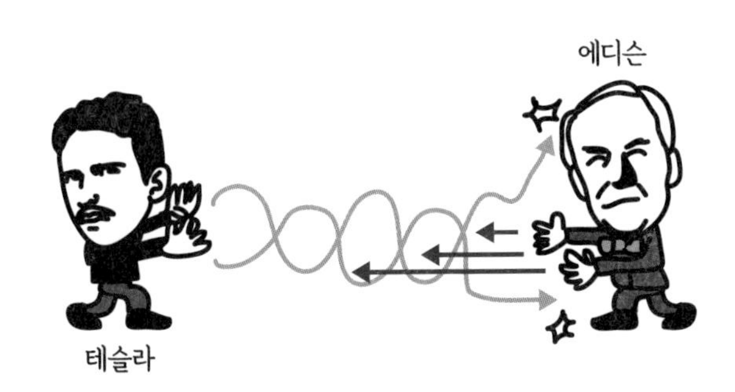

19세기 말 무렵, 그 유명한 교류/직류 논쟁(전류 전쟁)이 있었다. 이것은 미국에서 새롭게 만드는 발전소의 전기 방식을 교류로 할지, 직류로 할지를 놓고 벌인 논쟁이다.

이때 직류를 주장한 것은 에디슨(Edison, T.A., 1847~1931년)과 GE(General Electric)사, 교류를 주장한 것은 전기자동차 제조사 테슬라(Tesla, N., 1856~1943년)와 WH(Westinghouse Electric)사였다. 논쟁 결과 새로운 발전소는 교류 발전소로 지어졌다(미국과 캐나다의 국경에 있는 나이아가라 폭포에 설치된 수력발전소에서 장거리 송전). 교류가 채용된 이유는 장거리를 고전압으로 송전하면 전력 손실이 작다는 점과, 변압기에 의해 전압을 조절할 수 있어 장거리 송전으로 전압이 낮아져도 변압기로 전압을 다시 높일 수 있다는 등의 이점 때문이었다. 현재도 전 세계에 발전, 송전에는 교류가 사용되고 있다.

엔진 차량의 파워 일렉트로닉스

자동차는 파워 디바이스의 결집체

엔진 차량에도 50~100대의 모터를 사용하고 있으며 많은 파워 일렉트로닉스 기기가 탑재되어 있다.

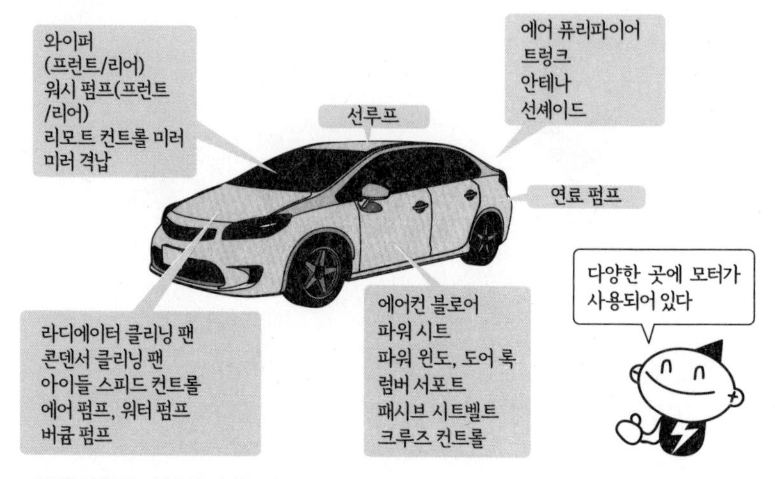

▲엔진 차량의 파워 일렉트로닉스 기기

전동 파워 스티어링

- 이전에는 유압을 사용하던 파워 스티어링을 전동화함으로써 연비가 향상되고 또한 자율주행에도 대응할 수 있게 된다.
- 섬세한 리액션이 요구되는 파워 스티어링 모터의 제어에는 정밀한 서보를 사용하고 있다.

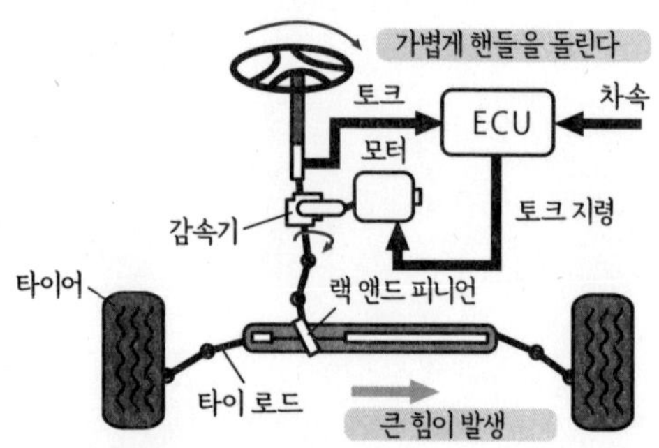

▲전동 파워 스티어링

서보 제어(servo control) : 목푯값의 변화에 추종하도록 제어하는 자동 제어를 말한다.
랙 앤 피니언(rack and pinion) : 기어의 일종으로 회전력을 직선의 움직임으로 변환하는 것. 피니언이라고 불리는 소구경의 원형 기어와 평판상의 봉에 톱니가 붙은 랙을 조합한 것.

자동차에 탑재되는 파워 일렉트로닉스 기기 확대

- 자동차에 탑재되는 파워 일렉트로닉스 기기는 매년 증가하고 있다.
- 이전에는 기계적으로 구동되던 것이 전동 부품으로 대체됐다.
  - 벨트 구동 기기의 전동화
  - 브레이크의 전동화
  - 액티브 서스펜션
- 아이들링 스톱 대응으로 인해 파워 일렉트로닉스 기기가 증가하고 있다.
  - 엔진 정지 시의 전원 확보
- 각종 자동화에서도 파워 일렉트로닉스가 활약하고 있다.
  - 슬라이드 도어
  - 시트 모터
- 자율주행 대응(안전 운전 서포트 차량)에도 파워 일렉트로닉스가 활약하고 있다.

Zzz
Self Driving

파워 일렉트로닉스 기기가 활약 중

전동 펌프

- 냉각수용 워터 펌프, 윤활유의 오일 펌프는 기존에 엔진으로 돌렸지만, 현재는 전동화되어 모터로 돌리게 됐다.
- 전동 펌프로 하면 아이들링 스톱 중에도 동작하고 엔진 회전수에 상관없이 냉각수와 기름의 유량을 조절할 수 있다.

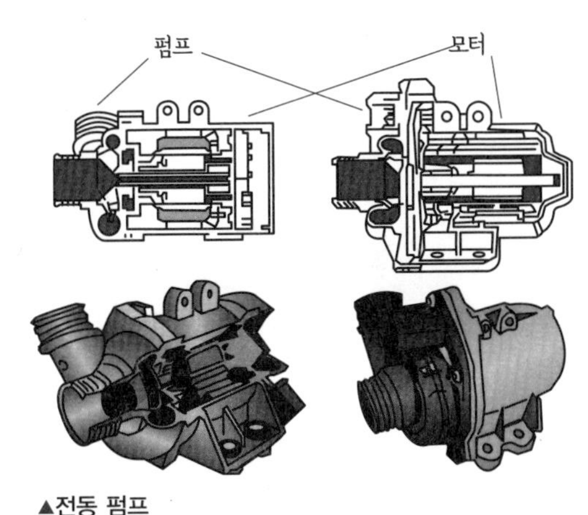

▲전동 펌프

- 즉, 엔진 차량에서도 전동 펌프를 사용함으로써 아래의 이점을 얻을 수 있다.
  - 엔진의 연비가 좋아진다
  - 설치 장소가 자유롭다
  - 엔진의 회전수와 관계없이 유량을 제어할 수 있다

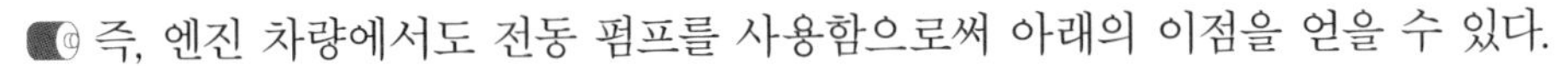

유압(hydraulic drive system) : 기름의 압력을 사용해서 에너지를 전달하는 것. 파스칼의 원리에 의해 힘을 증폭할 수 있다.
파워 스티어링(power steering) : 핸들의 조타를 보조하는 파워 스티어링의 약칭.

배와 비행기

전기 구동으로 변하는 미래

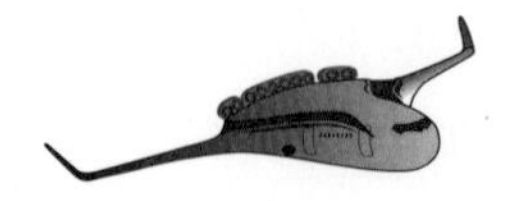

▲전기 추진선과 전동 항공기

전기 추진선

- **전기 추진선**이란 엔진으로 발전기를 돌리고 모터로 프로펠러를 돌리는 것이다.
- 에너지 절약과 배출가스를 억제하는 효과가 있다. 엔진의 배치 위치를 변경할 수 있기 때문에 선내 소음도 줄일 수 있다.
- 큰 배를 움직이려면 큰 출력이 필요하기 때문에 5MW (=5000kW)~30MW급의 모터를 사용한다.

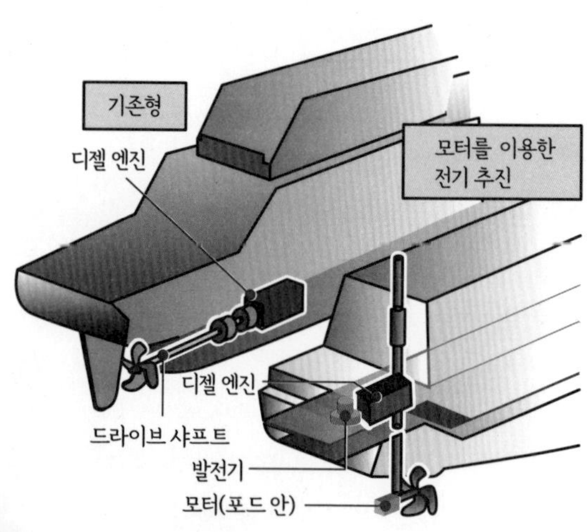

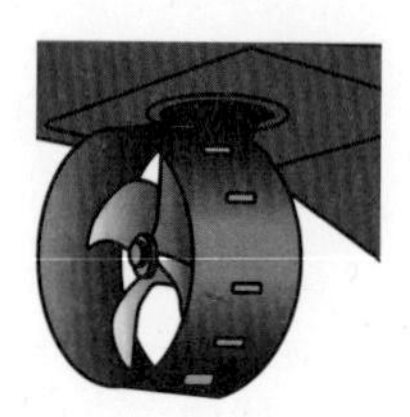

▲전기 추진선의 구조

포드형 추진기(azimuth thruster) : 수평으로 회전 가능한 포드 케이스에 프로펠러를 장비한 것. 포드 내에 모터를 내장하고 있다. 방위각 추진장치

전동 항공기

- 2040년경 실용화를 목표로 **전동 항공기**의 개발이 전 세계에서 진행되고 있다.
- 개발 목표는,

  ① 배터리의 전력으로 모터로 비행하는 소형기(BEV와 같은 방식)

  ② 제트 엔진을 사용한 하이브리드 방식의 중형기

  이다.
- **제트 엔진 하이브리드**는 제트 엔진의 추력을 모터로 어시스트하는 패러렐 방식과, 제트 엔진으로 발전기를 돌려서 모터만으로 비행하는 시리즈 방식을 고려하고 있다. 자동차와 완전히 같은 개념이다.
- 또한 비행 거리를 늘리기 위해 기체에는 연료전지(SOFC) 발전 시스템을 탑재하는 것도 검토되고 있다.
- 전동 항공기는 항공기에서 발생하는 CO_2 삭감에 큰 효과가 있어 기대를 모으고 있다.

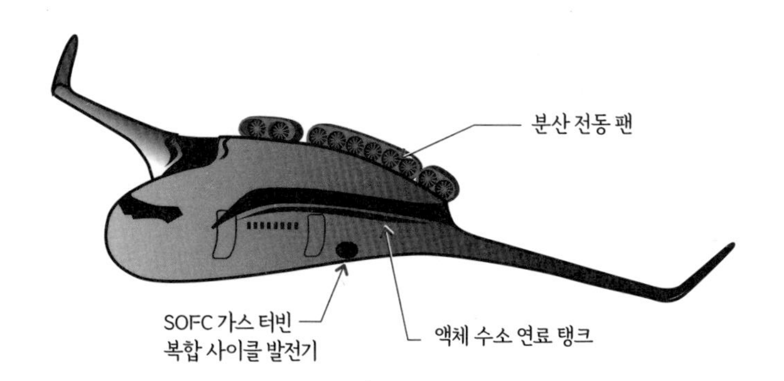

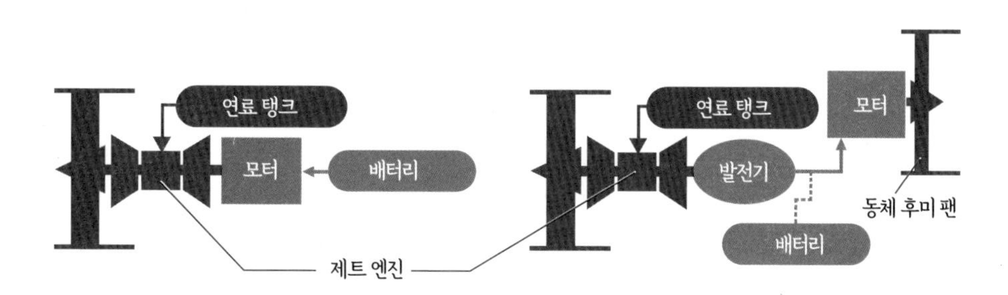

▲제트 엔진의 하이브리드 구조

SOFC(Solid Oxide Fuel Cell) : 효율이 높다. 고온 배열을 이용한 대형 발전용으로 개발되고 있다.

그 외의 교통수단

이제는 무엇이든 전기 구동

교통수단 중 모터를 차체에 적재하지 않았는데도 전기 구동하고 있는 것이 있다.

케이블카

- 케이블카는 산 위의 역에 권상용 모터가 있고 이것에 의해서 케이블을 감아 올려 선로 위의 차량을 움직이는 구조로 돼 있다.
- 주행 속도를 조절하기 위해서는 모터의 회전수를 제어한다.
- 로프웨이도 마찬가지 원리를 이용하고 있다. 로프를 움직여서 공중의 차량을 이동시킨다.

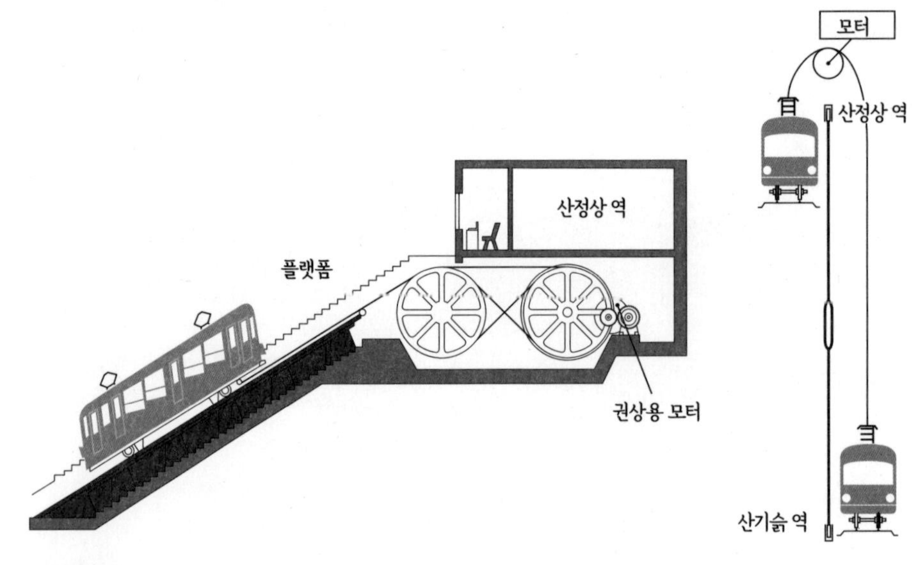

▲케이블카

제트 엔진(jet engine) : 가스 터빈을 사용해서 연료 가스의 분류(제트)나 회전력을 이용하는 엔진을 말한다.

다양한 전동 차량의 확대

- 시니어카, 전동 보조 자전거부터 유원지의 놀이기구까지 다양한 전동 차량이 실용화되고 있다.
- 모두 배터리식 전기자동차와 같은 구동 시스템('배터리'+인'버터'+'교류 모터')을 채용하고 있으며 해마다 기술이 발전하고 있다.

초소형 모빌리티

무인 반송차(AGV)

전동 포크리프트

전동 바이크

전동 카트

자동 바닥 세정기

전동 자전거

전동 휠체어

계단 승강기

▲전동 차량의 확대

AGV(Automated Guided Vehicle) : 무인 반송차. 자율주행으로 운행된다. 산업용으로 널리 사용되고 있다. 최근에는 무인 반송 로봇이라고도 불린다.

Where is the Energy Coming From !?!?!?

제 9 장

전력계통의 파워 일렉트로닉스

9-1

주파수 변환 설비

60을 50으로, 50을 60으로

주파수 변환 설비

- 일본의 경우 후지카와(富士川, 시즈오카현)와 이토이가와(糸魚川, 니가타현)를 경계로 동일본에서는 50Hz, 서일본에서는 60Hz의 교류를 사용하고 있다.
- 따라서 동일본과 서일본 간에 전력을 주고 받기 위해 3개소에 **주파수 변환 설비**가 설치되어 있다.
- 주파수 변환 설비에 의해, 예를 들면 규슈의 태양광발전으로 발전한 전력을 도쿄에서 사용할 수 있게 됐다.
- 대규모 재해에 대비해서 주파수 변환 설비가 증강되어 있다. 히다시나노(飛騨信濃) 주파수 변환 설비는 새로 설치된 주파수 변환 설비이다(2021년 운용 개시 예정).

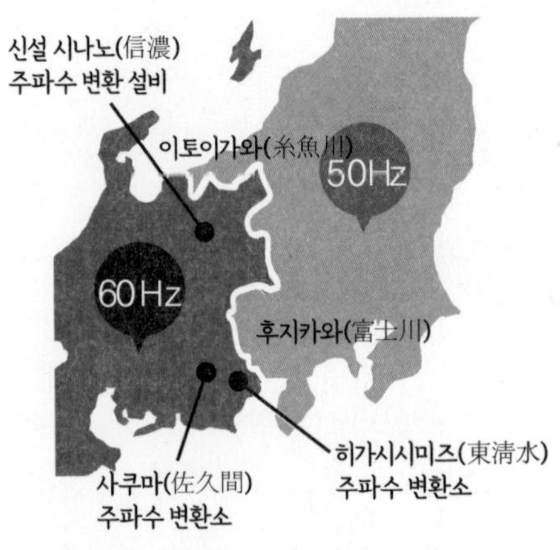

합계해서 원자력 발전소 1기분이다

주파수 변환 설비

사쿠마 주파수 변환소 : 30만kW
신설 시나노 주파수 변환소 : 60만kW
히가시시미즈 주파수 변환소 : 30만kW

▲주파수의 경계와 주파수 변환 설비

주파수 변환 설비의 파워 일렉트로닉스

- 주파수 변환 설비에서는 교류를 직류로 변환하고 인버터로 다시 교류로 변환해서 상대방의 주파수에 맞춘다.
- 따라서 주파수 변환 설비에서는 쌍방향으로 교류→직류→교류로 변환할 수 있어야 한다.
- 또한 여기에 필요한 인버터의 용량은 매우 크기 때문에 파워 디바이스는 사이리스터를 사용하고 있다.

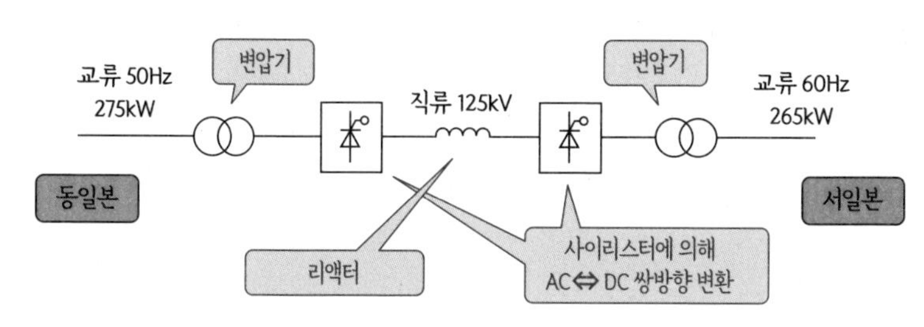

▲주파수 변환 설비의 구조

토카이도(東海道) 신칸센의 주파수 변환 설비

- 토카이도 신칸센에서는 60Hz의 교류를 사용하고 있다. 때문에 시즈오카로부터 동쪽, 도쿄까지는 50Hz 지역이므로 몇 곳에 신칸센 전용 주파수 변환 설비가 설치되어 있다.
- 토카이도 신칸센의 주파수 변환 설비에서는 50Hz의 전력을 60Hz로 변환해서 가선에 공급하고 있다.
- 반면 호쿠리쿠(北陸) 신칸센은 50Hz 지역과 60Hz 지역을 운행하는데, 차상의 파워 일렉트로닉스는 50Hz/60Hz의 어느 쪽도 사용할 수 있게 설계되어 있다.

리액터(reactor) : 전력용 코일. 코일의 리액턴스는 주파수에 비례하지만 전력계통에서는 주파수는 일정하기 때문에 리액턴스의 값은 일정하다고 생각해도 된다. 따라서 인덕턴스가 아니라 리액턴스가 사용된다. 코일은 전력계통에 리액턴스를 넣기 위해 사용하므로 리액터라고 불린다.

무효전력 조정

전력 공급을 지탱하는 구조

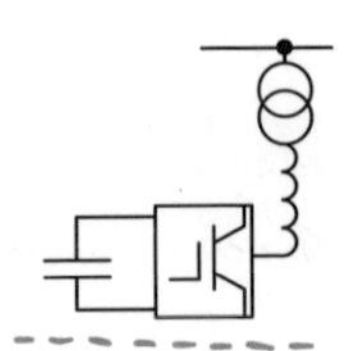

전력계통의 안정화

- 2-9항(p.56)에서 설명한 바와 같이 계통전력에는 실제로 소비하는 유효전력 외에 무효전력이 포함되어 있다. 무효전력은 이름만 보면 쓸데없는 전력처럼 생각되지만, 실제로는 작다고 해서 좋은 것은 아니다. 오히려 어느 정도의 무효전력이 포함될 필요가 있다.
- 무효전력의 역할은 다음과 같다.
  ① **전압 조정** : 전력계통에는 많은 발전소에서 전기가 공급된다. 가정의 태양광발전도 하나의 발전소로 취급된다. 한편 각각이 발전하는 전압과 전력계통의 전압이 완전히 같은 것은 아니다. 이때 발전소의 전압이 계통보다 높을 때 발전소에서 무효전력을 주입하면 전압이 낮아진다. 반대로 무효전력을 흡수하면 전압이 높아진다. 각각의 발전소가 가장 효율적으로 운전하기 위해서는 무효전력에 의한 전압 조정이 필요하다.
  ② **전압의 안정화** : 전력계통의 전압은 거의 일정하지 않으면 안 된다. 그런데 전력 소비가 많아지면 전압은 낮아지고 소비 전력이 줄면 전압이 올라간다. 그러나 발전소의 발전량을 순시에 세세하게 조정하는 것은 어렵다. 때문에 무효전력의 양을 신속하게 조정해서 전압의 변동을 억제한다.
- 무효전력을 조정하기 위해서는 현재 전류의 위상과 다른 위상의 전류를 주입한다. 즉 위상이 앞선 전류(**진상 전류**)에 의해 전압이 상승한다. 위상이 뒤진 전류(**지상 전류**)에 의해 전압을 낮춘다. 또한 진상 전류를 공급하기 위해서는 콘덴서를 접속한다. 지상 전류를 공급하기 위해서는 코일을 접속한다. 한편 전력용 코일은 **리액터**라고 하고, 이 장치를 **SVC**라고 부른다.
- SVC에서 사용하는 **사이리스터 스위치**는 전류를 온/오프하기 위한 파워 일렉트로닉스 기기이다. 교류 전류가 흐르기 때문에 두 개의 사이리스터를 역병렬로 접속하고 있다. 사이리스터를 제어하면 전류의 크기도 제어할 수 있다.
- 파워 일렉트로닉스 이전에는 발전기를 사용해서 무효전력을 만들어냈지만

SVC(Static Var Compensator) : 정지형 무효전력 보상장치. 파워 일렉트로닉스 이전에는 동기 조상기라는 무효전력만 발전하는 회전기를 사용했기 때문에, 이에 대해 정지형이라고 불린다.

파워 일렉트로닉스에 의해 필요한 무효전력을 고속으로 주입할 수 있게 됐다.

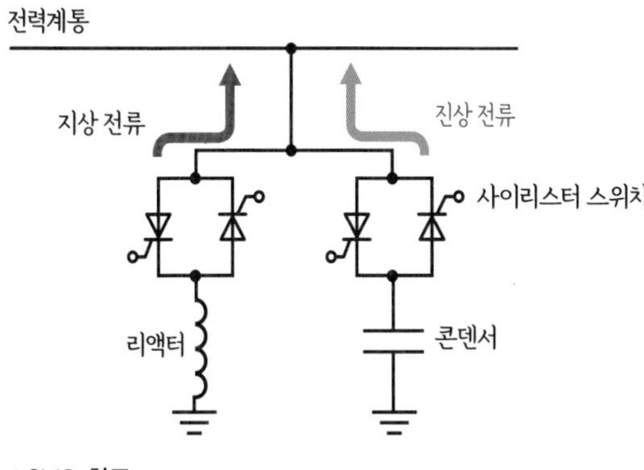

▲SVC 회로

STATCOM

- 인버터를 사용해도 무효전력을 만들 수 있다. 콘덴서와 리액터는 필요 없다. 전력계통의 전압, 전류, 위상차 등을 검출하면 그 때 어떤 무효전력이 필요한지 알 수 있다. 인버터의 출력을 제어해서 무효전력을 만들어내면 된다.
- 인버터는 무효전력만을 출력한다. 필요한 위상의 전류를 출력하고, 출력 전압을 순시에 미세 조정하는 것도 인버터로 간단하게 제어할 수 있다. 따라서 인버터를 사용하면 무효전력을 고속으로 높은 정확도로 조정할 수 있다. 이러한 인버터를 사용한 무효전력 조정을 STATCOM이라고 한다.
- STATCOM을 사용하면 고조파도 파형이 흐트러져 있을 때도 정현파로 되돌릴 수 있다.

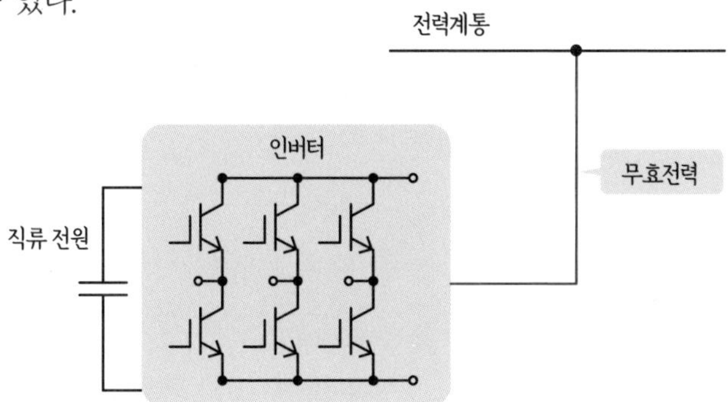

▲STATCOM 회로

STATCOM(STATic synchronous COMpensator) : 인버터를 이용한 SVC를 말한다.

고조파

왜곡의 원인

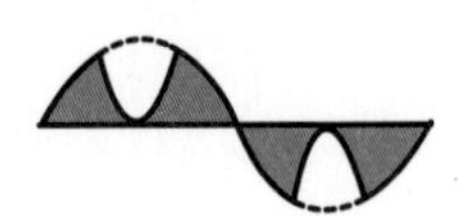

고조파란

- 파형이 정현파가 아닌 경우(**왜곡파**), 그 파형에는 기본파 주파수(예를 들면 50Hz/60Hz)의 '정배수의 주파수' 성분이 포함되어 있다. 이것을 전류나 전압에서 **고조파**라고 한다.

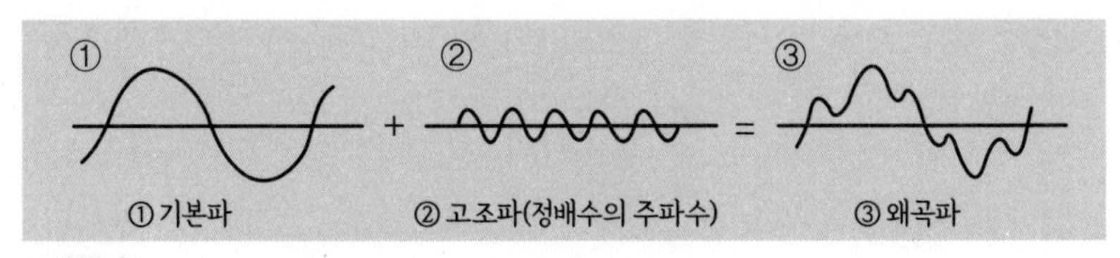

▲왜곡파

- 왜곡파의 파형은 기본파와 고조파를 합성한 것이라고 보면 된다.
- 정류회로에 흐르는 전류는 정현파가 아니라 왜곡파이기 때문에 파워 일렉트로닉스 기기 등의 입력 교류 전류 파형은 기본파의 5배, 7배, 11배, …, 로 주파수의 고조파가 포함된 파형이 된다.

정류회로에서 고조파가 발생하는 이미지

- 정류회로에서는 전류가 펄스상(구형파)이 된다.
- 따라서 아래 그림과 같이 전압은 있는데 전류가 흐르지 않는 기간이 있다. 이 부분이 고조파 전류가 되어 계통에 흐른다.
- 고조파 전류와 같은 파형으로, 역위상의 전류를 흘리면 고조파 전류를 상쇄할 수 있다.

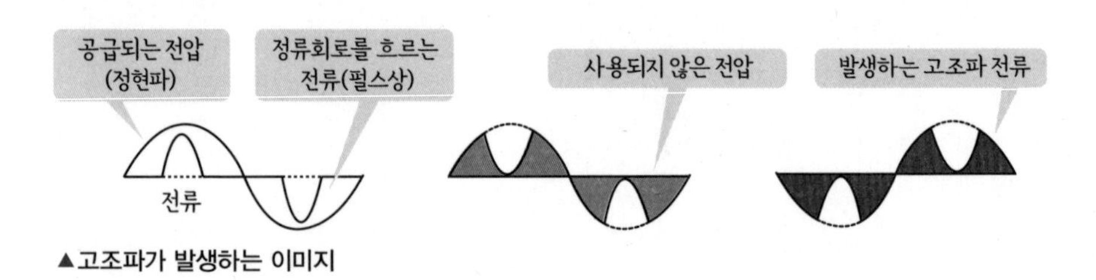

▲고조파가 발생하는 이미지

액티브 필터

- 액티브 필터란 인버터, 정류회로 등에 의해 생기는 고조파 전류를 검출하고, 검출한 고조파 전류와 역위상의 전류를 흘려 고조파 전류를 상쇄하는 인버터를 말한다.
- 액티브 필터에 사용하는 인버터는 고조파만 출력한다.
- STATCOM도 액티브 필터의 일종이다.
- 액티브 필터에 의해 PWM 인버터의 출력도 정현파로 할 수 있다.

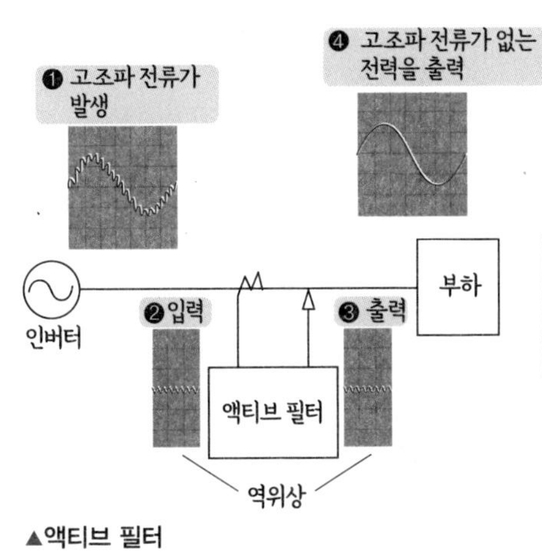

▲액티브 필터

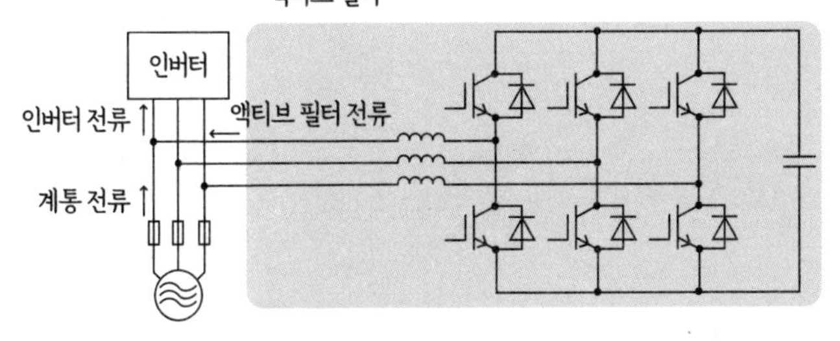

▲액티브 필터를 개별 인버터에 추가하는 경우

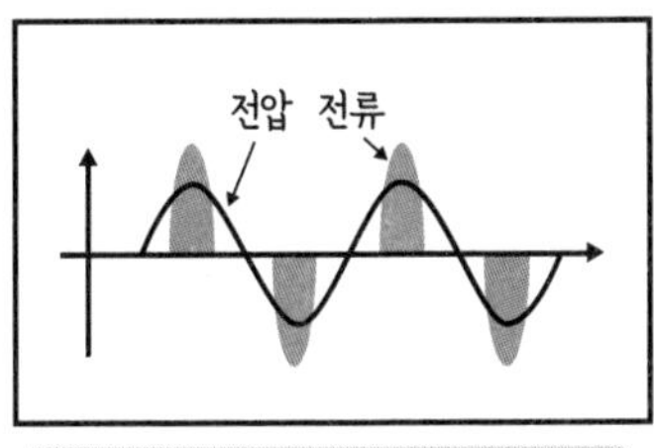

고조파 전류를 포함한 전압 전류 파형

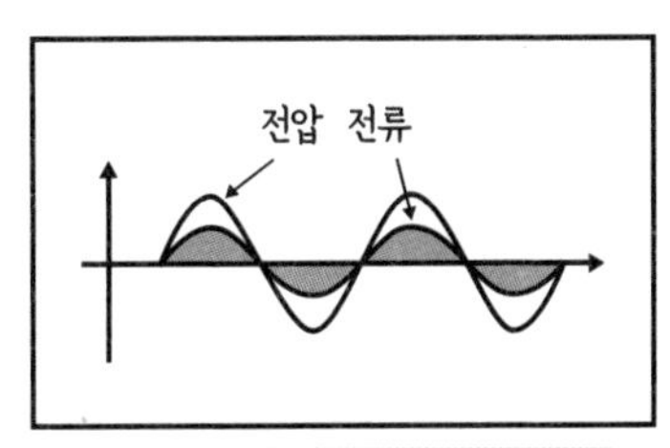

액티브 필터로 고조파를 제어한 파형

▲액티브 필터의 정류 파형

직류 송전

해저 케이블은 직류 송전

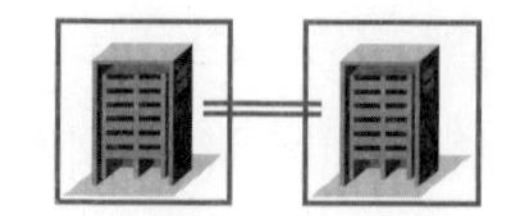

해저 송전

- 혼슈(本州)와 시코쿠(四国), 혼슈와 홋카이도(北海道) 사이는 **해저 케이블**을 이용하여 **해저 송전**되고 있다.
- 해수에는 유전율이 있기 때문에 해저 케이블은 거대한 콘덴서가 된다. 즉 케이블의 심선과 해저(지구) 사이가 콘덴서 역할을 해서 정전용량을 갖는다. 송전 거리가 길면 케이블의 길이도 길어지고 또한 정전용량이 커진다.
- 콘덴서는 교류 전류를 흘리기 때문에 케이블의 정전용량에 대응한 전류가 흘러 전류가 커져 버린다. 이외에 교류 전류에 의해 여러 현상이 생기므로 이들을 합쳐서 **교류손실**이라고 한다.
- 따라서 해저 송전에서는 직류가 사용된다. 송전측에서 교류를 직류로 변환하고, 수전측에서 다시 교류로 변환한다.
- 쌍방향으로 전력을 주고받기 때문에 쌍방향 전력 변환이 가능한 인버터 및 컨버터가 사용되고 있다.

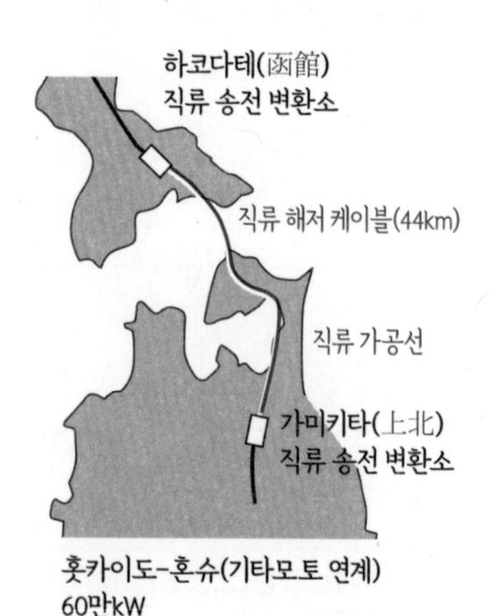

홋카이도-혼슈(기타모토 연계)
60만kW

혼슈-시코쿠(키이스이도 직류 연계)
140만kW

▲일본의 주요 해저 케이블

HVDC

• 해외에서는 직류 송전을 HVDC라고 한다.

HVDC에 의해서 장거리를 효율적으로 송전할 수 있다. 또한 3상 교류에서는 세 개의 케이블이 필요하지만, 직류 송전이라면 두 개의 케이블로 송전할 수 있다.

HVDC를 사용하는 이점은 p.211에 나타낸 교류/직류 논쟁에서 에디슨이 주장한 것이 거의 그대로 맞는다. 에디슨이 살던 시대에는 없었던 고전압으로 사용할 수 있는 파워 디바이스 덕분에 HVDC가 실현됐다.

HVDC에서는 같은 전력을 보낼 때 전압이 교류의 최댓값보다 낮아진다. 또한 송전선의 리액턴스(인덕턴스) 영향을 받지 않아 송전선의 저항에 의한 전압 강하만이 전력의 감소 요인이 된다. 또 해저 송전에서 커지는 교류손실도 없어진다.

해외의 경우, 해상 풍력발전에서 육지로 송전하거나 육지와 육지 간 장거리 송전을 하는 데 HVDC를 사용하고 있다. 이미 400km의 해저 송전이나 1700km의 육상 송전이 이루어지고 있다.

전기자동차나 대규모 데이터센터의 컴퓨터 등 직류를 사용하는 용도가 늘었다. 장거리 송전뿐 아니라 HVDC에 의해서 그런 곳에 직접 직류를 공급하는 것도 고려되고 있다.

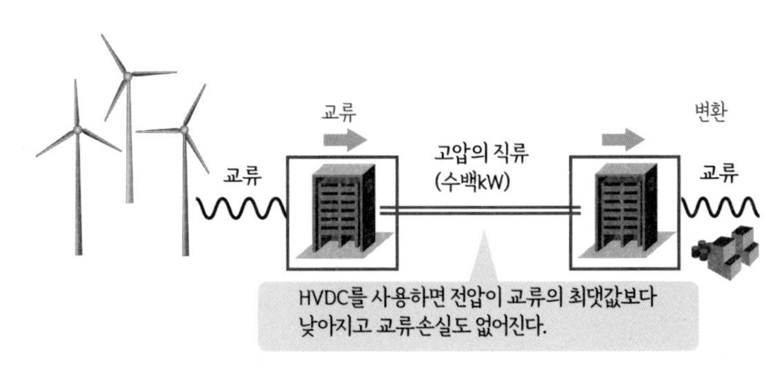

▲HVDC의 구조

HVDC(High Voltage, Direct Current) : 고전압 직류 송전. 본문 참조.

풍력발전

바람을 모아서

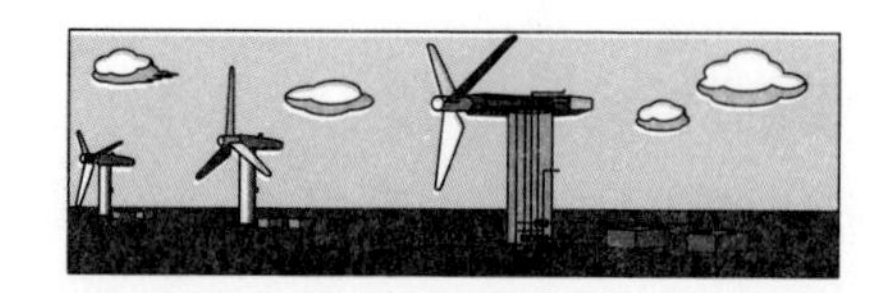

풍력발전에는 여러 가지 방식이 있으며, 각각 사용되는 파워 일렉트로닉스 기술이 다르다.

대형 풍력발전기

- 대형 풍력발전기에서는 프로펠라형 풍차를 사용한다. 이 풍차는 타워상의 나셀(Nacelle)이라고 불리는 장비에 설치되어 있다.
- 나셀 내부에는 증속기와 발전기 본체가 있다.
- 풍차는 저속으로 회전하기 때문에 증속기로 회전수를 높여 발전기를 구동한다.
- 한편 풍차의 회전에 따라 정속 풍차와 가변속 풍차로 나뉜다. 또 파워 일렉트로닉스 방식에 따라 AC 링크 방식과 DC 링크 방식으로 나뉜다.

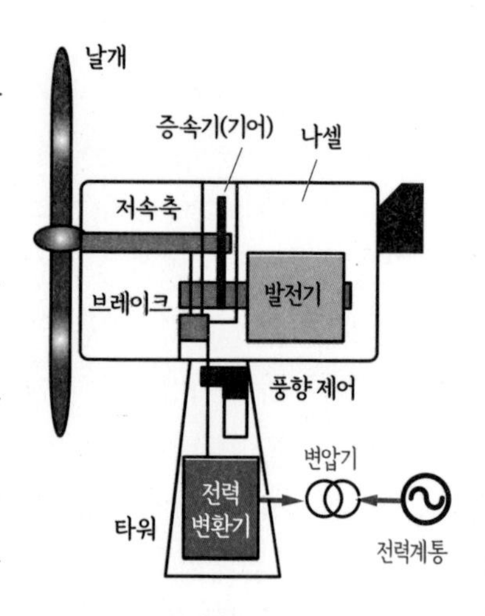

▲풍력발전기의 구조

정속 풍차(AC 링크)

- 정속 풍차(AC 링크)에서는 유도발전기가 사용된다. 이것은 프로펠라의 피치를 가변으로 조절해서 풍차의 회전수가 일정해지도록 제어한다.

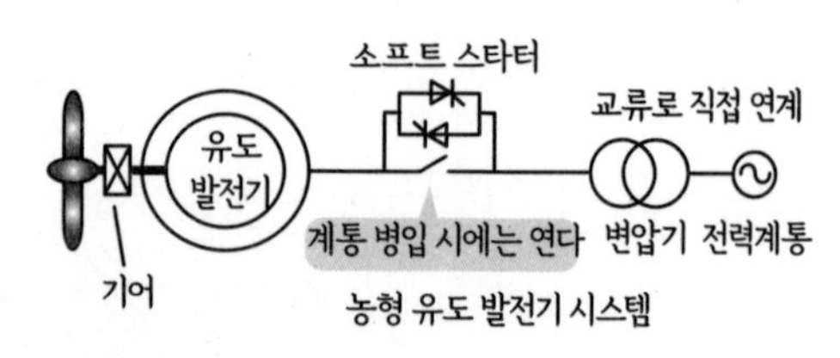

▲정속 풍차(AC 링크)의 구조

- AC 링크 방식에 의해서 풍차가 발전하는 교류를 그대로 전력계통에 공급할 수 있는 것이 특징이다.
- 다만 전력계통에 접속할 때는 소프트 스타트를 위해 사이리스터 변환기를 이용한다.

농형 권선(squirrel cage winding) : 유도기 회전자 도체의 형상. 제6장 참조
소프트 스타터(soft starter) : 계통 병입 장치. 유도발전기와 전력계통을 연결할 때 전압을 서서히 상승시켜 와전류를 예방하는 장치.

가변속 풍차(AC 링크)

- 가변속 풍차(AC 링크)에서는 권선형 유도발전기와 소형 인버터를 사용한다. 권선형 유도발전기의 회전자 전류를 인버터로 제어해서 외부에서 공급하는 구조이다.

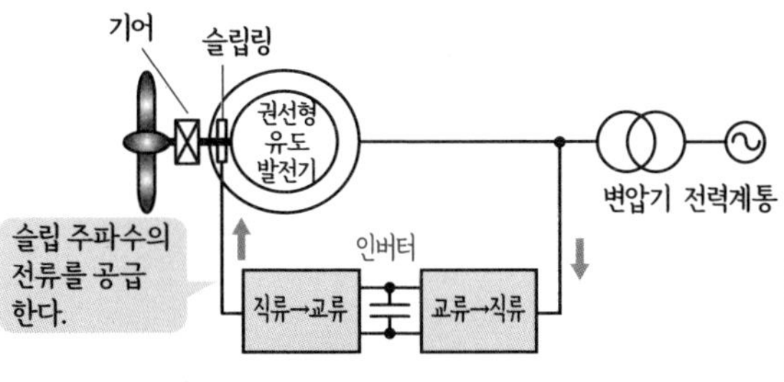

▲가변속 풍차(AC 링크)의 구조

- 이에 의해 풍차의 회전수가 풍속에 의해 변화해도 회전자 전류의 주파수(슬립 주파수)를 조절하면 발전 주파수를 일정하게 할 수 있기 때문에 풍차가 발전한 전력을 그대로 전력계통에 공급할 수 있는 것이 특징이다.

가변속 풍차(DC 링크)

- 가변속 풍차(DC 링크)는 풍차의 회전수가 변화할 때 발전 주파수가 변화하는 것을 예방하기 위해 일단 직류로 해서 인버터로 전력계통의 주파수로 변경하는 방식이다.
가변 주파수의 교류→직류→전원 주파수로 2회 전력 변환을 한다.

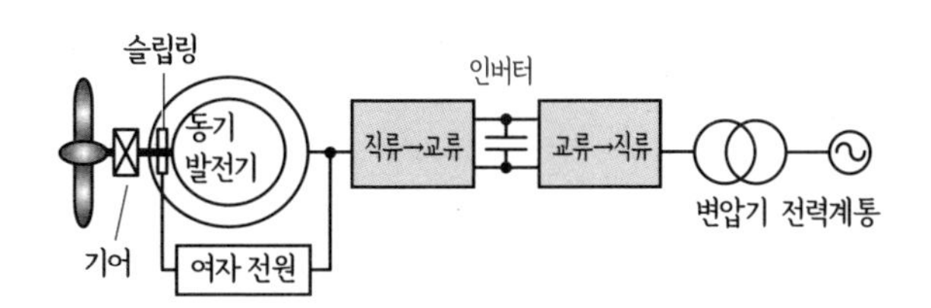

▲가변속 풍차(DC 링크)의 구조

- 즉, 고효율의 영구자석 동기 발전기를 사용해서 발전한 전력을 모두 직류로 변환하고 인버터로 전력계통의 주파수로 변환한다.
- 인버터에 의해서 풍차의 회전수가 크게 변화해도 문제없이 전력을 공급할 수 있는 것이 특징이다.

기어리스 방식

- 영구자석 동기 발전기를 사용하면 저회전으로도 발전할 수 있기 때문에 증속기가 없는 기어리스 방식도 가능하다.

권선형 유도기(wound-rotor induction motor) : 회전자 도체가 권선(코일)으로 만들어져 있는 유도기. 이 권선에 외부에서 가변 저항을 접속하면 2차 저항(회전자 권선의 저항)을 조절할 수 있다.

9-6 전력 수급 조정

전기를 저장하기 위한 연구

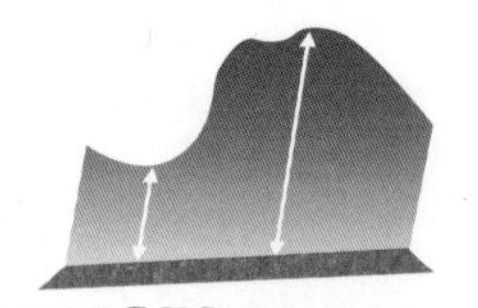

양수식 발전

- 양수식 발전은 발전소의 상부와 하부의 못을 사용하여 전력 수요가 많을 때는 상부지에서 하부지로 물을 흘려 내려서 수력발전한다.
- 사용한 물은 전력 수요가 적을 때에 수차를 역회전시켜 펌프로 가동해서 상부지로 양수하여 다음의 발전에 사용한다.
- 즉, 발전이 아니라 물에 의해서 '전기를 저장'하는 것이다.

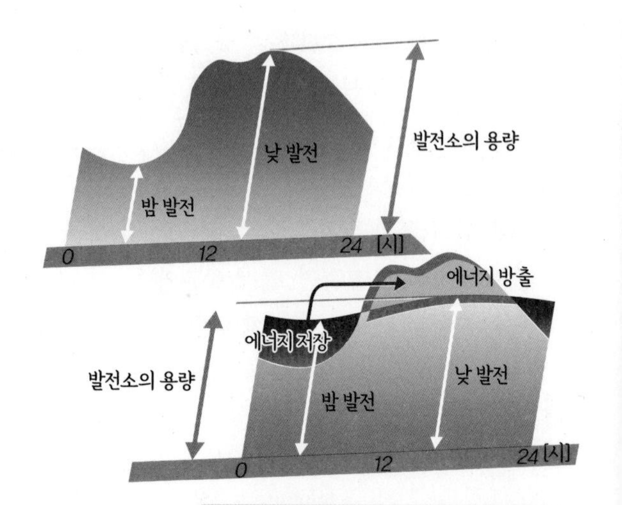

양수식 발전은 전력의 수요와 공급을 조정하는 데 사용한다.

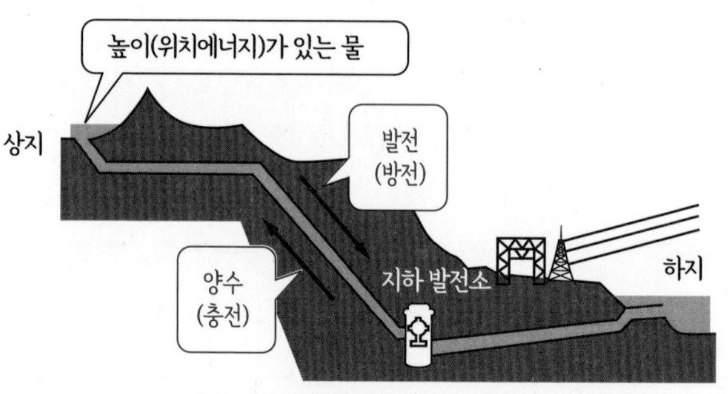

펌프 겸 수차는 모터 겸 발전기와 연결되어 있다

▲양수식 발전의 구조

슬립링(slip ring) : 회전자와 외부 사이에 전류를 끌어들이기 위해 회전축에 환상으로 설치한 전극. 고정된 브러시와 접동해서 전류가 흐른다. 정류자(6-4항[p.140] 참조)와 달리 전류의 방향을 바꾸지는 않는다.

가변속 양수식 발전

- 양수식 발전은 전력 수요가 적은 야간에 화력·원자력발전소의 전력을 이용하여 양수작업을 한다. 또한 전력수요가 큰 낮에는 발전을 사용하여 전력을 저장하는 것이 목적이다. 최근에는 수분 이내에 양수와 발전을 전환할 수 있다는 점에서 풍력발전, 태양광발전의 변동에 대한 평준화에도 사용되고 있다.
- **가변속 양수식 발전**은 발전기의 회전수를 제어할 수 있는 수력발전 시스템이다. 반면 기존의 양수식 발전은 발전, 양수 모두 같은 회전수로 운전하였다.
- 가변속 양수식 발전에서는 인버터를 사용해서 발전기의 회전수를 제어한다. 일정 속도의 경우 발전기의 자계 코일에는 직류를 공급한다. 가변속의 경우 자계 코일에 인버터가 출력하는 교류를 공급한다. 이로써 발전 전동기의 회전수를 제어할 수 있다.
- 가변속 양수식 발전에서는 양수 시의 펌프 회전수를 제어할 수 있기 때문에 잉여전력의 양에 맞춰 양수가 가능하다. 또한 발전 시에 수차의 회전수가 변화해도 인버터 제어로 발전 주파수를 일정하게 할 수 있다.

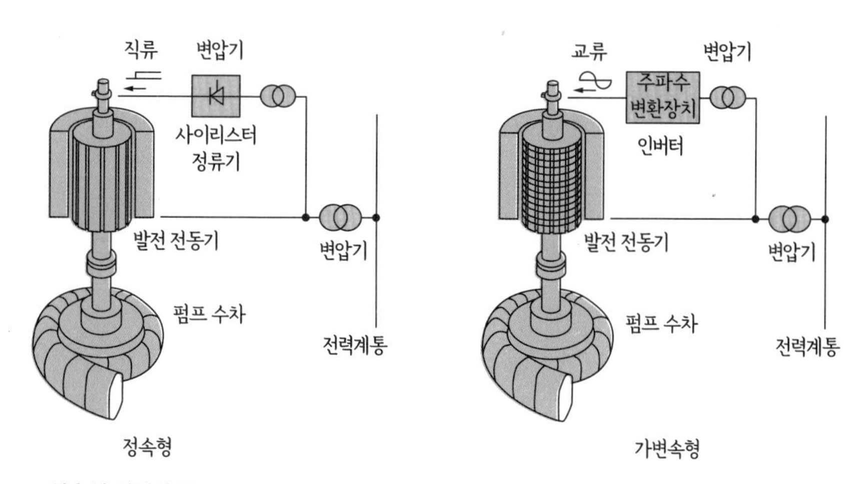

▲양수식 발전의 구조

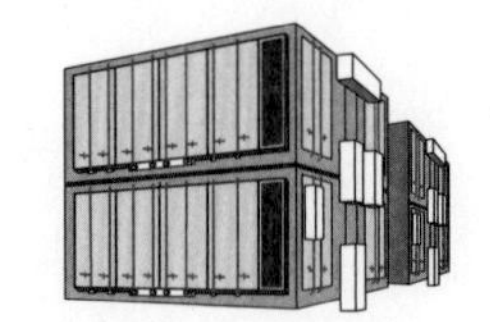

축전 시스템

수급 조정의 강력한 수단

대규모 축전 시스템

- **대규모 축전 시스템**은 전력계통의 수요 안정화를 위한 전지를 사용한 축전 시스템이다. 주요한 것에 NAS 전지, 레독스 플로 전지(RFB, Redox Flow Battery) 등을 사용한 것이 있다.
- 일반 배터리와 마찬가지로 직류를 충방전하기 위한 파워 일렉트로닉스를 이용한 AC/DC/AC의 변환이 필요하다.
- 대규모 축전 시스템은 장기간의 에너지 저장이 아니라 어디까지나 단시간의 전력 수급 조정을 목적으로 한다.

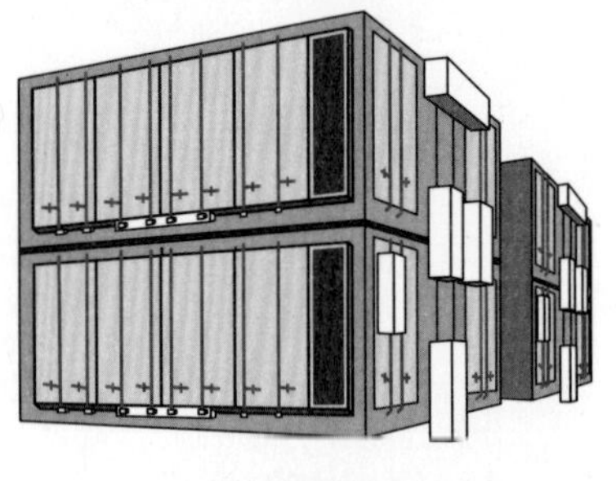

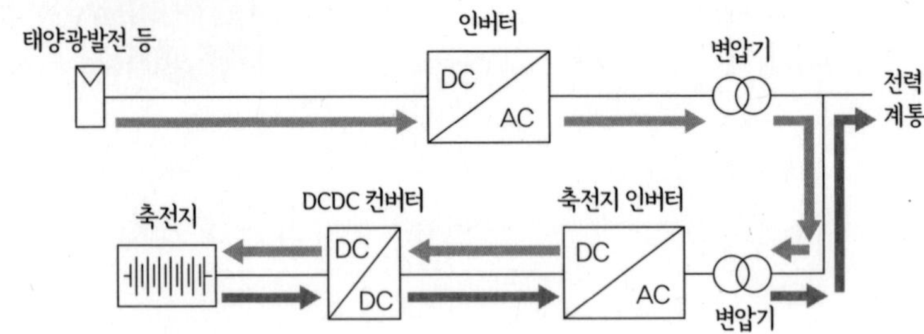

▲대규모 축전 시스템의 이미지

NAS 전지(Sodium-Sulfur battery) : 나트륨 유황 전지. 나트륨(Na)과 유황(S)을 전극으로 한 전지를 말한다.

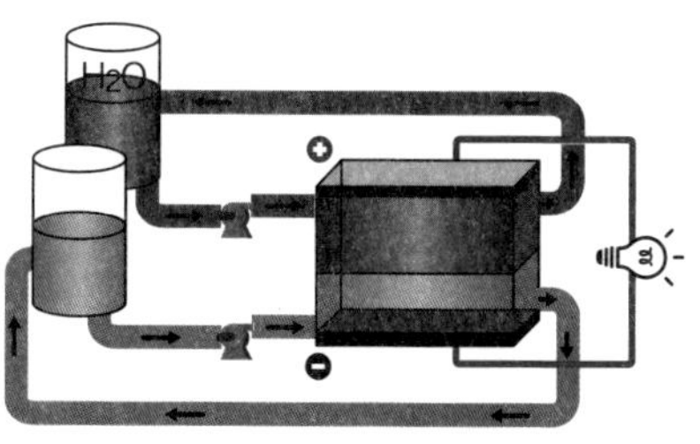

레독스 플로 전지에는 탱크와 펌프가 필요

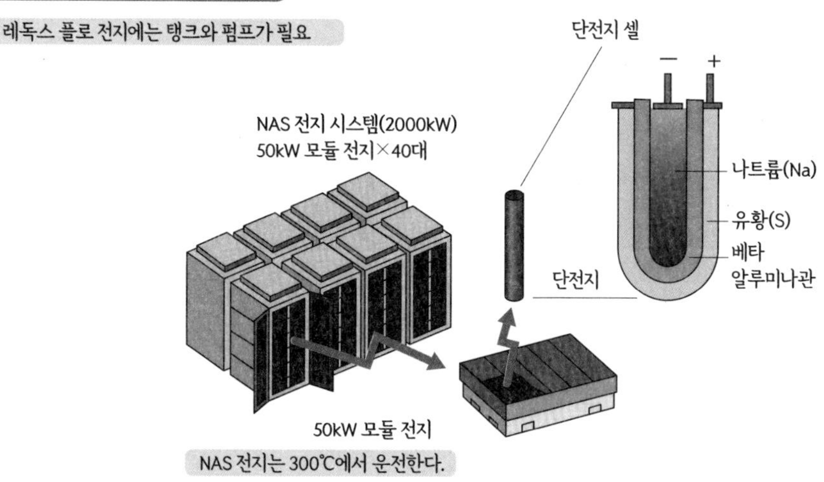

NAS 전지는 300℃에서 운전한다.

▲레독스 플로 전지와 NAS 전지

전력계통과 파워 일렉트로닉스의 정리

아래의 표에 전력계통에서 사용되는 파워 일렉트로닉스 기기의 용도를 정리했다.

분류	용도
DC/AC 변환 파워 일렉트로닉스 기기	연료전지 태양광발전 축전지 등
AC/DC/AC 변환 파워 일렉트로닉스 기기	가변속 풍차 소형 엔진 발전기 직류송전 주파수 변환 등

레독스 플로 전지(redox flow battery) : 산화 환원 반응(REduction OXidation reaction)을 사용해서 용액을 순환하고 이온의 이동에 의해 충방전하는 전지.

That Makes SENSE...

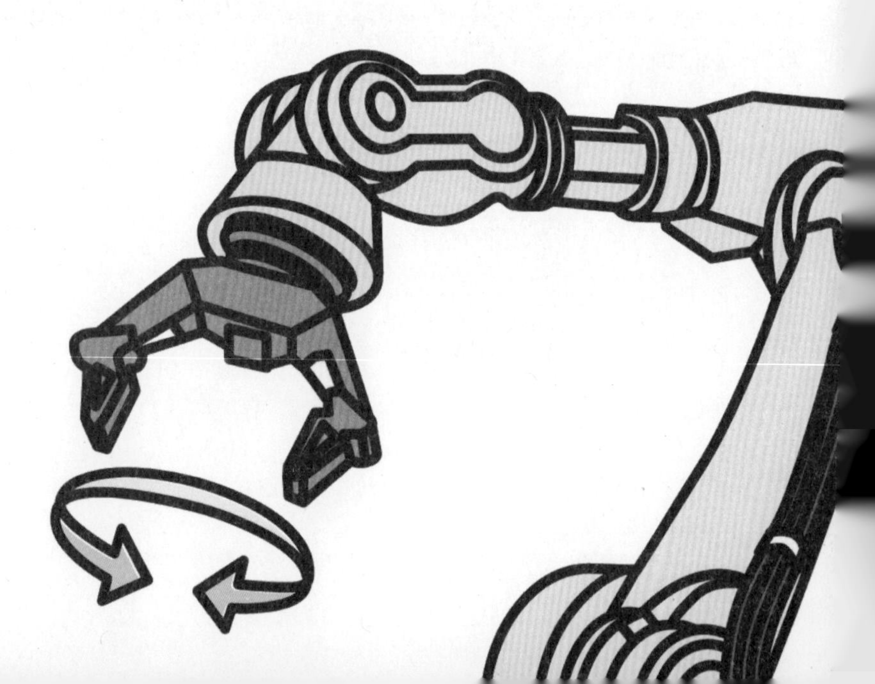

제 10 장

제조의 파워 일렉트로닉스

10-1 가열하는 파워 일렉트로닉스

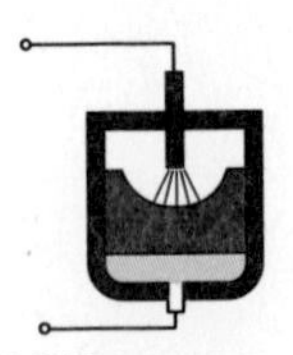

열에너지를 이용한다

전기를 열에너지로 이용하기 위해서는 컨트롤이 필요하기 때문에 전기에너지를 이용하는 모든 가열 방식에는 파워 일렉트로닉스에 의한 전류 제어가 필수적이다.

전기 가열

- 저항 가열

  저항에 전류를 흘리면 생기는 줄열을 이용하는 것이다.

- 유도 가열

  전자유도에 의해 흐르는 와전류의 줄열을 이용하는 것이다.

- 고주파 가열(유전 가열)

  절연물(유전체)의 유전손실을 이용하는 것이다.

- 아크 가열

  아크 방전의 열을 이용하는 것이다.

- 전자파 가열

  적외선, 마이크로파를 이용하는 것이다.

저항 가열

- 저항 가열에서는 히터에 흐르는 전류를 파워 일렉트로닉스가 제어한다.
- 파워 일렉트로닉스 기기로서 사이리스터를 이용한 교류 전력 조정을 이용할 수 있다.

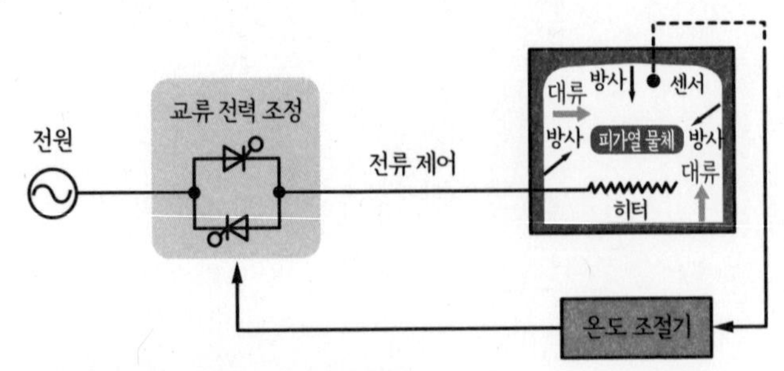

▲저항 가열을 이용하는 히터의 구조

고주파 가열(high frequency dielectric heating) : 절연물(유전체)을 가열하는 방법. 고주파의 전압을 가하면 유전체 내부의 분극(플러스와 마이너스 원자)이 진동해서 발열한다.

유도 가열

- **유도 가열**은 금속(도체)의 가열이나 용해에 사용된다.
- 와전류가 커지도록 고주파 인버터를 사용한다.

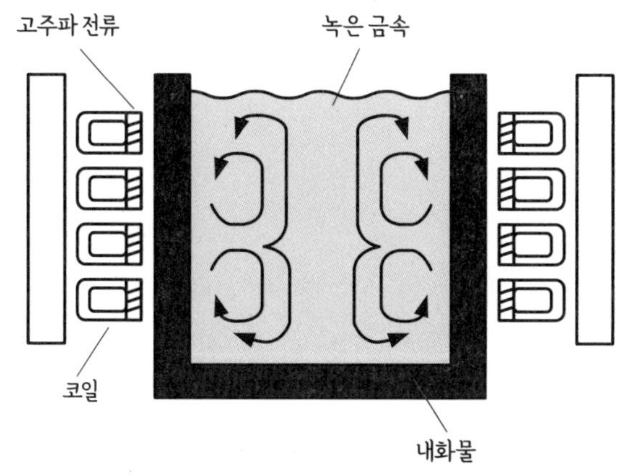

▲유도 가열을 이용하는 금속 용해의 구조

고주파 가열

- **고주파 가열**은 플라스틱, 고무 등의 절연물(유전체)이나 가열하는 데 사용한다.
- 고주파 인버터를 사용한다.
- 유도체의 유전손실에 의한 발열을 이용하기 때문에 **유전 가열**이라고도 한다.

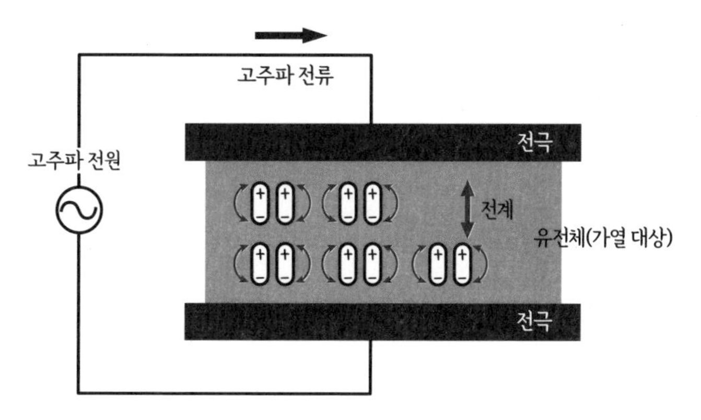

▲고주파 가열의 구조

아크 가열

- 아크 가열은 스크랩 용해로 등에서 사용된다.
- 아크 방전의 상태를 파워 일렉트로닉스로 전류 제어한다(아크 용접도 같은 원리이다).
- 아크 용접은 직류의 아크 방전 전류를 인버터로 제어한다.

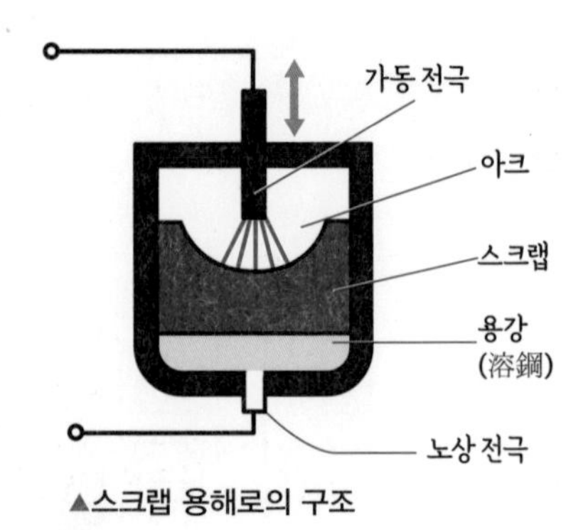

▲스크랩 용해로의 구조

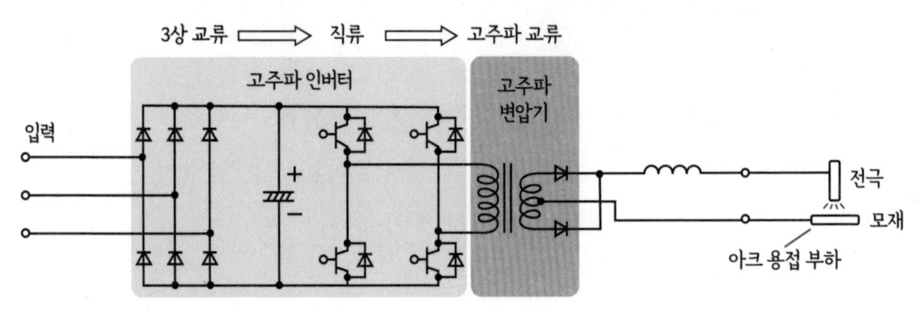

▲아크 용접의 파워 일렉트로닉스 회로

- 교류 용접은 교류의 아크 방전 전류를 인버터로 제어하는 것이다.

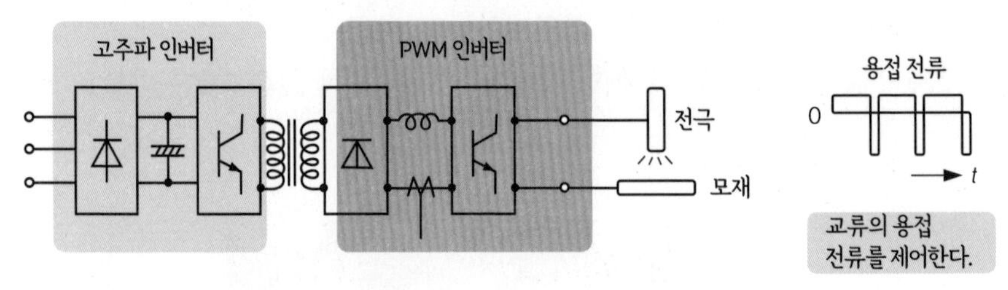

▲교류 용접의 파워 일렉트로닉스 회로

아크 가열(arc heating) : 아크 방전에 의해 발생하는 플라즈마의 고온(수천 ℃)을 이용한다. 이것을 용접에 이용한 것이 아크 용접이다.
전자파 가열(radiative heating, microwave heating, radiowave heating) : 본문 참조

전자파 가열

- 전자파 가열은 대상물의 표면 분자를 전자파로 가열하는 것이다.
- 전자파 가열에서 사용하는 적외이나 레이저와 같은 광원의 전원은 파워 일렉트로닉스 회로이다.

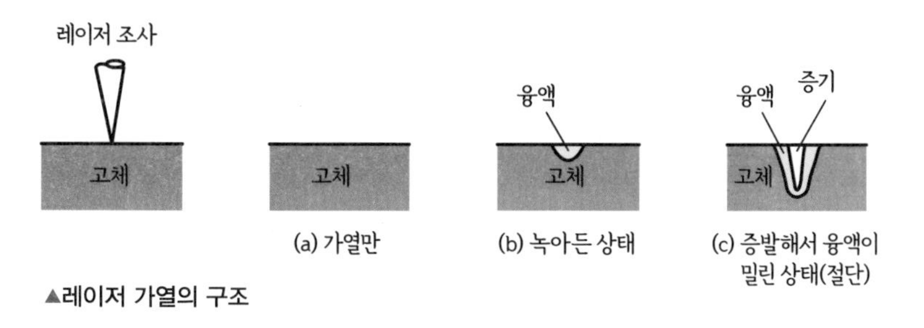

▲레이저 가열의 구조

공업용 건조기

- 공업용 건조기는 히터의 전류와 팬의 회전을 파워 일렉트로닉스로 제어한다.

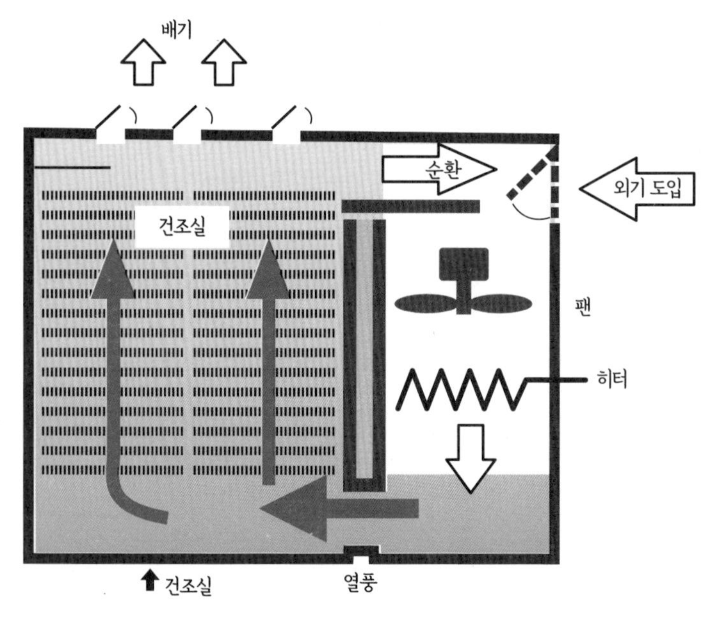

▲공업용 건조기의 구조

만들고 깎는 파워 일렉트로닉스

미세한 조정은 맡겨라

공장에서는 새로운 물질을 만들거나 그것을 깎아서 형태를 만들기도 한다. 이 과정에도 파워 일렉트로닉스가 필요하다.

전류의 화학작용 응용

- **전류의 화학작용**은 물질 간을 전자가 이동해서 일어나는데, 이것을 이용해서 물질을 합성할 수 있다. 바로 **도금**, **정련**, **전기분해** 등이라고 불리는 것이다. 이들 작업에도 파워 일렉트로닉스가 필요하다.
- 예를 들면 구리의 정련에는 정확한 전압이 필요하므로 파워 일렉트로닉스를 사용해서 전압을 제어한다.
  - 도금은 전류를 흘려 물질을 석출시키는데, 이 작업에 정밀한 전류 제어가 필요하다.
  - 수소를 합성할 때도 전류 제어가 필요하다.
- 이처럼 많은 **전기화학**이라고 불리는 제조에서 파워 일렉트로닉스는 활약하고 있다.

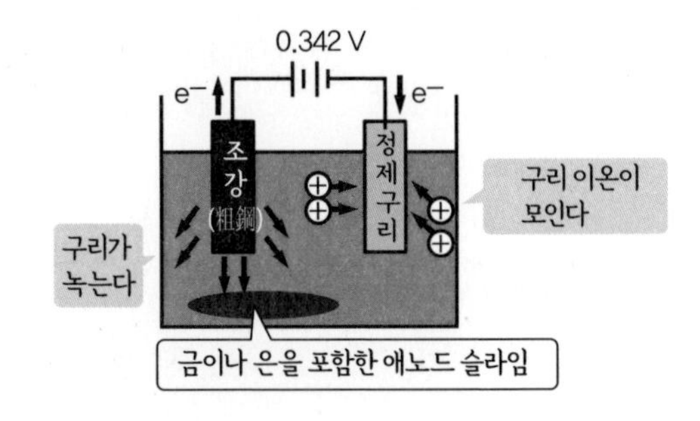

▲구리의 정련 구조

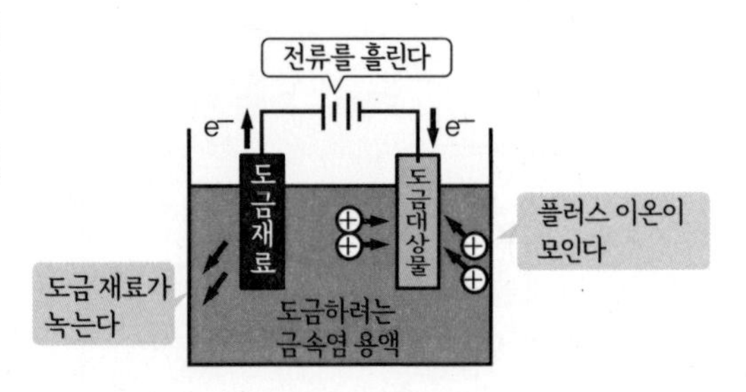

▲도금의 구조

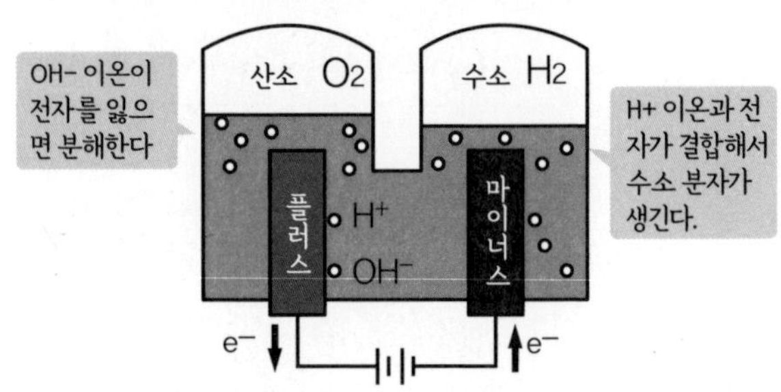

▲수소의 합성 원리

정련(refining) : 금속에서 불순물을 제거하여 순도를 높이는 것을 말한다.
도금(plating) : 재료의 표면에 금속 박막을 피복하는 것.

사출 성형

- 플라스틱은 용융 플라스틱을 금형에 주입해서 성형한다. 복잡한 형상의 플라스틱을 성형하기 위해서는 용융 플라스틱을 고속으로 금형에 주입하지 않으면 도중에 굳어 버린다(**사출**).
- 따라서 사출 중인 플라스틱의 상태를 서보모터를 사용해서 정밀하게 제어한다.

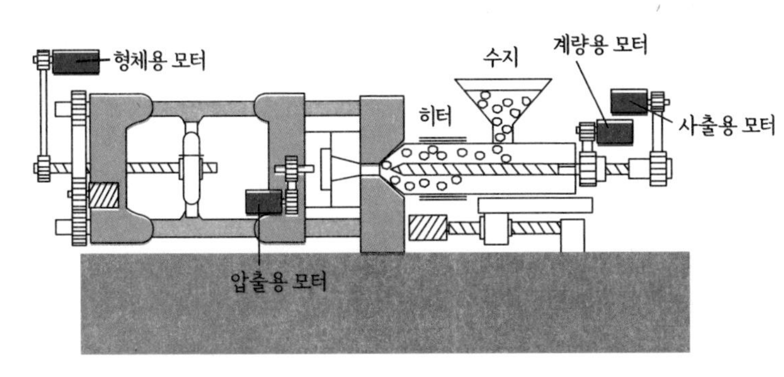

▲사출성형기의 기구 개념도

연신

- 필름이나 시트는 용융한 재료를 롤로 눌러서 얇게 늘린다(**연신**). 가로세로로 늘림으로써(**이축 연신**) 더 얇은 필름을 만들 수 있다.
- 균등하게 늘어나지 않으면 필름이 끊어지기 때문에 여러 대의 서보모터를 사용하여 제어한다.

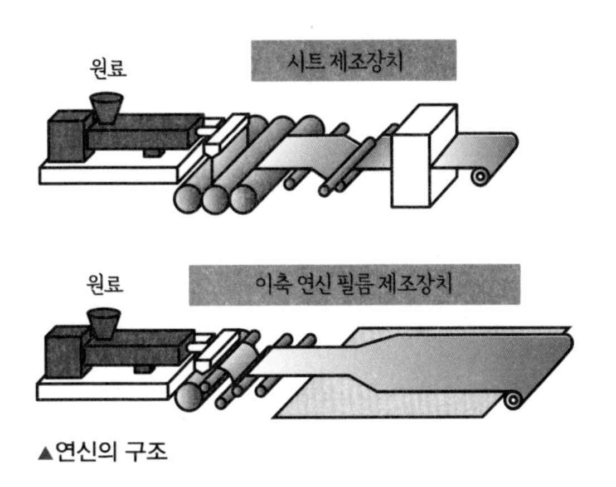

▲연신의 구조

공작기계

- 금속 등의 소재를 절삭, 연삭, 절곡 등의 가공을 하기 위한 기계는 공작의 정확도를 높이기 위해 파워 일렉트로닉스가 필수이다. 공작기계에는 서모모터가 사용된다.
- 서보모터는 모터의 피드백에 따라서 인버터를 제어하고 회전수 제어, 토크 제어, 위치 제어 등을 높은 정확도로 실현하는 드라이버와 모터가 세트로 돼 있는 파워 일렉트로닉스 기기이다.

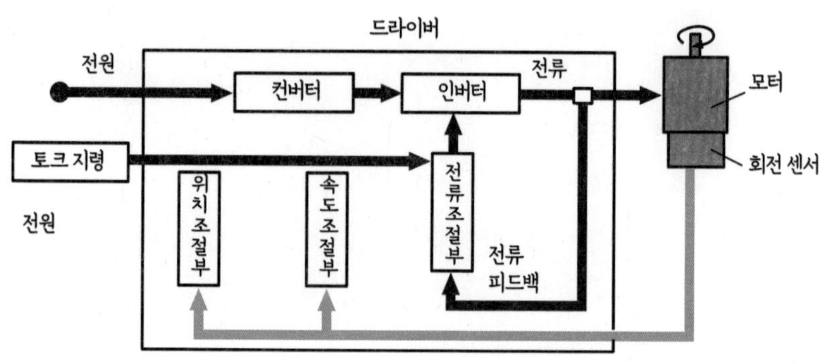

▲서보모터의 구조

- 아래 그림과 같이 기계가공에는 여러 가지 방법이 있다. 이들을 제어하기 위해 파워 일렉트로닉스가 사용된다.

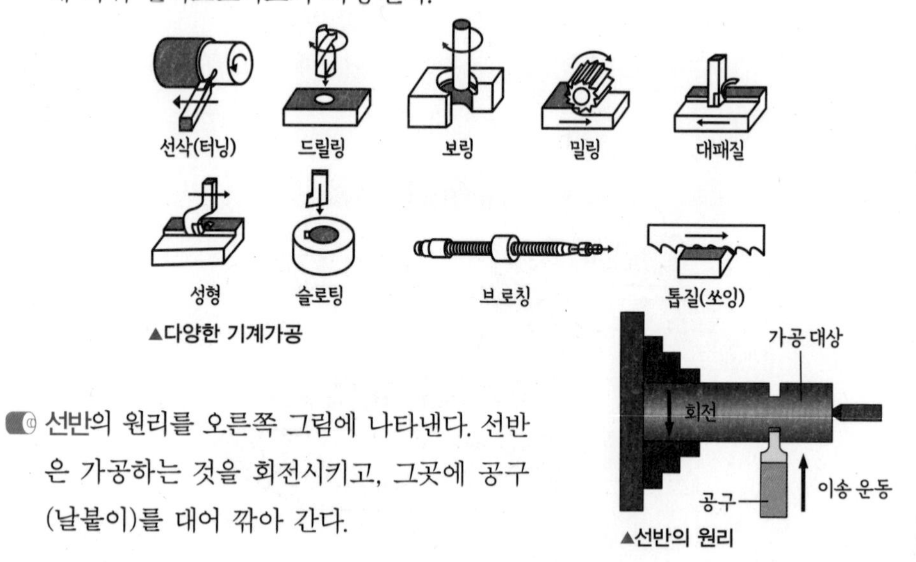

▲다양한 기계가공

- 선반의 원리를 오른쪽 그림에 나타낸다. 선반은 가공하는 것을 회전시키고, 그곳에 공구(날붙이)를 대어 깎아 간다.

▲선반의 원리

드라이버(driver) : 모터, 파워 일렉트로닉스 기기, 제어장치를 갖춘 것을 모터 드라이브 시스템이라고 한다. 드라이브 시스템의 모터 이외의 제어장치를 드라이버라고 한다.
선반(lathe) : 피절삭물을 회전시켜 고정되어 있는 바이트라고 불리는 날붙이 공구로 절삭하는 기계.

회생 ~ 모터로 회전하는 기기의 특징

모터로 회전하는 기기에서 말하는 회생이란 회전 중에 기기가 갖고 있는 운동에너지를 감속에 대응해 전기에너지로 변환해서 재이용하는 것이다.

모터는 외부에서 축을 회전시키면 발전기가 되기 때문에 이에 의해서 브레이크력을 얻는 동시에 에너지 절약 효과를 얻을 수 있다.

다시 말해 기계식 브레이크는 운동에너지를 브레이크의 마찰에 의한 발열로 열에너지로 변환할 뿐으로, 이른바 운동에너지를 열의 형태로 버리게 된다.

반면 회생 브레이크는 주행용 모터를 발전기로 사용함으로써 회전을 멈추는 방향의 토크를 발생하고, 나아가 운동에너지를 전기에너지로 변환해서 재이용한다.

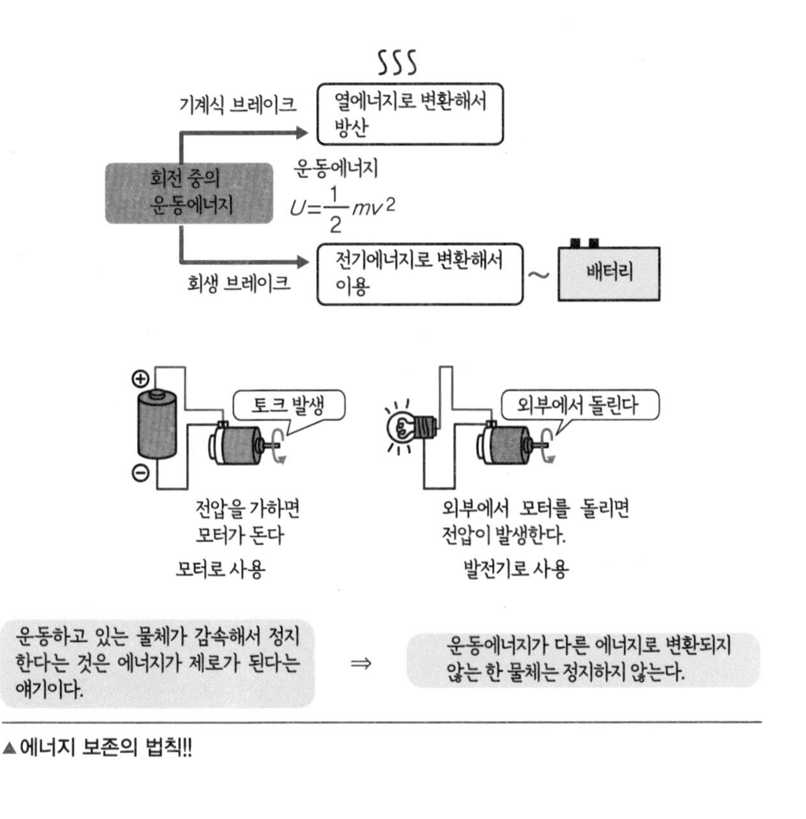

▲에너지 보존의 법칙!!

이송(feed) : 공작기계에서 회전운동(주운동) 이외의 움직임을 말한다.

공장 자동화의 파워 일렉트로닉스

자동화를 실현하는 구조

산업용 로봇

산업용 로봇의 구조를 그림에 나타낸다.

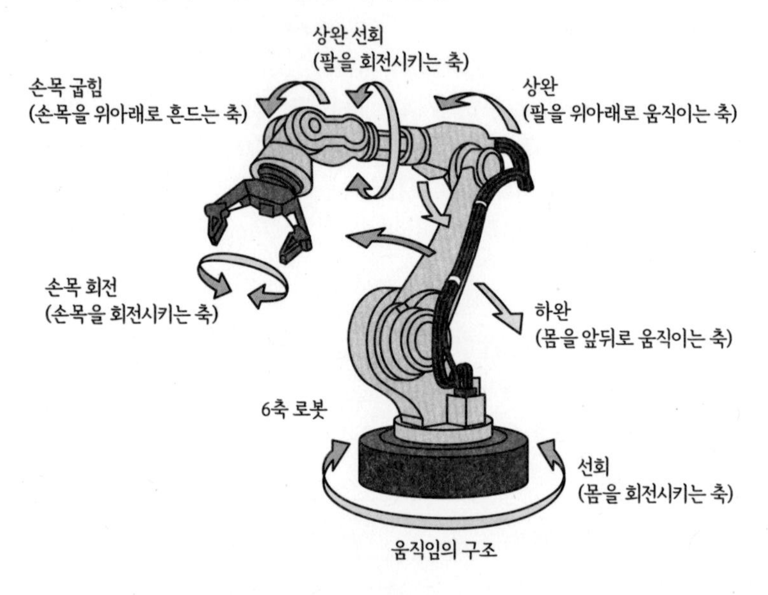

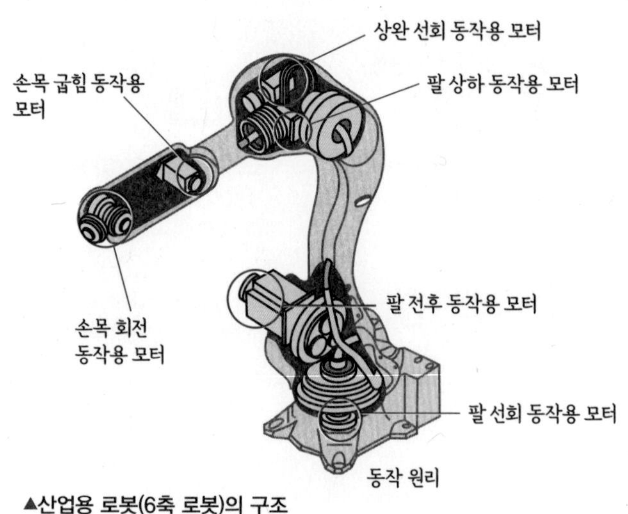

▲산업용 로봇(6축 로봇)의 구조

반송

벨트 컨베이어 등 **반송**에 사용되는 기계는 여러 개의 서보모터로 동작한다.

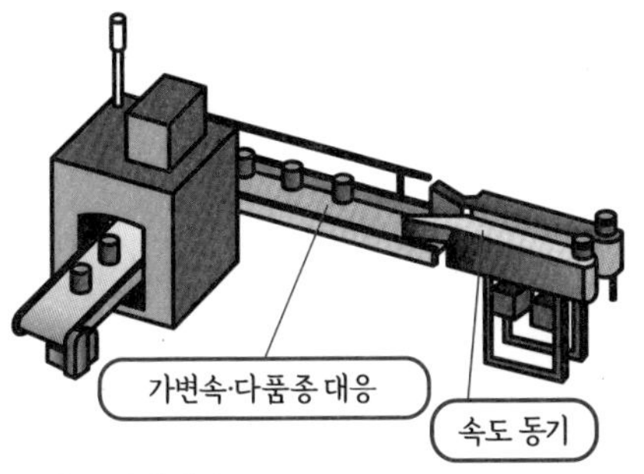

▲벨트 컨베이어

철을 만든다

철강 등의 판은 온도가 높을 때 몇 개의 롤 사이에 용강(녹은 철)을 통과시켜 얇은 판으로 펴 간다(**압연**). 압연 시에도 정밀한 롤의 제어가 필수이기 때문에 대부분의 롤 회전을 인버터로 제어하고 있다.

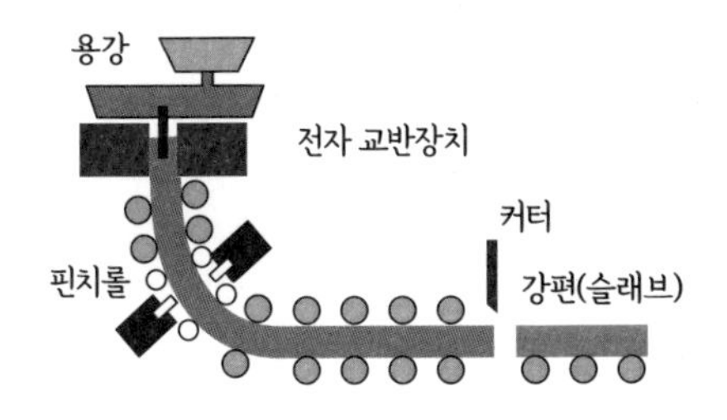

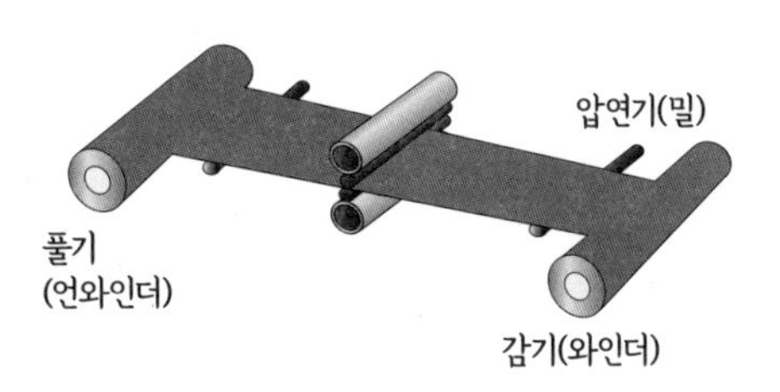

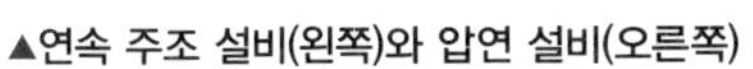
▲연속 주조 설비(왼쪽)와 압연 설비(오른쪽)

공장 설비의 파워 일렉트로닉스

지금은 대부분이 전동

공장이나 창고 안에서는 배기가스가 나오지 않는 전동 운반차가 주로 사용된다.

운반하는 파워 일렉트로닉스

- 배터리 지게차는 배터리에 축전하여 인버터 제어 유도 모터로 주행한다. 또 모터로 하역용 유압 펌프를 구동한다.

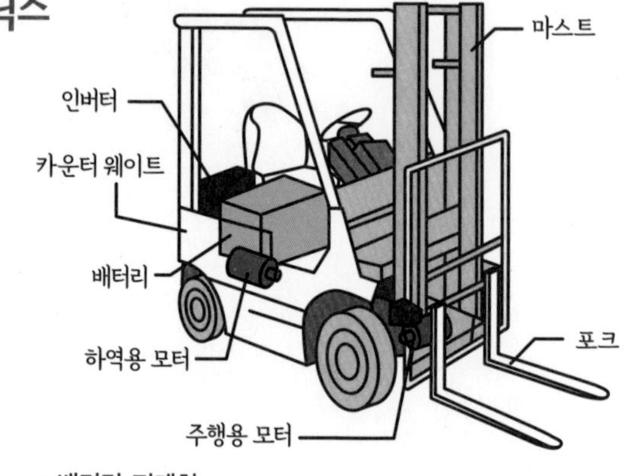

▲배터리 지게차

- 터렛트럭(Turret truck)과 같은 구내 운반차도 전동이다. 배터리를 탑재해서 모터로 주행한다.

▲터렛트럭

- AGV(무인반송차)는 구내에서 사용하는 전동차이다. 배터리를 탑재해서 모터로 주행하고 원격조정이나 자율주행을 한다.

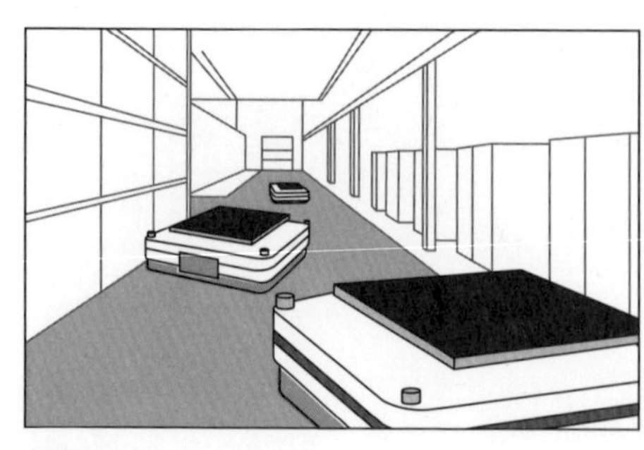
AGV

천정 크레인은 인버터로 권상이나 주행 모터를 제어하고 있다.

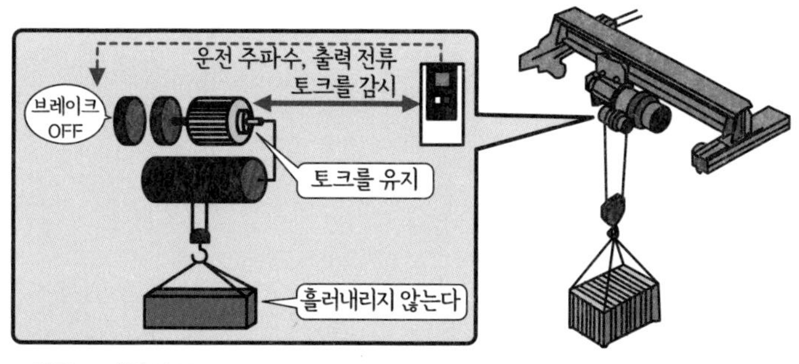

▲천정 크레인의 구조

풍수의 파워 일렉트로닉스

공장에서는 다양한 유체(공기, 가스, 액체)를 다룬다.

- 고압의 압축 공기나 가스를 만드는 **컴프레서(압축기)**
- 대량의 공기를 이동시키는 **팬, 블로어(송풍기)**
- 물 등의 액체를 이동시키는 **펌프**

등의 대다수는 모터를 사용해서 돌며 각각 인버터로 제어하고 있다.

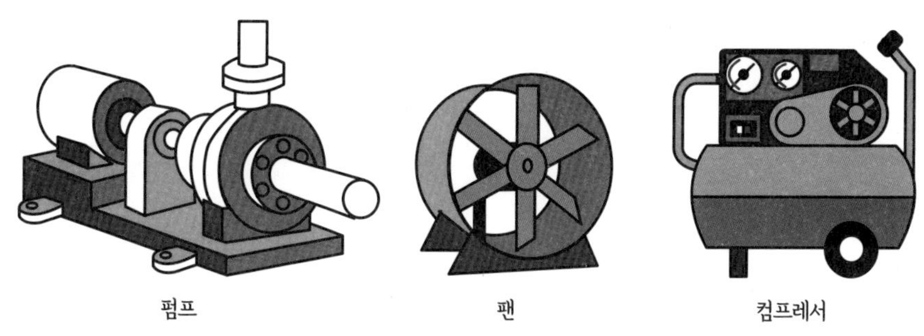

▲공장 등에서 유체를 다루는 기기

블로어(blower) : 압축기 중 압력비가 2배 이하인 것.
팬(fan) : 송풍기. 기체의 압력을 높여 이동시키는 것. 압력비는 1.1배 이하.

Something
Somewhere.

제 11 장

사회 속의 파워 일렉트로닉스

11-1

일상과 파워 일렉트로닉스

전력이 없으면 생활이 어렵다

일상생활의 파워 일렉트로닉스

- 현대의 일반 가정에는 헤아릴 수 없을 정도로 인버터가 많다. 모터를 사용하는 기기의 대다수에 인버터가 사용되기 때문이다. 또 모터 이외에도 IH 밥솥와 전자레인지에도 인버터가 사용되고 있다.
- 또한 컴퓨터와 같은 모든 전자기기의 전원 회로에 DCDC 컨버터가 사용되고 있다.

사회생활의 파워 일렉트로닉스

▲생활 속에서 활약하는 파워 일렉트로닉스

- 집 밖으로 나와도 지하철이나 엘리베이터의 모터를 효율적으로 컨트롤하는 인버터 등 우리 주변에는 이루 다 헤아릴 수 없을 정도로 많은 파워 일렉트로닉스 기기가 있다.
- 또 전력의 수송·변환·제어·공급 그리고 전자기기의 전원에도 파워 일렉트로닉스가 사용되고 있다.
- 현재 전력 소비량의 대부분은 파워 일렉트로닉스 기기로 제어 및 점유하고 있다. 따라서 파워 일렉트로닉스는 에너지 절약에도 큰 역할을 하고 있는 셈이다.
- 에너지 절약뿐 아니라 파워 일렉트로닉스에 의해서 기능이 확대되고 새로운 것이 만들어지고 있다.

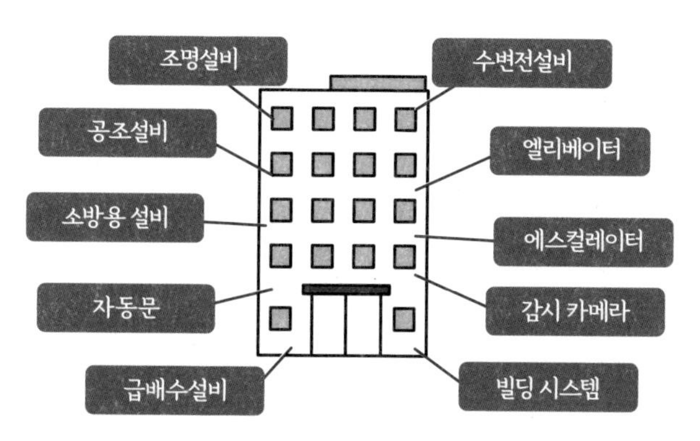

▲빌딩에는 파워 일렉트로닉스 기기가 가득

빌딩의 전기설비

- 하나의 빌딩에는 수많은 전기설비가 있는데, 이들 설비의 대부분에는 파워 일렉트로닉스 기기가 사용되고 있다. 크게 나누면 아래의 네 가지이다.
  - 건축설비
  - 전력설비
  - 공조위생설비
  - 정보통신설비

- 엘리베이터, 에스컬레이터, 자동문 등의 건축설비에서는 모터를 인버터로 제어하고 있다.
- 새로 짓는 빌딩의 조명은 이미 대부분이 LED이고, LED 조명기구에는 AC/DC 변환기가 장착되어 있다.
- 비상용 축전지 등의 전력설비에는 충방전을 하는 AC/DC/AC 변환기가 장착되어 있다.
- 또 태양광발전, 자가발전, 코제너레이션 설비에도 인버터가 장착되어 있다.
- 에어컨이나 환기송풍 유닛 등의 공조위생설비도 인버터 구동에 의해 에너지를 절약 운전을 실현하고 있다.
- 상수를 고층으로 보내는 펌프도 최근의 빌딩에서는 인버터로 제어하고 있다.

- 서버를 비롯한 대형 컴퓨터 등의 정보통신설비에는 전용 전원설비(AC/DC)가 설치되어 있다.
- 상수도의 수압만으로는 2층까지밖에 급수할 수 없기 때문에 3층 이상의 빌딩에는 반드시 급수 펌프가 있다.
- 현재는 인버터를 사용한 **직결 가압 급수 방식**이 주류를 이루고 있다.

과거의 급수 방식	직결 가압 급수 방식
• 옥상의 수조에 물을 저장하고 중력으로 수압을 가한다. • 옥상의 수조에 물을 보낼 때에만 펌프를 움직인다.	• 수도관과 직결하여 물의 사용량에 맞춰 펌프를 제어해서 수압을 유지한다. • 인버터로 펌프 모터를 제어한다.

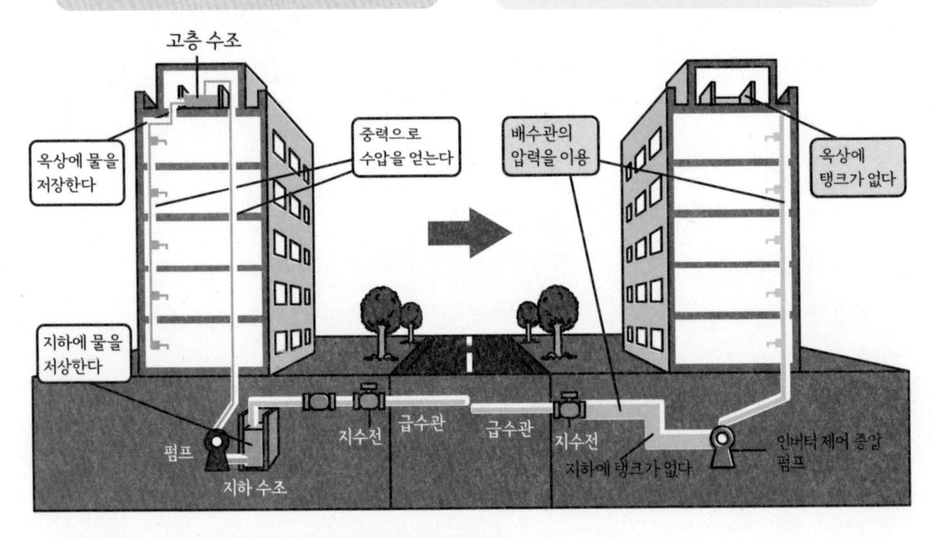

▲기존 설비와 파워 일렉트로닉스를 사용한 설비의 비교

엘리베이터

- 엘리베이터는 옥상의 기계실에 모터가 설치되어 있다. 이 모터를 감속기로 감속해서 로프를 시브(sheave, 로프 풀리)로 끌어 올려서 엘리베이터를 이동시킨다.
- 정지할 때의 충격을 완화하고 각 층의 바닥에 딱 맞춰 정지하도록 모터를 인버터로 제어하고 있다.

- 한편 기계실이 없는 엘리베이터는 영구자석 동기 모터(PM 모터)를 채용함으로써 옥상의 기계실이 불필요하다.
- 기계실이 필요 없기 때문에 지하 역의 홈에도 간단하게 설치할 수 있다.
- 또한 영구자석 동기 모터는 감속기를 사용하지 않고 다이렉트 드라이브가 가능하다.

▲기존형 엘리베이터와 기계실이 없는 엘리베이터

엘리베이터의 제어

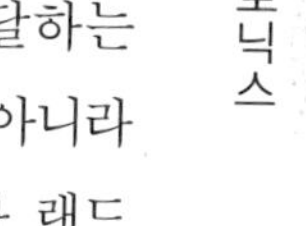

- 고층 빌딩에 사용되는 고속 엘리베이터에는 최고 속도가 60km/h에 달하는 것도 있다. 이러한 고속 엘리베이터는 인버터로 움직임을 제어할 뿐 아니라 하강이나 정지 에너지를 전원에 회생하고 있다. 가령, 일본의 요코하마 랜드마크 타워에서는 120kW의 유도 모터가 인버터 컨버터 시스템으로 구동되고 있다.

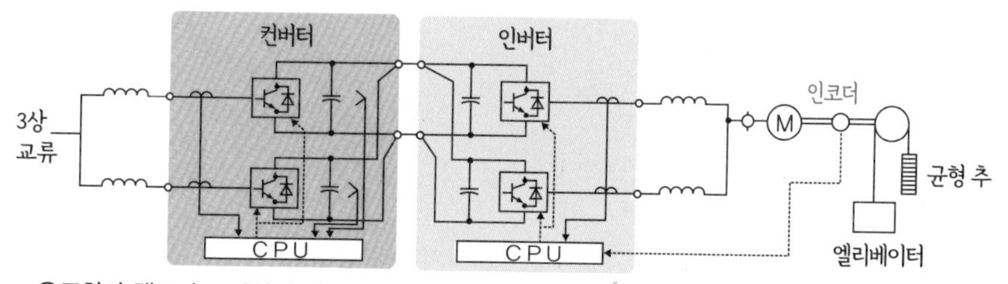

▲요코하마 랜드마크 타워의 엘리베이터 회로
(모터 출력 120kW, 회전수 240min^{-1}, 엘리베이터 중량 1600kg(24명), 엘리베이터 속도 750m/min (45km/h)

엘리베이터가 충격 없이 이동할 수 있는 것은 인버터로 모터의 회전을 정밀하게 제어하고 있기 때문이다.

즉, 인간이 불쾌감을 느끼지 않는 가속과 감속을 하도록 파워 일렉트로닉스로 조절하고 있다.

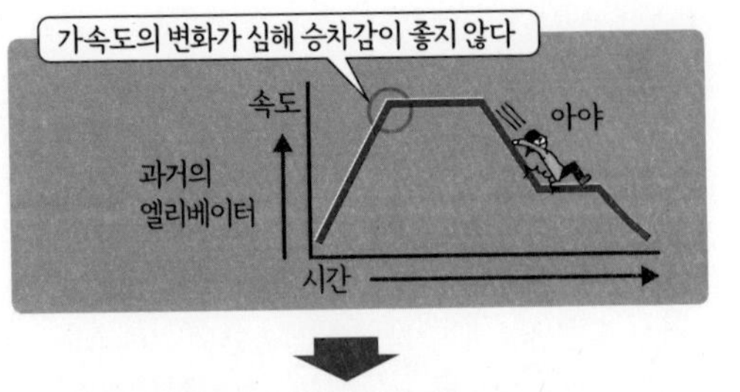

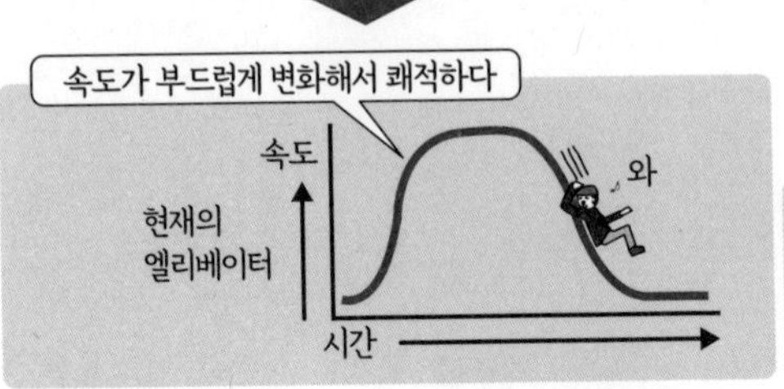

만약 파워 일렉트로닉스가 없으면 덜커덩 소리를 내면서 움직이고 정지한다

▲엘리베이터의 소리

에스컬레이터

에스컬레이터는 계단상의 승강 설비이다. 발판(스텝)이 구동 체인으로 연결되어 있으며 바닥 아래에 설치된 모터로 구동 체인이 움직이고 있다. 손잡이도 마찬가지로 구동 체인에 의해 움직인다.

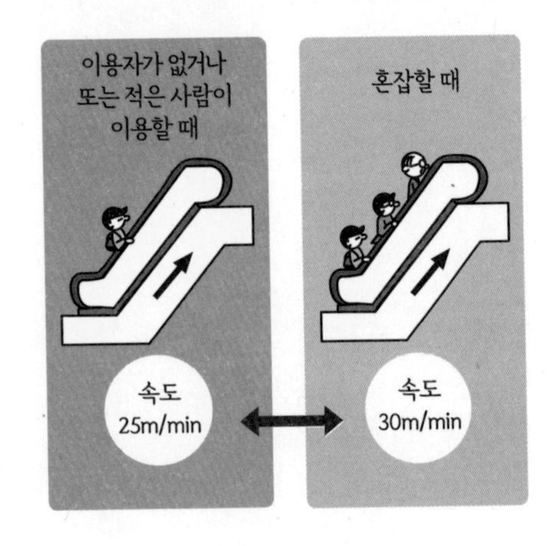

일반 에스컬레이터가 움직이는 속도는 분속 30m(시속 1.8km) 정도로, 인버터로 제어되고 있다. 인버터 제어이므로 움직일 때나 정지할 때 변속할 때도 부드럽게 충격 없이 이루어진다.

센서에 의해서 이용자를 검지해서 무인일 때는 초저속 운전(분속 10m 정도)을 하도록 설정되어 있는 것도 있다.

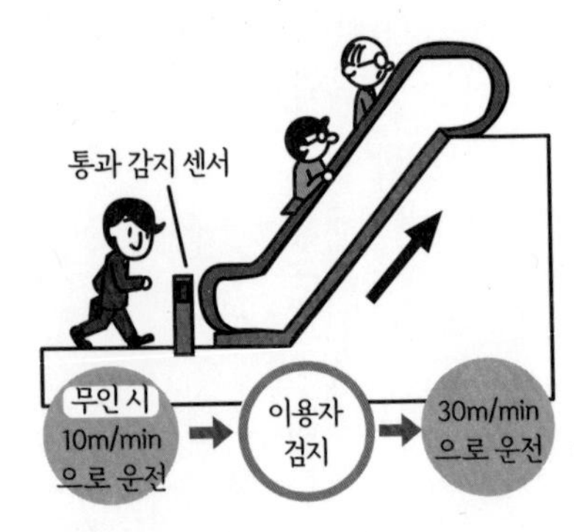

▲인버터 제어 에스컬레이터

요즘은 에스컬레이터는 이용자가 많고 적고(혼잡도)에 맞춰 인버터 제어로 속도를 변경한다.

무빙워크

무빙워의 원리는 에스컬레이터와 같은데, 에스컬레이터를 수평으로 한 형태라고 생각하면 된다.

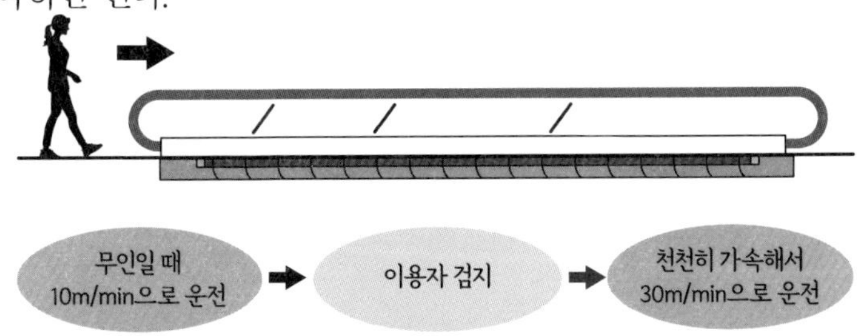

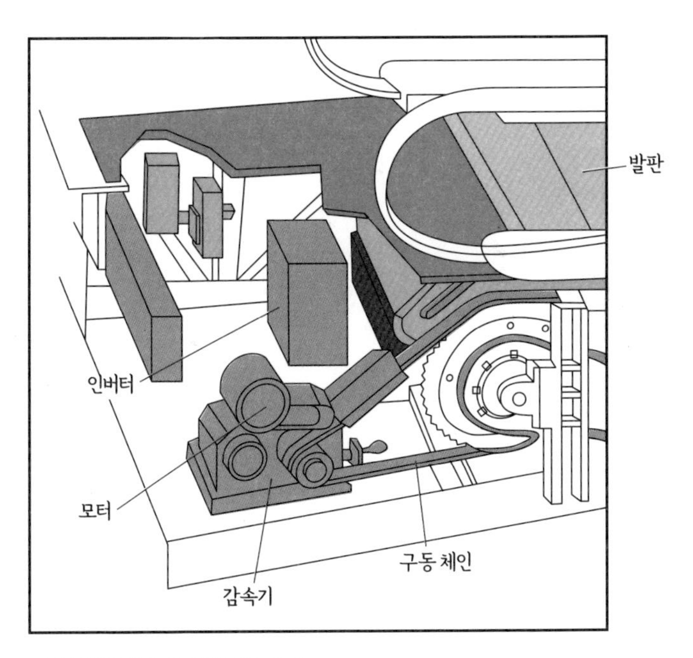

▲에스컬레이터, 무빙워크의 구조

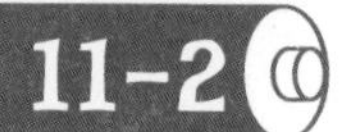

수도

파워 일렉트로닉스가 실현하는 에너지 절약

공공 상수도 설비

- 공공 상수도 설비에서는 많은 펌프를 사용해 취수구에서 물을 보내고 있다.
- 펌프는 인버터로 구동되어 에너지 절약을 실현하고 있다.

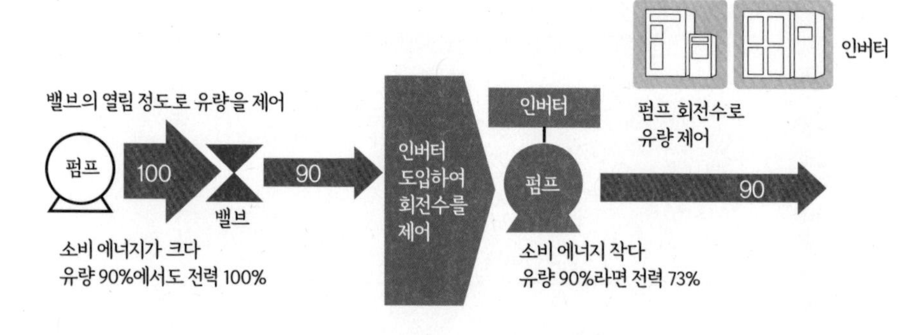

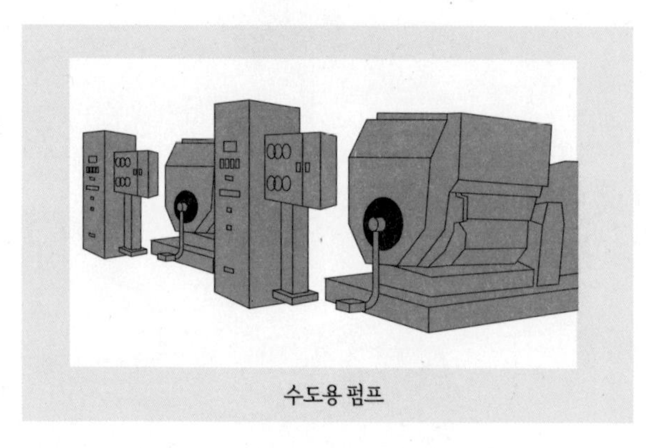

수도용 펌프

▲펌프의 인버터 도입에 따른 에너지 절약 예

가정에 물이 도달하기까지

- 가정에 물이 도달하기까지는 많은 펌프가 필요하다.
- 펌프의 소비전력은 회전수의 3승에 비례한다.
- 따라서 회전수를 $\frac{1}{2}$로 하면 소비전력은 $\frac{1}{8}$이 된다. 필요한 수량에 맞춰 펌프를 제어하고 있다.

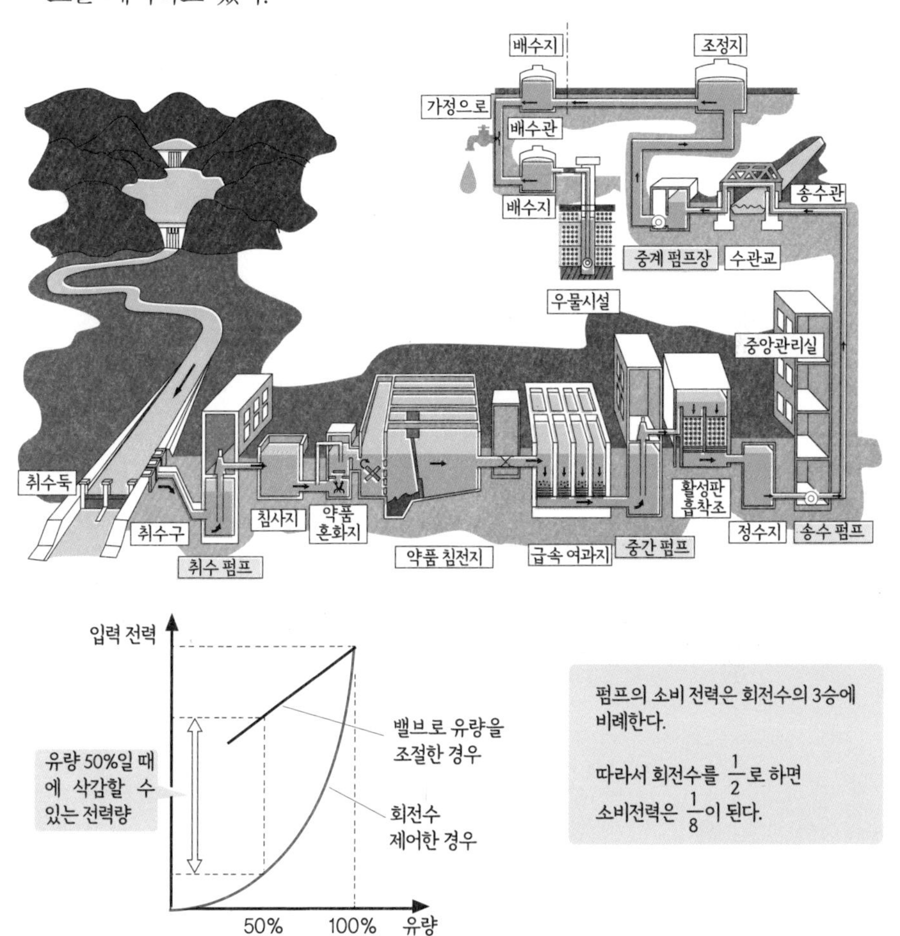

▲상수도 설비의 개요와 펌프의 회전수 제어에 따른 에너지 절약 효과

도시가스, 쓰레기 소각

컴프레서와 블로어

도시가스 설비

- 땅속에서 채취한 천연가스는 컴프레서로 압축해서 액화하여 LNG(액화천연가스)가 된다.
- 그리고 탱커로 운반된 LNG는 펌프로 육상 LNG 저장 탱크까지 이송되어 저장된다.
- LNG는 펌프로 기화기에 보내지고 기체(가스)가 된다. 기체가 된 천연가스는 컴프레서로 압력을 높여 도시가스와 발전소에 보낸다. 도중에 가스 홀더(가스 탱크)에 일단 저장되기도 한다.
- 이러한 대규모 설비에서는 펌프와 컴프레서를 주로 터빈으로 구동하고 있지만, 현재는 모터로 구동하고 인버터로 제어하는 것이 늘었다.

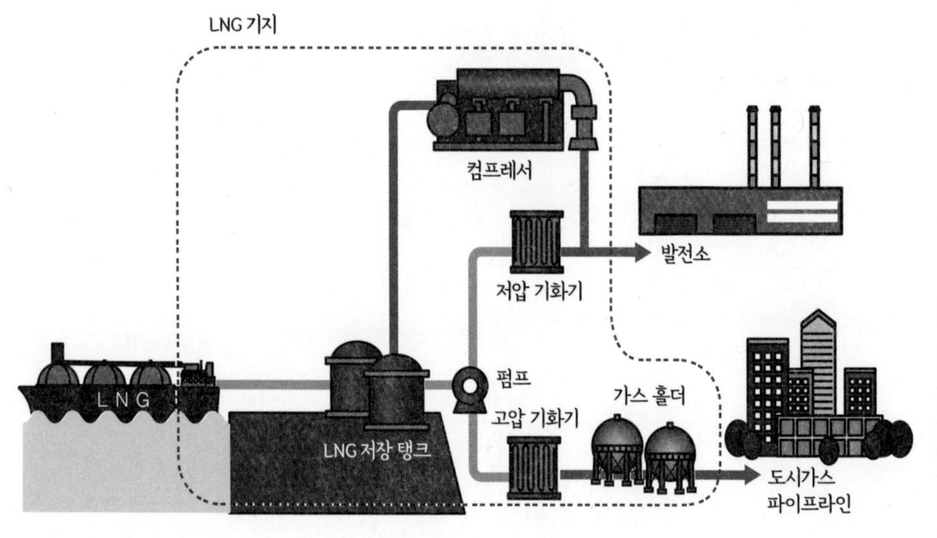

▲도시가스 설비의 개요

쓰레기 소각설비

쓰레기 소각설비에서는 연소용 공기를 급기하는 대형 송풍기의 블로어를 인버터로 제어하고 있다.

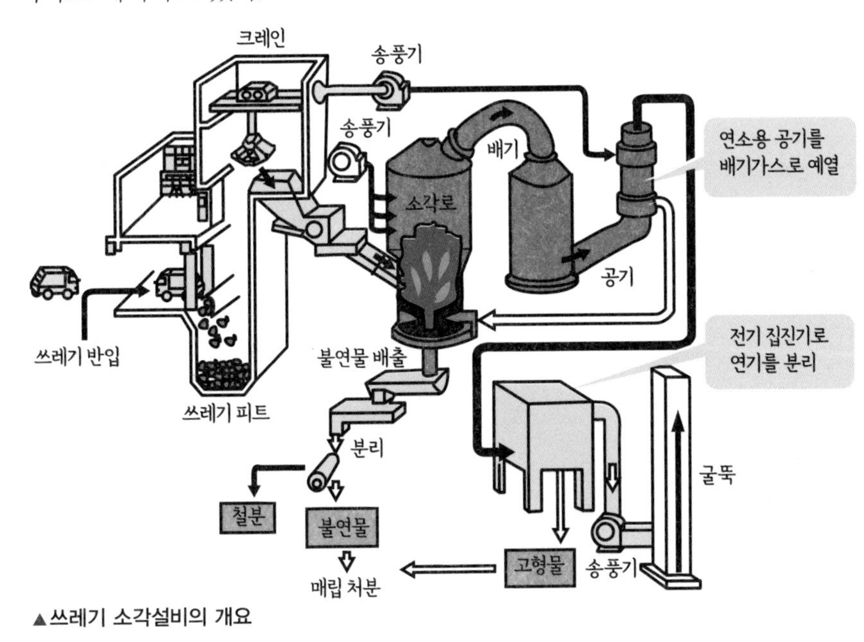

▲쓰레기 소각설비의 개요

한편 쓰레기 소각 시의 연소 배열로 발전도 가능하다.

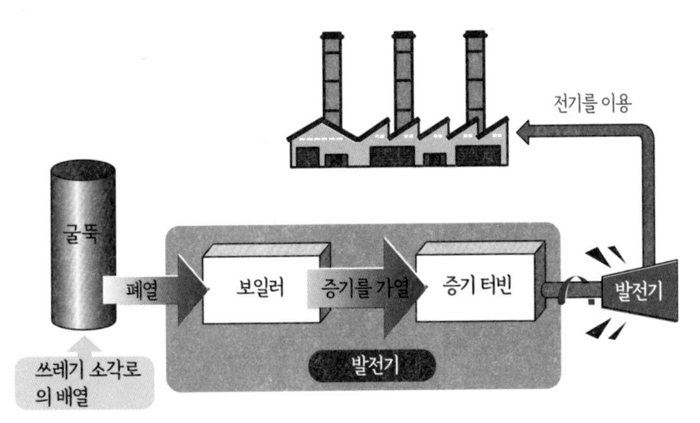

▲쓰레기 소각 발전의 구조

전기 집진기(electrostatic precipitator) : 기체 중의 분진이나 미스트 등의 미립자를 정전기를 이용해서 부착시켜 포집하는 것.

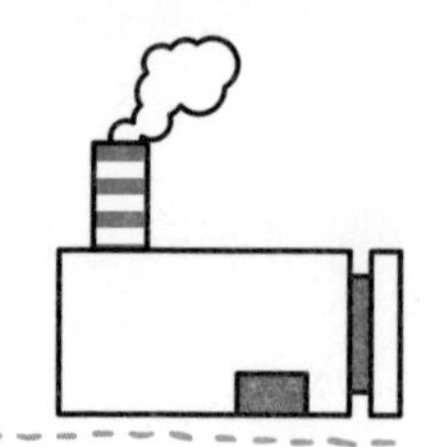

지역 냉난방

코제너레이션을 실현한다

일정한 지역의 냉난방·급탕 등에 이용하는 냉온수·증기를 한 곳에서 집중적으로 제조하여 공급 도관을 통해서 24시간 365일 공급하는 시스템을 지역 냉난방이라고 한다.

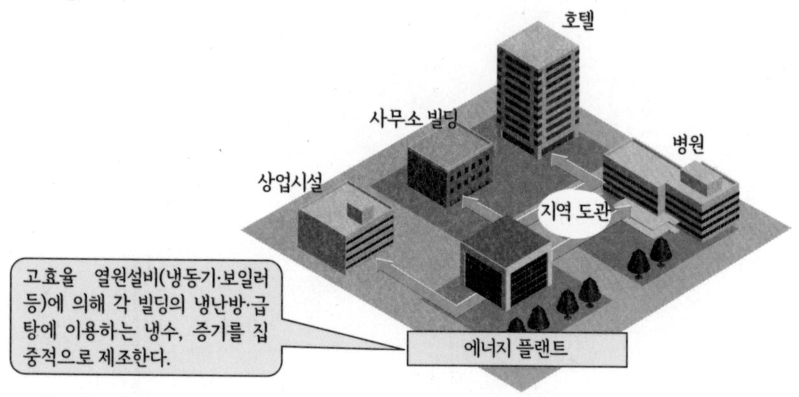

▲지역 냉난방의 개요

사용하는 냉온수는 대형 냉동기(터보 냉동기)로 제조한다. 냉동기, 펌프 모두 인버터로 구동한다.

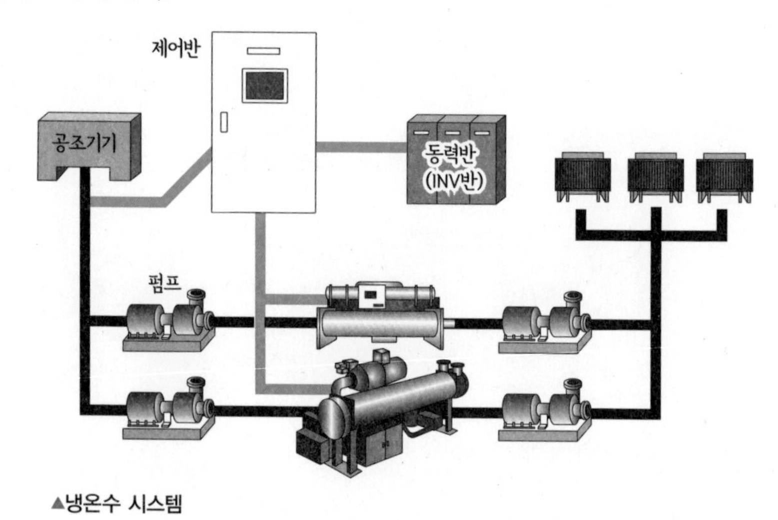

▲냉온수 시스템

터보 냉동기(centrifugal chiller) : 원심 냉동기. 원심력을 이용한 컴프레서(터보 컴프레서)를 사용한 냉동기.

- 냉온수로 냉난방을 하려면 팬 코일 유닛을 사용한다. 팬 코일 유닛은 냉온수가 통과하는 코일(열교환기)과 팬으로 구성된다. 그 구조는 에어컨의 실내기와 매우 유사하다.
- 냉온수는 전체를 흐르기 때문에 한 방만 냉방, 난방하는 것은 불가능하다(방별로 온/오프나 풍량 조절은 가능하다). 그렇기 때문에 상업시설이나 병원 등에서 주로 이용한다.

코제너레이션

- 코제너레이션이란 발전 시의 폐열을 이용하는 구조를 말한다. 발전기를 움직이는 엔진이나 터빈에서는 이용하지 못한 채 외부로 방출되는 열이 발생하기 때문에, 이 열에너지를 이용해서 증기나 온수를 만들면 냉방, 난방뿐 아니라 급탕, 공장의 열원 등에도 이용할 수 있다.
- 자가발전에 코제너레이션을 이용하면 멀리 있는 발전소를 이용할 때 생기는 송전손실을 줄일 수 있어 화석연료에서 전기에너지로의 변환효율이 높다. 이로써 종합효율(연료를 에너지로 변환하는 효율)이 높아져 화석연료를 한층 더 효율적으로 이용할 수 있게 된다. 또 발전소에서 버리는 폐열도 이용할 수 있다.

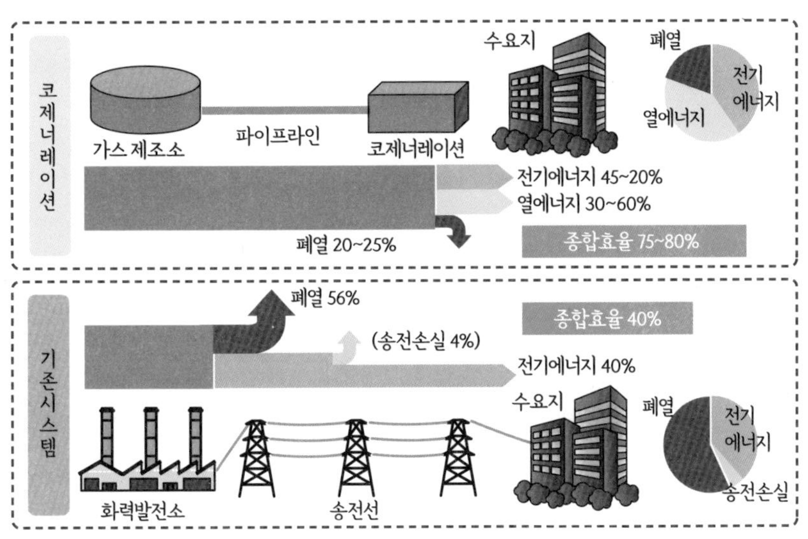

▲코제너레이션을 사용한 경우의 에너지 절약 효과

11-5

통신, 정보처리

전력을 공급한다

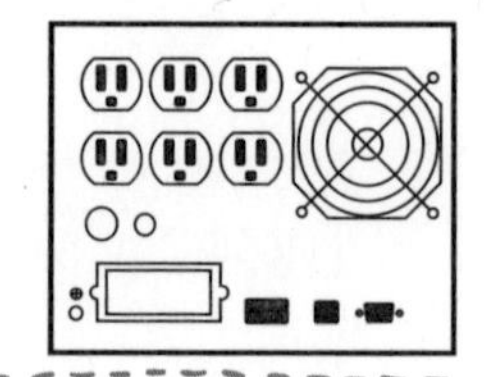

대규모 정보통신시설(데이터센터, 중계국)에서는 전자기기용 전원이 차지하는 비율이 높고, 따라서 파워 일렉트로닉스의 역할이 크다.

데이터센터의 구성

- **데이터센터**에는 서버룸(서버 등의 ICT 기기와 냉각용 공조기를 설치), 전력실(수전설비, 비상용 발전설비, 백업용 배터리 등을 설치) 및 사무실이 마련되어 있다.

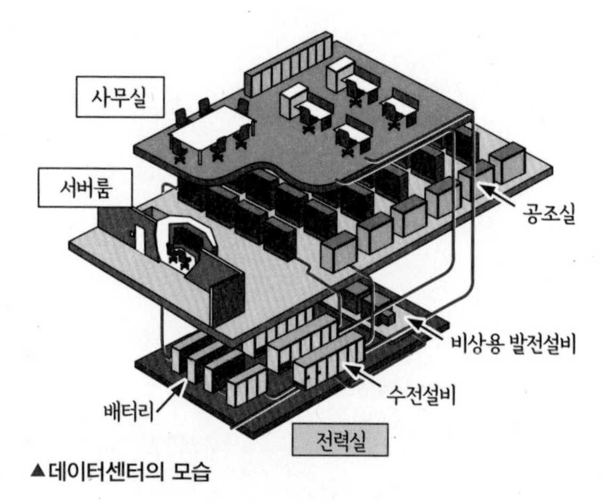

▲데이터센터의 모습

- 데이터센터 설비의 절반은 전기설비(전원)이다.
- 데이터센터는 가외성을 두어 여러 계통으로 수전(受電)하고 있다.

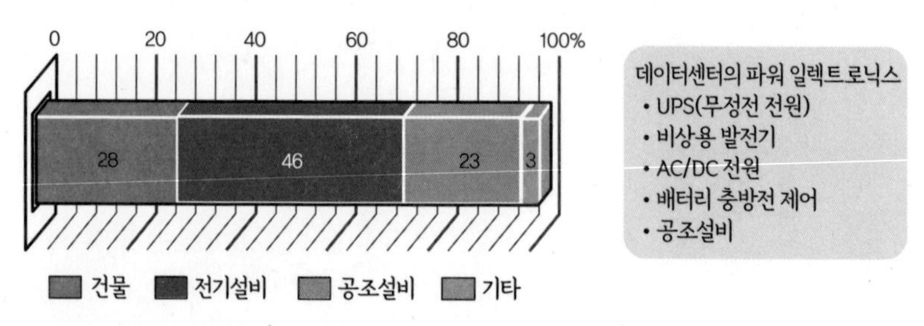

▲데이터센터에서 사용하는 전력의 내역

가외성(redundancy) : 여분의 부분이 있는 것. 장애가 발생한 경우에 대비해서 장애 발생 후에 사물의 기능이 계속 유지되도록 예비장치를 평소에 백업 운용하는 것.

UPS(무정전 전원)

- 데이터센터 등에는 만일의 정전에 대비해서 UPS(**무정전 전원**)가 설치되어 있다. UPS로 데이터를 보호할 수 있다.
- UPS는 축전지에 직류로 축전해 두고 정전 시에 인버터로 교류 전력을 공급한다.
- 이로써 정전이 발생했을 때 비상용 발전설비가 발전을 개시하기까지(약 5분간) 전력을 공급할 수 있다.

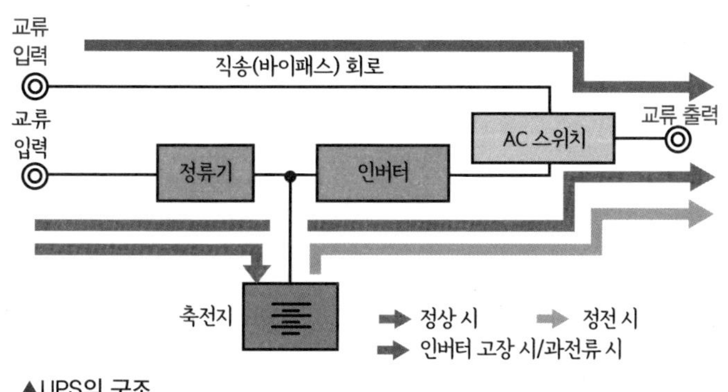

▲UPS의 구조

- 가정, 사무실, 점포 등에서도 정전 시의 대응에 작은 가정용 UPS를 이용할 수 있다.
- 이로써 자가발전 설비가 없어도 약 5분간 가동할 수 있기 때문에 최저한의 데이터 보호가 가능하다.

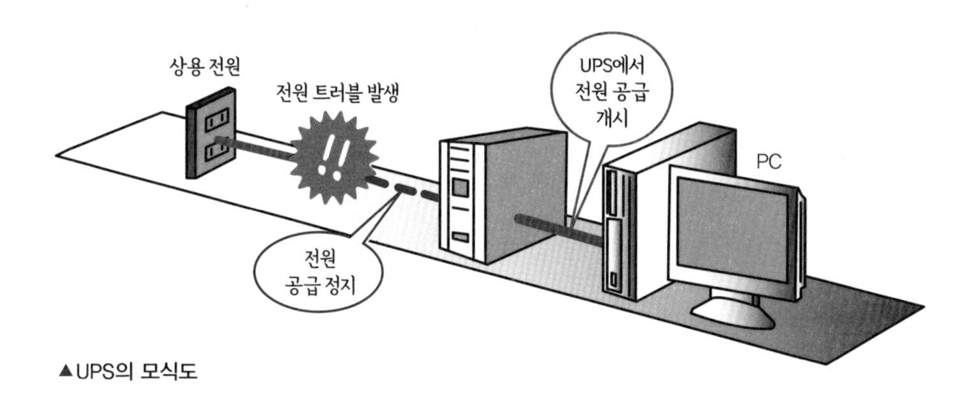

▲UPS의 모식도

UPS(Uninterruptible Power Supply) : 본문 참조.
밴드 갭(band gap) : 금재피 폭, 원자 내부의 전자에너지 상태를 가전자대(valence band), 전도대(conduction band)라고 생각했을 때, 두 밴드(대)의 에너지 차이를 말한다.

와이드 밴드 갭 반도체

실리콘 이외의 반도체에 대한 기대

와이드 밴드 갭 반도체

- 반도체의 기본적인 물성값에 **밴드 갭(금재대 폭)**이 있다. 실리콘(Si)으로 만든 반도체의 성능이 이제 슬슬 물리적으로 한계에 가까워지고 있다.
- 현재 사용되고 있는 반도체의 대부분은 실리콘으로 만들었다. 반면 실리콘의 밴드 갭보다 큰 반도체를 **와이드 밴드 갭 반도체**라고 한다. 예를 들면 실리콘 카바이드(SiC)나 질화갈륨(GaN) 등으로 만든 와이드 밴드 갭 반도체가 실용화되기 시작했다.

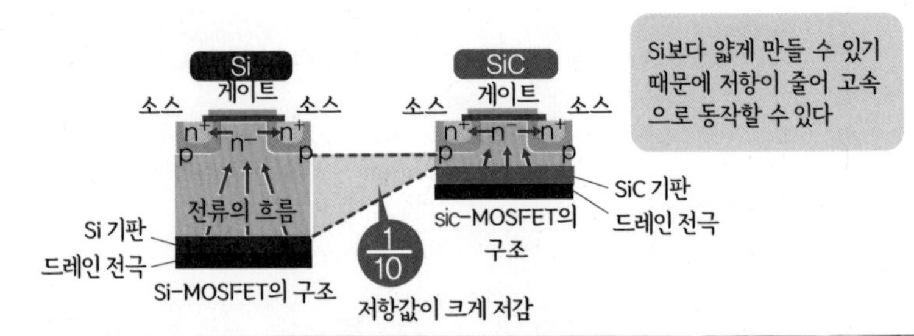

재료	SiC	GaN	다이아몬드	실리콘
금재대 폭[eV]	3.3	3.4	5.5	1.1
절연파괴 전계 강도[MV/cm]	3	5	10	0.3
열전도율[W/cm·k]	4.9	1.3	20	1.5
포화 드리프트 속도[cm/s]	2.2×10^7	2.7×10^7	2.7×10^7	1.0×10^7

물성상의 특징
- 절연파괴 전계가 크다
- 밴드 갭이 크다
- 열전도율이 높다
- 전자 포화 속도가 빠르다
- 캐리어 이동도가 높다(GaN)

파워 소자로 이용한 경우의 특징
- 온 저항을 작게 하기 쉽다
- 200℃ 이상의 고온에서 동작
- Si제 소자보다 몇배의 고속 동작이 가능

▲와이드 밴드 갭 반도체의 특징

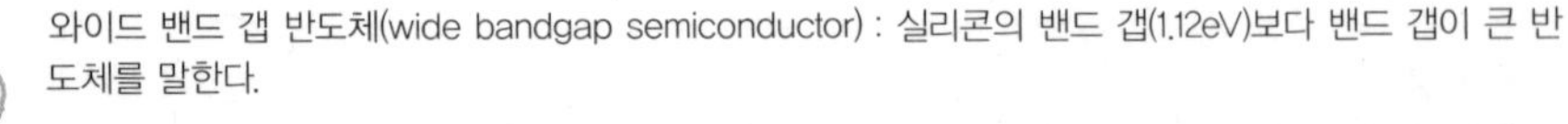

와이드 밴드 갭 반도체(wide bandgap semiconductor) : 실리콘의 밴드 갭(1.12eV)보다 밴드 갭이 큰 반도체를 말한다.

- 와이드 밴드 갭 반도체는 절연파괴 전계 강도와 열전도도가 높기 때문에 파워 디바이스에 사용하면 다음의 이점을 기대할 수 있다.
  - 손실 저하
  - 고온 동작
  - 고속 동작

와이드 밴드 갭을 사용하면

- 와이드 밴드 갭 반도체를 사용하면 파워 일렉트로닉스 기기의 성능을 높일 수 있다. 때문에 장래에는 실리콘 파워 디바이스 모두가 와이드 밴드 갭으로 만든 파워 디바이스로 대체될 것이라고도 한다.
- 전기자동차나 하이브리드 자동차의 경우는, 고온에서도 사용할 수 있는 것도 와이드 밴드 갭 반도체로 만든 파워 디바이스의 장점이다.

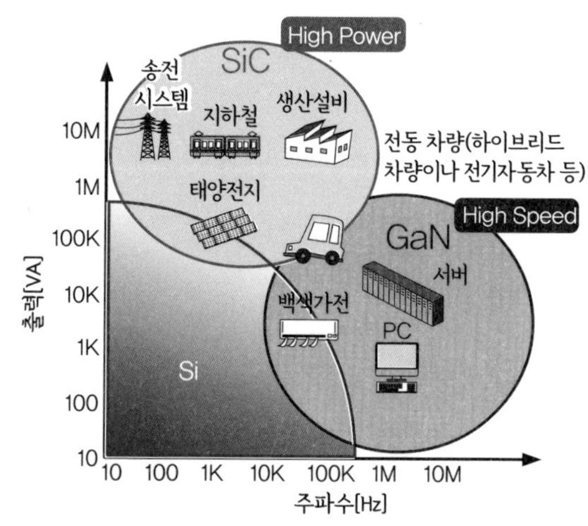

▲와이드 밴드 갭 반도체의 용도

- 그러나 실리콘으로 만든 파워 디바이스와 비교해서 와이드 밴드 갭 반도체로 만든 파워 디바이스의 비용이 여전히 상당히 비싸기 때문에, 비용을 고려하여 이점이 있는 용도부터 서서히 사용될 것으로 전망된다.
- 현재는 전력손실이 적은(고효율의) SiC 반도체가 대용량의 용도(전력용, 메가솔라, 지하철 등)에서 사용되고 있다. 재래선의 인버터에도 이미 널리 사용되고 있다.
- 또한 GaN제 반도체는 초고속 스위칭이 가능하고 전원을 소형화할 수 있는 점에서 PC나 서버 등의 전원에 활용할 수 있을 것으로 생각된다.
- 와이드 밴드 갭 반도체는 파워 디바이스의 재료로서 앞으로의 연구개발 발전에 큰 기대를 모으고 있다.

절연파괴 전계 강도(dielectric breakdown electric field strength) : 절연 내력. 물질에 따라 정해지는 절연 파괴가 일어나는 전계 강도를 말한다.

11-7

스마트 사회

파워 일렉트로닉스가 실현하는 '스마트'한 사회

스마트 사회

- **스마트 사회**란 필요한 물건이나 서비스를 필요한 사람에게 필요한 때에 필요한 만큼 제공하는 사회를 말한다. 스마트 사회를 실현하려면 정보, 통신 등의 IoT와 AI라고 불리는 기술의 기반이 필요하다. 그리고 실제로 물건을 움직이는 **액추에이터**(움직이는 것)가 필요하다.
- 또한 물건을 움직이는 액추에이터를 정밀하게 제어하려면 전동화가 필수이다. 예를 들어 자동차의 자율주행에서는 주행뿐 아니라 핸들 조작, 브레이크까지 전동화하지 않으면 자동으로 제어할 수 없다. 그런 기기의 전동화에는 파워 일렉트로닉스는 필수이다.

슈퍼 센싱

혁신적인 센싱 기술
　시각/청각/역각/후각/가속도 센서 등
능동적인 센싱 기술
　센서와 행동의 연계에 의한 검지 능력 향상 기술 등

스마트 액추에이션

혁신적인 액추에이터
　• 사람 공존형 로봇에 활용 가능한 소프트 액추에이터(인공 근육)
　• 초고효율, 초경량, 초소형 등 혁신적인 액추에이터 등
혁신적인 액추에이터 제어
　유연하고 정밀하게 동작 가능한 제어 기술 등

로봇 통합 기술

혁신적인 자율 로봇 시스템 기술
　사람의 작업 내용이나 의도를 순시에 이해하고 자율 동작함으로써 작업성을 높이는 로봇 시스템 기술 등
시스템 통합화 기술
　개별로 개발된 요소 기술을 효과적으로 연계시켜 동작시키는 통합화 기술 등

▲스마트 사회에서는 파워 일렉트로닉스가 대활약

포화 드리프트 속도(saturated drift velocity) : 반도체 내부 캐리어(전자 또는 정공)의 속도는 전계 강도에 대응해서 변화하는데, 고전계 강도로 포화한 속도를 말한다.

미래의 파워 일렉트로닉스에게 원하는 것

- 파워 일렉트로닉스 기술은 지금까지 이상(理想) 스위치와 현실 스위치의 격차를 메우면서 발전해 왔다. 앞으로도 파워 일렉트로닉스는 더 발전된 미래를 실현시켜 나갈 것이다.
- 아래는 미래의 파워 일렉트로닉스에게 요구하는 사항이다.

[파워 디바이스]
- 온 저항이 매우 작다.
- 스위칭 시간이 매우 짧다.
- 온/오프가 저전력 신호로 나온다.
- 과전압, 과전류로 파손되지 않는다.
- 고온 동작으로 냉각이 필요 없다.
- 고속 다이오드

[회로와 회로 소자]
- 이론대로 동작하는 회로
- 손실이 없는 회로 소자
- 포화하지 않는 회로 소자
- 인덕턴스가 없는 배선
- 분포 용량이 없는 배선
- 전자 방해파가 없는 회로

[CPU]
- 고속 처리, 연산이 가능하다.
- 저소비 전력으로 동작할 수 있다.

[모터]
- 제어가 용이한 모터
- 손실이 없는 모터
- 자기 포화하지 않는 모터

▲미래의 목표는 현재의 연장이다

IoT(Internet of Things) : 사물인터넷. 컴퓨터끼리의 접속이 아니라 인터넷으로 연결되지 않았던 '사물'끼리 연결하는 것.

찾아보기

ㅅ

ㅇ

ㅈ

ㅎ

지은이

모리모토 마사유키(森元 雅之)

1977~2005년 미쓰비시중공업(주)에서 파워 일렉트로닉스 연구 개발을 담당했다.

2005~2018년 도카이대학 교수를 맡아 파워 일렉트로닉스 연구와 교육에 종사했다.

2018년~현재 Mori MotoR Lab.를 설립해서 파워 일렉트로닉스 컨설팅 및 사회인 교육을 하고 있다.

저서

〈만화로 쉽게 배우는 모터〉(옴사)

〈EE Text 파워 일렉트로닉스〉(옴사)

〈전기자동차 제2판 : 앞으로의 '자동차'를 지탱하는 장치와 기술〉(모리키타출판)

〈전류의 구조 : 3상 교류에서 파워 일렉트로닉스까지〉(고단샤)

등 다수가 있다.

THE POWER ELECTRONICS

파워 일렉트로닉스 도감

2022. 6. 16. 초 판 1쇄 인쇄

2022. 6. 27. 초 판 1쇄 발행

감 수 | 모리모토 마사유키(森本 雅之)
감 역 | 송종오
옮긴이 | 김혜숙
펴낸이 | 이종춘
펴낸곳 | BM (주)도서출판 성안당
주소 | 04032 서울시 마포구 양화로 127 첨단빌딩 3층(출판기획 R&D 센터)
10881 경기도 파주시 문발로 112 파주 출판 문화도시(제작 및 물류)
전화 | 02) 3142-0036
031) 950-6300
팩스 | 031) 955-0510
등록 | 1973. 2. 1. 제406-2005-000046호
출판사 홈페이지 | **www.cyber.co.kr**
ISBN | 978-89-315-5878-4 (03560)
정가 | **18,000원**

이 책을 만든 사람들
책임 | 최옥현
진행 | 권수경
교정 · 교열 | 김정아
본문 디자인 | 김인환
표지 디자인 | 박원석
홍보 | 김계향, 이보람, 유미나, 서세원, 이준영
국제부 | 이선민, 조혜란, 권수경
마케팅 | 구본철, 차정욱, 오영일, 나진호, 강호묵
마케팅 지원 | 장상범, 박지연
제작 | 김유석

■ 도서 A/S 안내

성안당에서 발행하는 모든 도서는 저자와 출판사, 그리고 독자가 함께 만들어 나갑니다.
좋은 책을 펴내기 위해 많은 노력을 기울이고 있습니다. 혹시라도 내용상의 오류나 오탈자 등이 발견되면 **"좋은 책은 나라의 보배"**로서 우리 모두가 함께 만들어 간다는 마음으로 연락주시기 바랍니다. 수정 보완하여 더 나은 책이 되도록 최선을 다하겠습니다.
성안당은 늘 독자 여러분들의 소중한 의견을 기다리고 있습니다. 좋은 의견을 보내주시는 분께는 성안당 쇼핑몰의 포인트(3,000포인트)를 적립해 드립니다.

잘못 만들어진 책이나 부록 등이 파손된 경우에는 교환해 드립니다.